駿台受験シリーズ

短期攻略 大学入学共通テスト 数学I・A 基礎編

$y=ax^2$

y

O

吉川浩之・榎 明夫 共著

はじめに

本書は，**３段階の学習で共通テスト数学Ⅰ・Aの基礎力養成から本格的な対策ができる自習書**です。

共通テストは，前身のセンター試験と全く異なるわけではありません。センター試験では，正答率の高い「基本事項の確認問題」，正答率が６割程度の「応用力を見る問題」，正答率が４割をきる「難しい問題」が出題されていました。これらにおいては，多少の出題形式が変わったとしても共通テストでも出題されます。そこにセンター試験ではあまり見られなかった以下の項目を意識した内容が加わります。

- **数学的な問題解決の過程を重視する。**
- **事象の数量等に着目して数学的な問題を見いだすこと。**
- **目的に応じて数・式，図，表，グラフなどを活用し，数学的に処理する。**
- **解決過程を振り返り，得られた結果を意味付けしたり，活用したりする。**
- **日常の事象，数学のよさを実感できる題材，定理等を導くような題材を扱う。**

そこで本書は，レベルを３段階に分け，共通テストの問題を解くために必要な**教科書に載っている基本事項，公式等をしっかり理解し，計算力をつける** **STAGE 1**，教科書から少し踏み出した**応用的な問題を解くための解法を理解し，その使い方をマスターする** **STAGE 2**，上記で触れた新たに**共通テストで出題が予想される問題に慣れるための総合演習問題**を設け，共通テスト対策初心者の皆さんにとって，**「とりあえずはこれだけで十分」**という内容にしています。そして，取り組みやすさを重視したため，本書は参考書形式としています。「私は基礎力は十分です。満点を目指して，もっと本試験レベルの問題に力を注ぎたい！」という皆さんには，姉妹編の**『実戦編』**をお薦めします。詳しくは次の利用法をお読みください。

末尾となりますが，本書の発行にあたりましては駿台文庫の加藤達也氏，林拓実氏に大変お世話になりました。紙面をお借りして御礼申し上げます。

吉川浩之
榎　明夫

本書の特長と利用法

本書の特長

1　1か月間で共通テスト数学I・Aを基礎から攻略

本文は74テーマからなりますので，1日3テーマ分の例題（6題程度）を進めれば，約1か月で共通テスト数学I・Aの基礎力と応用力の養成ができます。

2　解法パターンが身につく／腕試しができる

前身のセンター試験は類型的なパターンの組合せで出題されていました。共通テストでは変わるところもありますが，対策としては，**基本事項をしっかり理解した上で解法パターンを「体に覚えこませてしまう」ことが重要**です。本書は，レベル別に以下の2つのSTAGEと総合演習問題とに内容を分けました（目次も参照してください）ので，**レベルにあわせて解法パターンを身につけられます。**

STAGE 1	基本的な解法パターンのまとめと**例題・類題**です。
STAGE 2	応用的な解法パターンのまとめと**例題・類題**です。
総合演習問題	**本試験レベルの問題**です。本番で満点を目指すにはここまで取り組んでおきましょう。全部で8題あります。

3　STAGE 1・STAGE 2の完成で，共通テストで合格点が確実

STAGE 1・STAGE 2の類題まで完全にこなせば，通常の入試で合格点とされる**6割は確実で，8割も十分可能でしょう。**

例題・類題は各119題，計238題あります。例題と類題は互いにリンクしていますので，**例題の後は，すぐに同じ問題番号の類題で力試し**できます！

4　やる気が持続する！

本書に掲載した問題のすべてに，**目標解答時間**と**配点を明示**しました。「どのくらいの時間で解くべき問題か」「これを解いたら本番では何点ぐらいだろうか」がわかりますので，勉強の励みにしてください。

利用法の一例

共通テストでは，数学Iからは全分野が出題範囲になっていますので，すべての分野を学習して下さい。数学Aからは3つの分野から2つを選択して解答することになっていますので，学習する分野を2つに絞ることも可能です。分野を決めかねている人や二次試験などで全範囲を学習する必要がある人は，3つとも学習して下さい。以下に本書を利用して学習する具体例を紹介します。

Ⅰ　教科書はなんとかわかるけど，その後どうしたらいいのだろう？

① 目次を参照して，STAGE 1 の内容のうち，自分の苦手なところや出来そうなところから始めてみましょう。

② STAGE 1 は，**左ページが基本事項のまとめ，右ページがその例題**となっています。左ページをよく読み，「なんとなくわかったな」と思ったら，すぐに右の例題に取り組んでください。このとき，「例題はあとでもいいか」と後回しにしてはいけません。**知識が抜けないうちに問題にあたること**が数学の基礎力をつけるには大変重要なことなのです。

③ 問題には，「３分・６点」などと記されています。**時間は，実際の共通テストでかけてよい時間の目安**です。いきなり時間内ではできないと思いますが，**共通テストで許容される制限時間はこの程度**なのです。**点数は**，実際の共通テストで予想される**100 点満点中のウエイト**です。

④ １つのセクションで STAGE 1 の内容が理解できたかなと思えたら，STAGE 1 **類題**に挑戦してください。例題の番号と類題の番号が同じであれば内容はほぼ同じです。**類題が自力でできるようになれば，本番で６割の得点が十分可能となります。**

⑤ 次は STAGE 2 です。勉強の要領は STAGE 1 と同様ですが，レベル的に**最低２回は繰り返し学習**してほしいところです。この類題までを自力で出来るようになれば，**本番で８割の得点も十分可能です。**

Ⅱ　基礎力はあると思うので，どんどん腕試しをしたい

⑥ ①～⑤によって基礎力をアップさせた人，また，「もう基礎力は十分だ」という自信がある人は，**総合演習問題**に取り組んでください。

⑦ **総合演習問題**は，共通テスト本番で出題されるレベル・分量を予想した問題です。そのため，制限時間・配点とも例題・類題に比べて長く・多くなっています。１問１問，本番の共通テストに取り組むつもりで解いてください。

⑧ **総合演習問題**までこなしたけれど物足りない人，「満点を目指すんだ！」という人には姉妹編の**『実戦編』**をお薦めします。『実戦編』の問題は本書の**総合演習問題**レベルで，すべてオリジナルですので歯応え十分かと思います。

以上，いろいろと書きましたが，とにかく必要なのは「ガンバルゾ！」と思っているいまのやる気を持続させることです。どうか頑張ってやり遂げてください！

解答上の注意

- 問題の文中の ア ， イウ などには，特に指示がないかぎり，符号(−，±)又は数字(0 ～ 9)が入ります。ア，イ，ウ，… の一つ一つには，これらのいずれか一つが対応します。
- 分数形で解答する場合は，それ以上約分できない形で答えます。また，**符号は分子**につけ，分母につけてはいけません。
- 小数の形で解答する場合，指定された桁数の一つ下の桁を四捨五入して答えます。また，必要に応じて，指定された桁まで0を入れて答えます。
  例えば，エ．オカ に2.5と答えたいときには，2.50として答えます。
- 根号を含む形で解答する場合は，根号の中に現れる自然数が最小となる形で答えます。
  例えば，キ$\sqrt{\text{ク}}$ に $4\sqrt{2}$ と答えるところを，$2\sqrt{8}$ のように答えてはいけません。
- 問題の文中の二重四角で表記された ケ などには，選択肢から一つを選んで答えます。

目　次

§1　数と式（数学Ⅰ）

§2　集合と命題（数学Ⅰ）

§3　2次関数（数学Ⅰ）

§4　図形と計量（数学Ⅰ）

§5　データの分析（数学Ⅰ）

§6 場合の数と確率（数学 A）

§7 整数の性質（数学 A）

§8 図形の性質（数学 A）

総合演習問題

類題・総合演習問題の解答・解説は別冊です。

STAGE 1　1　式の展開

■ 1　展開公式 ■

(1)　$(a+b)^2=a^2+2ab+b^2$

　　$(a-b)^2=a^2-2ab+b^2$

(2)　$(a+b)(a-b)=a^2-b^2$

(3)　$(x+a)(x+b)=x^2+(a+b)x+ab$

(4)　$(ax+b)(cx+d)=acx^2+(ad+bc)x+bd$

(5)　$(a+b+c)^2=a^2+b^2+c^2+2ab+2bc+2ca$

(1)(2)は 2 文字 2 次式，(3)(4)は x の 2 次式，(5)は 3 文字 2 次式。

■ 2　展開の工夫 ■

(1)　計算の順序を考える

$(a+1)^2(a-1)^2=\{(a+1)(a-1)\}^2$

$(a+2)(a^2+4)(a-2)=\{(a+2)(a-2)\}(a^2+4)$　など

(2)　置き換えをする

$(a+b+1)(a+b-2)=(A+1)(A-2)$

（共通な項 $a+b$ を A とおく）

(3)　分配法則を利用する

$(x+a)(x+b)(x+c)$ を展開したときの x の係数は

$(x+a)(x+b)(x+c)$　より　$bc+ac+ab$

(1)　$(a+b)(a-b)$ を先に計算する。

例題 1　2分・4点

次の式を展開せよ。

(1)　$(2x-7y)(4x+3y)=$ ア x^2- イウ $xy-$ エオ y^2

(2)　$(3x+y-2z)^2=$ カ x^2+y^2+ キ z^2+ ク $xy-$ ケ $yz-$ コサ zx

解答

(1)　(左辺)$=\mathbf{8}x^2-\mathbf{22}xy-\mathbf{21}y^2$　　← 公式(4)

(2)　(左辺)$=(3x)^2+y^2+(-2z)^2+2\cdot3x\cdot y+2\cdot y\cdot(-2z)+2\cdot(-2z)\cdot(3x)$　　← 公式(5)

$=\mathbf{9}x^2+y^2+\mathbf{4}z^2+\mathbf{6}xy-\mathbf{4}yz-\mathbf{12}zx$

例題 2　3分・6点

次の式を展開せよ。

(1)　$(2x-3)^2(2x+3)^2=$ アイ x^4- ウエ x^2+ オカ

(2)　$(x-1)(x-2)(x+3)(x+4)=x^4+$ キ x^3- ク x^2- ケコ $x+$ サシ

(3)　$(2x^2-x+5)(4x^2+3x-1)$ を展開したときの x^2 の係数は スセ である。

解答

(1)　(左辺)$=\{(2x-3)(2x+3)\}^2=(4x^2-9)^2$　　← $A^2B^2=(AB)^2$

$=\mathbf{16}x^4-\mathbf{72}x^2+\mathbf{81}$

(2)　(左辺)$=(x-1)(x+3)(x-2)(x+4)$　　← $-1+3=-2+4=2$ に注目。

$=(x^2+2x-3)(x^2+2x-8)$

$=(A-3)(A-8)$　　← $x^2+2x=A$ とおく。

$=A^2-11A+24$

$=(x^2+2x)^2-11(x^2+2x)+24$

$=x^4+\mathbf{4}x^3-\mathbf{7}x^2-\mathbf{22}x+\mathbf{24}$

(3)　与式を展開したときの x^2 の項は

$(2x^2-x+5)(4x^2+3x-1)$　　← x^2 の項だけを計算する。

を計算して

$2x^2\cdot(-1)+(-x)\cdot(3x)+5\cdot4x^2=\mathbf{15}x^2$

STAGE 1　2　因数分解

■ 3　公式の利用 ■

(1)　$a^2+2ab+b^2=(a+b)^2$

　　$a^2-2ab+b^2=(a-b)^2$

(2)　$a^2-b^2=(a+b)(a-b)$

(3)　$x^2+(a+b)x+ab=(x+a)(x+b)$

(4)　$acx^2+(ad+bc)x+bd=(ax+b)(cx+d)$

(1)(2)は2文字2次式，(3)(4)は x の2次式。

(4)　たすきがけの因数分解

$$\begin{array}{ccccc} a & \times & b & \to & bc \\ c & & d & \to & ad \\ \hline ac & & bd & & ad+bc \end{array}$$

となる a，b，c，d を見つける。

(例)　$6x^2-5x-4=(2x+1)(3x-4)$

$$\begin{array}{ccccc} 2 & \times & 1 & \to & 3 \\ 3 & & -4 & \to & -8 \\ \hline & & & & -5 \end{array}$$

■ 4　因数分解の工夫 ■

(1)　共通因数を見つける

$ab+bc=b(a+c)$

(2)　置き換えをする

$(a+b)^2-2(a+b)-3=A^2-2A-3$　（共通な項 $a+b$ を A とおく）

(3)　最低次数の文字について整理する

2種類以上の文字を含む式は，次数の最も低い文字に着目して，降べきの順に整理する。

$a^2-b+ab-1=(a-1)b+a^2-1$

（a …… 2次，b …… 1次
次数の低い b について整理する）

(4)　公式が利用できる形に変形する

$a^4+a^2+1=(a^2+1)^2-a^2$　（複2次式など）

例題 3　3分・6点

次の式を因数分解せよ。

(1)　$2x^2+44x-96=$ [ア] $(x-$ [イ] $)(x+$ [ウエ] $)$

(2)　$6x^2-x-12=($ [オ] $x-$ [カ] $)($ [キ] $x+$ [ク] $)$

(3)　$x^4-5x^2-36=(x-$ [ケ] $)(x+$ [コ] $)(x^2+$ [サ] $)$

解答

(1)　(左辺) $=2(x^2+22x-48)$

$=\mathbf{2}(x-\mathbf{2})(x+\mathbf{24})$

← 共通因数でくくる。

$\begin{matrix} 1 & \times & -2 \\ 1 & & +24 \end{matrix}$

(2)　(左辺) $=(\mathbf{2}x-\mathbf{3})(\mathbf{3}x+\mathbf{4})$

← たすきがけ

$\begin{matrix} 2 & \times & -3 & -9 \\ 3 & & +4 & +8 \end{matrix}$

(3)　(左辺) $=(x^2-9)(x^2+4)$

$=(x-\mathbf{3})(x+\mathbf{3})(x^2+\mathbf{4})$

例題 4　3分・6点

次の式を因数分解せよ。

(1)　$(x^2-2x)(x^2-2x-7)-8=(x-$ [ア] $)^2(x+$ [イ] $)(x-$ [ウ] $)$

(2)　$2x^2+2xy-5x-2y+3=(x-$ [エ] $)($ [オ] $x+$ [カ] $y-$ [キ] $)$

(3)　$2x^2-xy-6y^2+3x+8y-2$

$=(x-$ [ク] $y+$ [ケ] $)($ [コ] $x+$ [サ] $y-$ [シ] $)$

解答

(1)　(左辺) $=A(A-7)-8=A^2-7A-8$

← $x^2-2x=A$ とおく。

$=(A+1)(A-8)$

$=(x^2-2x+1)(x^2-2x-8)$

$=(x-\mathbf{1})^2(x+\mathbf{2})(x-\mathbf{4})$

(2)　(左辺) $=2x^2-5x+3+(2x-2)y$

← 次数の低い文字 y について整理する。

$=(x-1)(2x-3)+2(x-1)y$

$=(x-\mathbf{1})(\mathbf{2}x+\mathbf{2}y-\mathbf{3})$

← $x-1$ でくくる。

(3)　(左辺) $=2x^2+(-y+3)x-2(3y^2-4y+1)$

← x について降べきの順に整理する。

$=2x^2+(-y+3)x-2(y-1)(3y-1)$

$=\{x-2(y-1)\}\{2x+(3y-1)\}$

$=(x-\mathbf{2}y+\mathbf{2})(\mathbf{2}x+\mathbf{3}y-\mathbf{1})$

← たすきがけ

$\begin{matrix} 1 & \times & -2(y-1) \\ 2 & & +(3y-1) \end{matrix}$

STAGE 1　3　無理数の計算

■ 5　無理数の計算 ■

(1)　**分母の有理化**（$a>0$，$b>0$）

$$\frac{a}{\sqrt{b}}=\frac{a}{\sqrt{b}}\cdot\frac{\sqrt{b}}{\sqrt{b}}=\frac{a\sqrt{b}}{b}$$

$$\frac{1}{\sqrt{a}+\sqrt{b}}=\frac{1}{\sqrt{a}+\sqrt{b}}\cdot\frac{\sqrt{a}-\sqrt{b}}{\sqrt{a}-\sqrt{b}}=\frac{\sqrt{a}-\sqrt{b}}{a-b}$$

(2)　**求値問題は，等式の変形を利用するとよい。**

$x^2+y^2=(x+y)^2-2xy$

$x^3+y^3=(x+y)(x^2-xy+y^2)$

$\quad=(x+y)^3-3xy(x+y)$

$x^4+y^4=(x^2+y^2)^2-2(xy)^2$　　など

(3)　**二重根号**

$a>b>0$ として

$\sqrt{a+b+2\sqrt{ab}}=\sqrt{a}+\sqrt{b}$，$\sqrt{a+b-2\sqrt{ab}}=\sqrt{a}-\sqrt{b}$

(2)　x と y を入れ換えても変わらない式を x と y の対称式という。対称式の値を求めるときは，$x+y$ と xy で表しておいて，これらの値から計算すればよい。

■ 6　整数部分，小数部分 ■

実数 x に対して

$m\leqq x<m+1$

を満たす整数 m を x の**整数部分**，$\alpha=x-m$（$0\leqq\alpha<1$）を x の**小数部分**という。もちろん $x=m+\alpha$ である。

α
m　x　m+1

(例)　$x=2.3$　　のとき　$m=2$，$\alpha=0.3$

$x=\sqrt{2}$　　のとき　$m=1$，$\alpha=\sqrt{2}-1$

$x=10\sqrt{10}$　のとき　$x^2=1000$

$31^2=961<1000<1024=32^2$　より　$m=31$，$\alpha=10\sqrt{10}-31$

例題 5　3 分・6 点

$a=\dfrac{3}{\sqrt{5}-\sqrt{2}}$，$b=\dfrac{3}{\sqrt{5}+\sqrt{2}}$ とするとき

$a+b=$ ア $\sqrt{\text{イ}}$，$ab=$ ウ

であるから

$a^2+b^2=$ エオ，$a^4+b^4=$ カキク

である。

解答

$$a=\frac{3(\sqrt{5}+\sqrt{2})}{5-2}=\sqrt{5}+\sqrt{2},$$

$$b=\frac{3(\sqrt{5}-\sqrt{2})}{5-2}=\sqrt{5}-\sqrt{2}$$

であるから

$$a+b=\mathbf{2}\sqrt{\mathbf{5}},\quad ab=5-2=\mathbf{3}$$

$$a^2+b^2=(a+b)^2-2ab=20-6=\mathbf{14}$$

$$a^4+b^4=(a^2+b^2)^2-2(ab)^2=196-18=\mathbf{178}$$

⬅ 分母の有理化。

⬅ $a+b$ と ab の値で計算する。

例題 6　3 分・6 点

$a=\dfrac{1+2\sqrt{5}}{8-3\sqrt{5}}$ の整数部分を k，小数部分を b とする。

$a=$ ア $+\sqrt{\text{イ}}$ であるから，$k=$ ウ であり，

$b=$ エオ $+\sqrt{\text{カ}}$ である。

解答

$$a=\frac{(1+2\sqrt{5})(8+3\sqrt{5})}{64-45}=\frac{38+19\sqrt{5}}{19}$$

$$=\mathbf{2}+\sqrt{\mathbf{5}}$$

$2<\sqrt{5}<3$ であるから

$$4<2+\sqrt{5}<5$$

よって

$$k=\mathbf{4}$$

$$b=(2+\sqrt{5})-4=\mathbf{-2}+\sqrt{\mathbf{5}}$$

⬅ 分母の有理化。

⬅ $\sqrt{4}<\sqrt{5}<\sqrt{9}$

STAGE 1 4 1次不等式

■ 7 1次不等式の解法 ■

1次不等式は $ax>b$ または $ax<b$ の形に変形する。

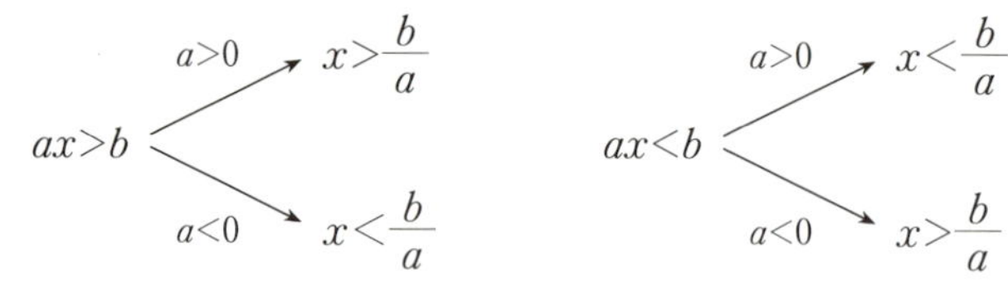

不等式の計算における注意

不等式の両辺に負の数をかけたり，負の数で割ったりすると**不等号の向きが逆**になる。つまり，$c<0$ のとき

$$a<b \iff ac>bc, \ \frac{a}{c}>\frac{b}{c}$$

（注） <，>が≦，≧になっても同じである。

■ 8 連立不等式の解法 ■

いくつかの不等式を同時に満たす x の値の範囲を求めるときには，それぞれの不等式の解を数直線上に表し，重なった部分を解として求める。

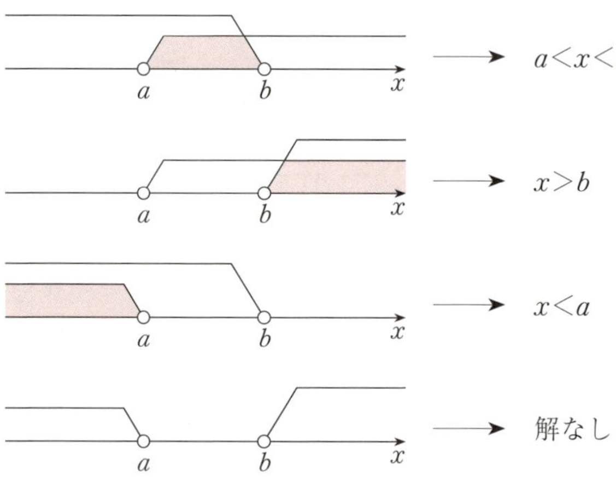

（注） “<” が “≦” になるときは，図の “○” は “●” で表す。

例題 7　2分・4点

(1) 不等式 $5x-3(3-2x)<-8(3-x)$ の解は $x<$ アイ である。

(2) 不等式 $2(x+a)<3(3x+1)-a$ の解が $x>3$ であるとき $a=$ ウ である。

解答

(1) 与式より

$$5x-9+6x<-24+8x$$

$$3x<-15$$

$$\therefore\quad x<\mathbf{-5}$$

← $ax<b$ または $ax>b$ の形にする。

(2) 与式より

$$2x+2a<9x+3-a$$

$$-7x<-3a+3$$

$$\therefore\quad x>\frac{3a-3}{7}$$

← 不等号の向きを逆にする。

解が $x>3$ であることより

$$\frac{3a-3}{7}=3$$

$$\therefore\quad a=\mathbf{8}$$

例題 8　2分・4点

連立不等式

$$6x-12<4x+2<5x-1$$

を満たす x の値の範囲は ア $<x<$ イ である。

解答

$6x-12<4x+2$ から

$$2x<14\qquad\therefore\quad x<7\qquad\cdots\cdots①$$

$4x+2<5x-1$ から

$$-x<-3\qquad\therefore\quad x>3\qquad\cdots\cdots②$$

①，②を同時に満たす x の値の範囲を求めて

$$\mathbf{3<x<7}$$

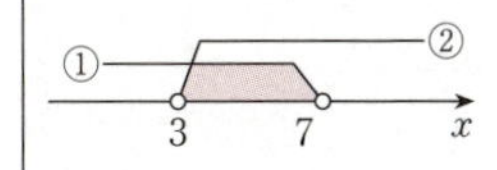

STAGE 1　類　題

類題　1　（2分・4点）

次の式を展開せよ。

(1)　$(3a+2b)(5a-4b)=$ アイ a^2- ウ $ab-$ エ b^2

(2)　$(2a-3b+c)^2=$ オ a^2+ カ b^2+c^2- キク $ab-$ ケ $bc+$ コ ca

類題　2　（3分・6点）

次の式を展開せよ。

(1)　$(2a+1)^2(2a-1)^2(4a^2+1)^2=$ アイウ a^8- エオ a^4+ カ

(2)　$(a+1)(a+2)(a+3)(a+4)=a^4+$ キク a^3+ ケコ a^2+ サシ $a+$ スセ

(3)　$(x^2+ax-3)(2x^2-4x-1)$ を展開したときの x^2 の係数が5であるとき $a=$ ソタ である。

類題　3　(3分・6点)

次の式を因数分解せよ。

(1)　$2x^2-28xy-144y^2=$ ア $(x+$ イ $y)(x-$ ウエ $y)$

(2)　$8x^2-2xy-15y^2=($ オ $x-$ カ $y)($ キ $x+$ ク $y)$

(3)　$x^4-3x^2-4=(x-$ ケ $)(x+$ コ $)(x^2+$ サ $)$

類題　4　(3分・6点)

次の式を因数分解せよ。

(1)　$(x-2)(x-3)(x+4)(x+5)-144=(x+$ ア $)^2(x-$ イ $)(x+$ ウ $)$

(2)　$2x^3-3x^2y-8x+12y=(x-$ エ $)(x+$ オ $)($ カ $x-$ キ $y)$

(3)　$2x^2-8xy+6y^2+5x+y-12$

$=(x-$ ク $y+$ ケ $)($ コ $x-$ サ $y-$ シ $)$

類題　5　　(6分・10点)

(1)　$a=\dfrac{\sqrt{7}-\sqrt{3}}{\sqrt{7}+\sqrt{3}}$，$b=\dfrac{\sqrt{7}+\sqrt{3}}{\sqrt{7}-\sqrt{3}}$ とする。

$a+b=$ [ア]，$ab=$ [イ]

であり

$\dfrac{b}{a}+\dfrac{a}{b}=$ [ウエ]

である。

(2)　$a=\dfrac{3+\sqrt{13}}{2}$ のとき

$a+\dfrac{1}{a}=\sqrt{\text{[オカ]}}$，$a^2+\dfrac{1}{a^2}=$ [キク]，$a^4+\dfrac{1}{a^4}=$ [ケコサ]

である。

類題　6　　(6分・10点)

(1)　$a=-\dfrac{6+3\sqrt{14}}{5}$，$b=\dfrac{2+\sqrt{14}}{5}$ とする。

$m<a<m+1$ を満たす整数 m の値は　$m=$ [アイ]

$n<b<n+1$ を満たす整数 n の値は　$n=$ [ウ]

である。

また，$a<x<b$ を満たす整数 x の個数は [エ] 個である。

(2)　2次方程式 $2x^2-11x+13=0$ の解を α，β $(\alpha>\beta)$ とするとき

$\alpha=\dfrac{\text{[オカ]}+\sqrt{\text{[キク]}}}{\text{[ケ]}}$，$\beta=\dfrac{\text{[オカ]}-\sqrt{\text{[キク]}}}{\text{[ケ]}}$

である。また，

$m<\alpha<m+1$ を満たす整数 m の値は　$m=$ [コ]

$n<\beta<n+1$ を満たす整数 n の値は　$n=$ [サ]

である。

類題 7 （2分・4点）

(1) 不等式 $\dfrac{3(x-2)}{2}-\dfrac{2(1-x)}{3}\leqq 3x-8$ の解は $x\geqq\dfrac{\boxed{\text{アイ}}}{\boxed{\text{ウ}}}$ である。

(2) 不等式 $\dfrac{x-a}{3}-\dfrac{4x-3}{2}\geqq -a$ を満たす x の値の範囲に2が含まれるような a の値の範囲は $a\geqq\dfrac{\boxed{\text{エオ}}}{\boxed{\text{カ}}}$ である。

類題 8 （2分・4点）

連立不等式

$$\frac{1+2x}{2}\leqq\frac{3x-1}{5}\leqq\frac{5x+4}{6}+\frac{1}{2}$$

の解は $\dfrac{\boxed{\text{アイウ}}}{\boxed{\text{エ}}}\leqq x\leqq\dfrac{\boxed{\text{オカ}}}{\boxed{\text{キ}}}$ である。

STAGE 2　5　絶対値の計算

9　絶対値の計算

(1)　絶対値の性質

数直線上で点 A(a) と原点 O の距離を a の**絶対値**といい，記号$|a|$で表す。

$a\geqq 0$ のとき　$|a|=a$　　　　$a<0$ のとき　$|a|=-a$

$a>0$ のとき　　　　　　　　　$a<0$ のとき

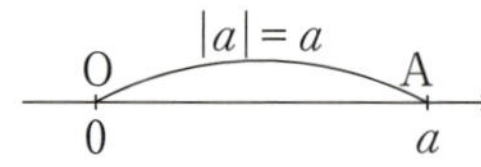

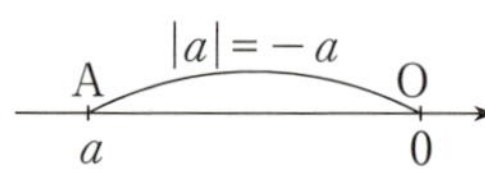

2 点 A(a)，B(b) 間の距離は　$\mathrm{AB}=|b-a|$

$a<b$ のとき　　　　　　　　　$b<a$ のとき

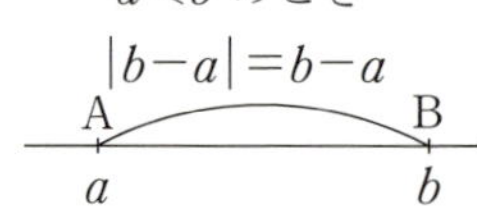

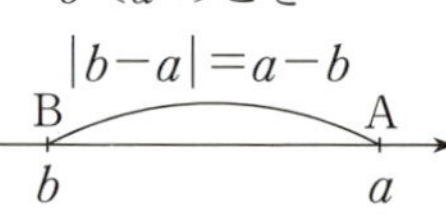

(2)　絶対値を含む方程式・不等式

方程式 $|x|=c \iff x=\pm c$　(c は正の定数)

不等式 $|x|<c \iff -c<x<c$

不等式 $|x|>c \iff x<-c,\ c<x$

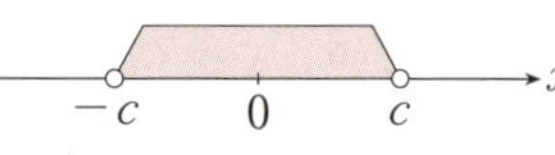

(3)　絶対値と場合分け

$y=5|x-2|+2|x+3|$ とする。

$x<-3$ のとき

$y=-5(x-2)-2(x+3)$
$\quad=-7x+4$

$-3\leqq x<2$ のとき

$y=-5(x-2)+2(x+3)$
$\quad=-3x+16$

$2\leqq x$ のとき

$y=5(x-2)+2(x+3)$
$\quad=7x-4$

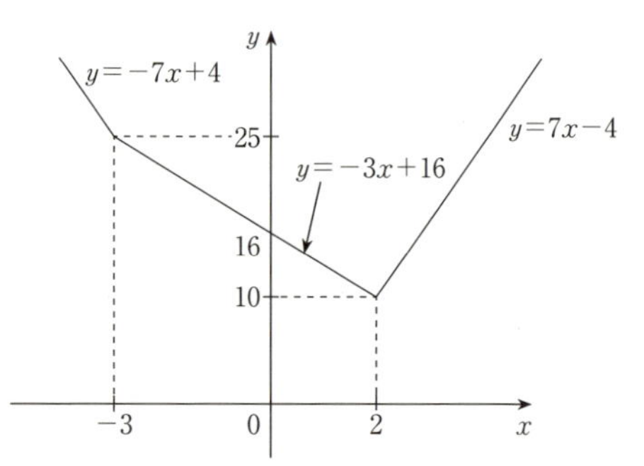

例題 9 **6分・10点**

(1) 方程式 $|2x-3|=5$ の解は $x=$ アイ ，ウ である。

(2) 不等式 $|2x+1|\leqq 3$ の解は エオ $\leqq x \leqq$ カ である。

(3) 方程式 $2(x-2)^2=|3x-5|$ ……① の解のうち，$x<\frac{5}{3}$ を満たす解は

$x=$ キ ，$\frac{\text{ク}}{\text{ケ}}$ である。また，方程式①の解は全部で コ 個ある。

解答

(1) $|2x-3|=5$ より　$2x-3=\pm 5$

$\therefore$　$x=\mathbf{-1,\ 4}$

← $2x=-2,\ 8$

(2) $|2x+1|\leqq 3$ より　$-3\leqq 2x+1\leqq 3$

$\therefore$　$\mathbf{-2\leqq x\leqq 1}$

← $-4\leqq 2x\leqq 2$

(3) $x<\frac{5}{3}$ のとき，$3x-5<0$ であるから，①より

$2(x-2)^2=-(3x-5)$

$2x^2-5x+3=0$

$(x-1)(2x-3)=0$

$\therefore$　$x=\mathbf{1,\ \frac{3}{2}}$

← 1 ╳ −1 / 2 ╳ −3

これらはともに $x<\frac{5}{3}$ を満たす。

$x\geqq\frac{5}{3}$ のとき，$3x-5\geqq 0$ であるから，①より

← $x\geqq\frac{5}{3}$ の場合も考える。

$2(x-2)^2=3x-5$

$2x^2-11x+13=0$　　$\therefore$　$x=\frac{11\pm\sqrt{17}}{4}$

← 解の公式。

これらはともに $x\geqq\frac{5}{3}$ を満たす。

よって，①の解は全部で **4** 個ある。

（注）$\frac{11-\sqrt{17}}{4}-\frac{5}{3}=\frac{13-3\sqrt{17}}{12}=\frac{\sqrt{169}-\sqrt{153}}{12}>0$

より $\frac{11-\sqrt{17}}{4}>\frac{5}{3}$ である。

STAGE 2　6　不等式の解についての条件 

■10　不等式の解についての条件■

(1)　不等式を満たす整数解

(1−1)　不等式 $5x \leqq 20-x$ を満たす自然数 x の個数は

解 $x \leqq \dfrac{10}{3}$ より　$x=1,\ 2,\ 3$ の3個

(1−2)　不等式 $8+3x>2x-2$ を満たす最小の整数は

解 $x>-10$ より　-9

(1−3)　連立不等式 $-4<5-3x \leqq 8$ を満たす整数 x の個数は

解 $-1 \leqq x<3$ より　$x=-1,\ 0,\ 1,\ 2$ の4個

(1−4)　連立不等式 $-2x+1<x-9<a-x$ を満たす整数 x が存在しないような a の値の範囲は

解 $x>\dfrac{10}{3}$　かつ　$x<\dfrac{a+9}{2}$　より

$\dfrac{a+9}{2} \leqq 4$　　∴　$a \leqq -1$

(2)　不等式の解についての条件

(2−1)　連立不等式 $1-a \leqq 4x \leqq 3x+4$ の解が $-2 \leqq x \leqq 4$ となるような a の値は

解 $x \geqq \dfrac{1-a}{4}$　かつ　$x \leqq 4$　より

$\dfrac{1-a}{4}=-2$　　∴　$a=9$

(2−2)　連立不等式 $6-2x<x-3<a+2$ を満たす x が存在しないような a の値の範囲は

解 $x>3$　かつ　$x<a+5$　より

$a+5 \leqq 3$　　∴　$a \leqq -2$

(2−3)　不等式 $3+x \geqq 1-x$ の解が $x \geqq a$ を満たすような a の値の範囲は

解 $x \geqq -1$ が $x \geqq a$ に含まれることより

$a \leqq -1$

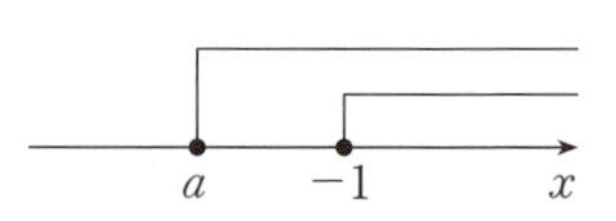

例題 10　6分・10点

x についての二つの不等式

$$\begin{cases} x-\dfrac{4-x}{2}<7 & \cdots\cdots① \\ 2-x<x-2(a+3) & \cdots\cdots② \end{cases}$$

がある。

①の解は $x<$ [ア] であり，②の解は $x>a+$ [イ] である。
①，②を同時に満たす x の整数値がただ一つであるような整数 a の値は $a=$ [ウ] である。

また，$x\geqq0$ を満たすすべての x に対して②が成り立つ条件は，$a<$ [エオ] である。

解答

①より

$$2x-(4-x)<14$$
$$3x<18$$
$$\therefore\quad x<6$$

②より

$$-2x<-2(a+3)-2$$
$$-2x<-2a-8$$
$$\therefore\quad x>a+4$$

①，②を同時に満たす x の整数値がただ1つであるとき，①より，その整数値は5であるから，a の値の範囲は

$$4\leqq a+4<5$$
$$\therefore\quad 0\leqq a<1$$

これを満たす整数 a の値は**0**である。

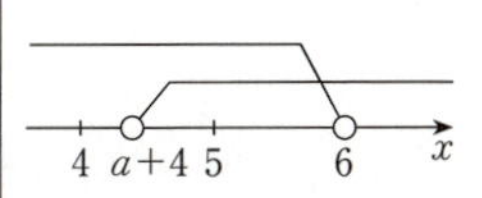

また，$x\geqq0$ を満たすすべての x に対して②が成り立つ条件は

$$a+4<0$$
$$\therefore\quad a<-4$$

が成り立つことである。

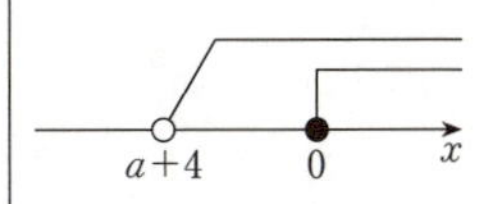

STAGE 2　類　題

類題 9　(10分・16点)

(1)　方程式

$$|(\sqrt{7}-2)x+2|=4$$

の解は

$$x=\frac{\boxed{\text{ア}}(\boxed{\text{イ}}+\sqrt{7})}{\boxed{\text{ウ}}},\ \boxed{\text{エオ}}(\boxed{\text{カ}}+\sqrt{7})$$

である。

(2)　不等式

$$|(\sqrt{5}+2)x-1|<3$$

の解は

$$\boxed{\text{キク}}(\sqrt{5}-\boxed{\text{ケ}})<x<\boxed{\text{コ}}(\sqrt{5}-\boxed{\text{サ}})$$

である。

(3)　連立方程式

$$\begin{cases} 2x+3y-1=0 & \cdots\cdots① \\ |4x-16|=2x+6y+21 & \cdots\cdots② \end{cases}$$

の解は

$$(x,\ y)=\left(\frac{\boxed{\text{シス}}}{\boxed{\text{セ}}},\ \boxed{\text{ソタ}}\right),\ \left(\frac{\boxed{\text{チツ}}}{\boxed{\text{テ}}},\ \frac{\boxed{\text{ト}}}{\boxed{\text{ナ}}}\right)$$

である。

類題　10　（6分・10点）

x についての二つの不等式

$$\begin{cases} 2(x-a)<-x+6 & \cdots\cdots① \\ \dfrac{x-4}{3}-\dfrac{3x-2}{2}\leqq\dfrac{5}{6} & \cdots\cdots② \end{cases}$$

がある。

①の解は $x<\dfrac{\boxed{ア}}{\boxed{イ}}a+\boxed{ウ}$ であり，②の解は $x\geqq\boxed{エオ}$ である。

①，②を同時に満たす整数 x がちょうど6個となるような整数 a の値は $a=\boxed{カ}$ である。

また，$x\leqq0$ を満たすすべての x に対して①が成り立つ条件は $a>\boxed{キク}$ である。

STAGE 1　7　集　合

■11　集　合■

・集合と要素

$A=\{1,\ 3,\ 5,\ 7,\ 9\}=\{x \mid 1以上10以下の奇数\}$

要素　　　　　　　要素の条件

$3 \in A,\ 2 \notin A$

・部分集合　$A \subset B$

$x \in A$ ならば $x \in B$

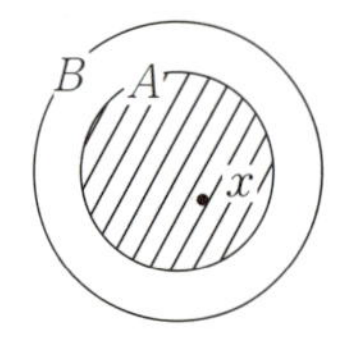

・共通部分$(A \cap B)$と和集合$(A \cup B)$

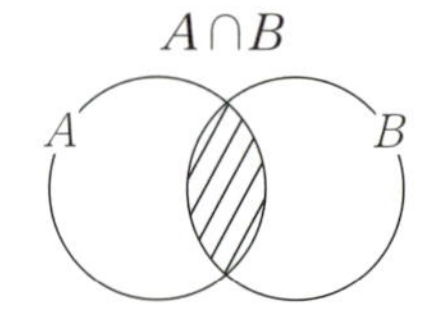

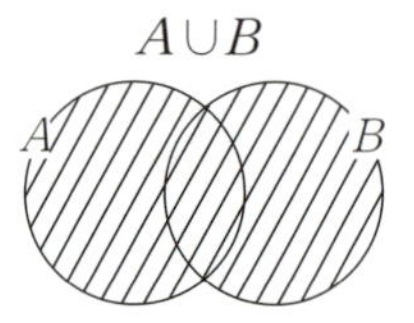

・全体集合と補集合

$A \cup \overline{A}=U,\ A \cap \overline{A}=\phi$

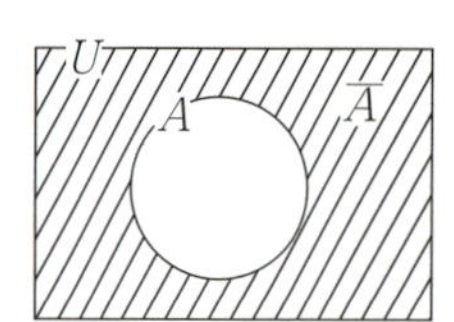

(注)　要素を1つももたない集合を空集合(ϕ)という。

■12　ド・モルガンの法則■

$\overline{A \cup B}=\overline{A} \cap \overline{B}$

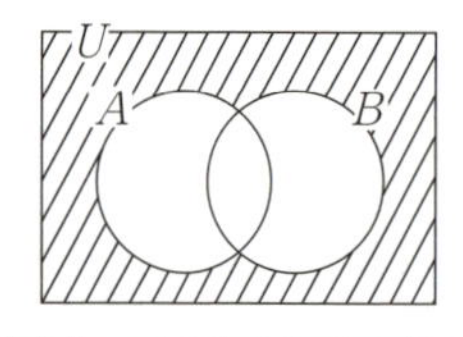

$\overline{A \cap B}=\overline{A} \cup \overline{B}$

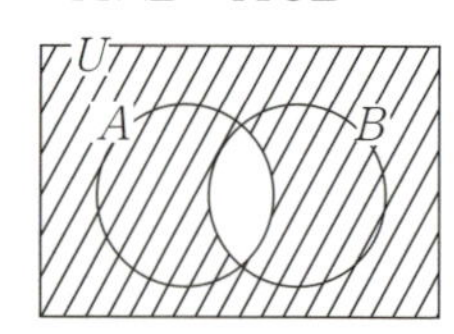

例題 11　1分・3点

1から100までのすべての自然数の集合を全体集合 U とし，その部分集合 A，B，C を次のように定義する。

$A=\{x|x$ は偶数$\}$
$B=\{x|x$ は3の倍数$\}$
$C=\{x|x$ は4の倍数$\}$

A，B，C の関係を表す図は，［ア］である。

⓪ 

① 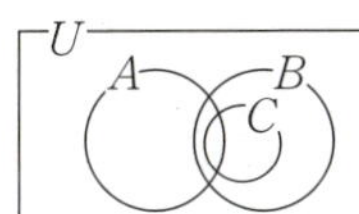

② 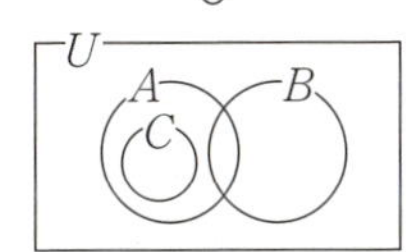

③ 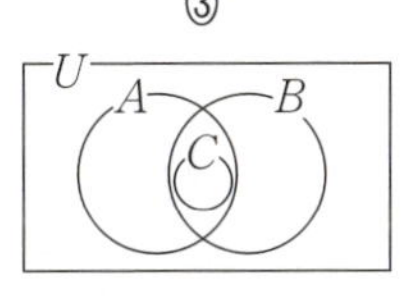

解答　$A=\{2,\ 4,\ 6,\ 8,\ \cdots\cdots,\ 96,\ 98,\ 100\}$

$B=\{3,\ 6,\ 9,\ 12,\ \cdots\cdots,\ 96,\ 99\}$

$C=\{4,\ 8,\ 12,\ 16,\ \cdots\cdots,\ 96,\ 100\}$

$A\supset C$，$B\cap C\neq\phi$。$B\supset C$ ではない。よって　⓪

⬅ 要素を書き並べる。

⬅ C は A の部分集合。

⬅ $12\in B\cap C$
$4\in\overline{B}\cap C$

例題 12　3分・6点

自然数の集合を全体集合とし，その部分集合を

$A=\{n|n$ は10で割り切れる自然数$\}$
$B=\{n|n$ は4で割り切れる自然数$\}$

とし

$C=\{n|n$ は10と4のいずれでも割り切れる自然数$\}$
$D=\{n|n$ は10でも4でも割り切れない自然数$\}$
$E=\{n|n$ は20で割り切れない自然数$\}$

とする。このとき

$C=$［ア］，　$D=$［イ］，　$E=$［ウ］

である。

⓪ $A\cup B$　① $A\cup\overline{B}$　② $\overline{A}\cup B$　③ $\overline{A\cup B}$
④ $A\cap B$　⑤ $A\cap\overline{B}$　⑥ $\overline{A}\cap B$　⑦ $\overline{A\cap B}$

解答　$C=A\cap B$ から　④

$D=\overline{A}\cap\overline{B}=\overline{A\cup B}$ から　③

$\overline{E}=\{n|n$ は20で割り切れる自然数$\}=A\cap B$ から

$E=\overline{A\cap B}$　⑦

⬅ ド・モルガンの法則

⬅ 10と4の最小公倍数は20

STAGE 1　8　命　題

■13　命　題■

(1)　条件と集合

条件 p, q を満たす要素の集合を，それぞれ P, Q とする。

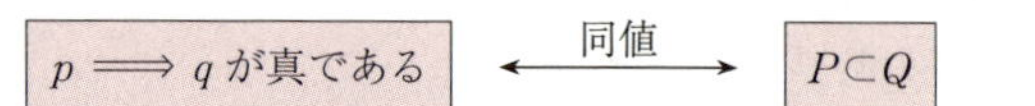

(2)　否定

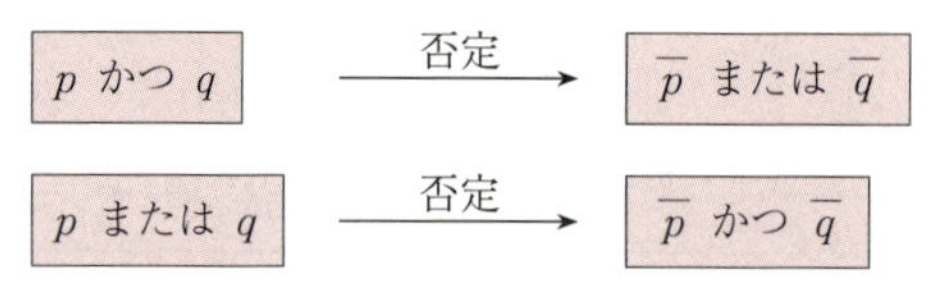

(3)　逆・裏・対偶

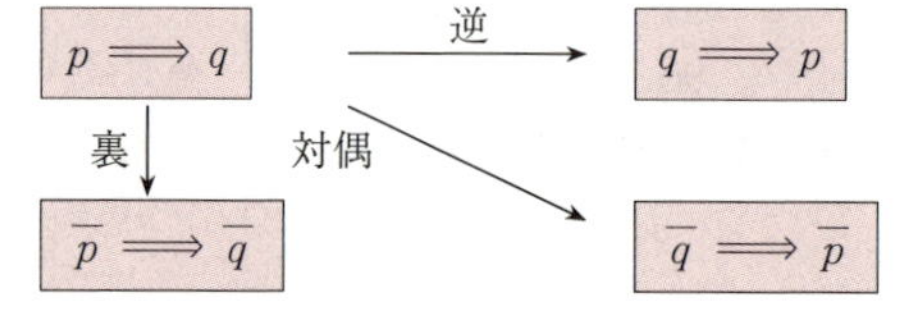

命題とその対偶の真偽は一致する。

$\overline{p}$ は p の否定を表す。

■14　真偽の判定■

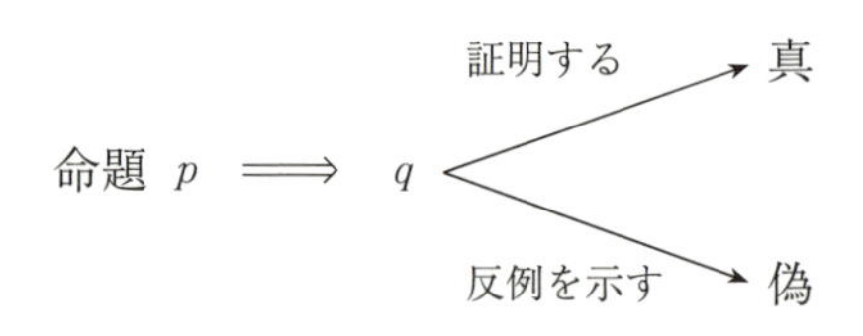

(1)　集合の包含関係 $P \subset Q$ を調べる。

(2)　対偶を調べる。

$p \Rightarrow q$ が偽のとき，反例とは p を満たすが q を満たさないもの。

例題 13　**5 分・10 点**

自然数全体の集合を U とする。U の要素に関する条件 p, q について，p, q を満たす要素の集合を，それぞれ P, Q とする。

(1)　命題「$p \Rightarrow q$」の逆が真であることと［ア］が成り立つことは同じである。

(2)　命題「$\overline{p} \Rightarrow q$」が真であることと［イ］が成り立つことは同じであり，また，これ以外に［ウ］が成り立つこととも同じである。

(3)　すべての自然数が条件「$\overline{p}$ または q」を満たすことと［エ］が成り立つことは同じである。

［ア］～［エ］に当てはまるものを，次の⓪～⑤のうちから一つずつ選べ。ただし，同じものを繰り返し選んでもよい。

⓪　$P \subset Q$　　①　$P \supset Q$　　②　$P \subset \overline{Q}$
③　$\overline{P} \subset Q$　　④　$P \supset \overline{Q}$　　⑤　$\overline{P} \supset Q$

解答

(1)　逆「$q \Rightarrow p$」が真であることは，$Q \subset P$（①）と同じ。

(2)　「$\overline{p} \Rightarrow q$」が真であることは，$\overline{P} \subset Q$（③）と同じ。
対偶「$\overline{q} \Rightarrow p$」も真であるから，$\overline{Q} \subset P$（④）と同じ。

(3)　すべての自然数が「$\overline{p}$ または q」を満たすことは，
$\overline{P} \cup Q = U$　つまり　$P \cap \overline{Q} = \phi$　が成り立つことと同じであるから，$P \subset Q$（⓪）と同じ。

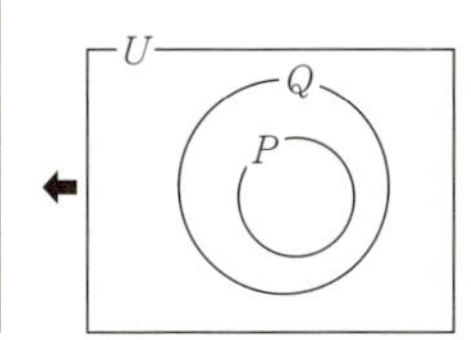

例題 14　**2 分・3 点**

実数 x について，命題 A：「$x^2>2$ ならば $x>2$」を考える。次の［ア］に当てはまるものを，下の⓪～⑥のうちから一つ選べ。

命題 A とその逆，対偶のうち，［ア］が真である。

⓪　命題 A のみ　　①　命題 A の逆のみ
②　命題 A の対偶のみ　　③　命題 A とその対偶の二つのみ
④　命題 A とその逆の二つのみ　　⑤　命題 A の逆と命題 A の対偶の二つのみ
⑥　三つすべて

解答

A：「$x^2>2$ ならば $x>2$」は　偽（反例：$x=-2$）
A の逆：「$x>2$ ならば $x^2>2$」は　真
対偶ともとの命題の真偽は一致するので，
A の対偶は　偽
よって，A の逆のみが真（①）。

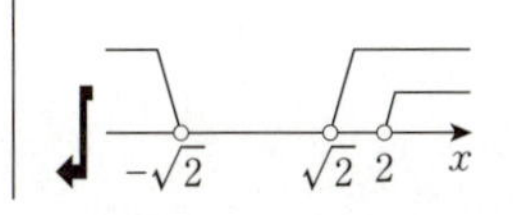

STAGE 1　9　必要条件と十分条件

■15　条件の判定■

命題　$p \Longrightarrow q$　が真であるとき

$p \Longrightarrow q$
（十分条件）　（必要条件）

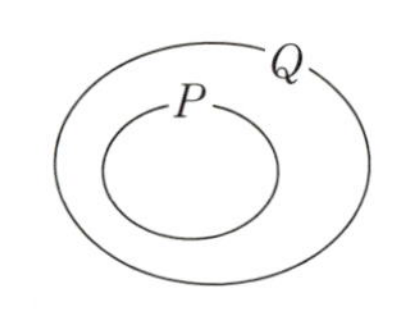

矢印の出ている方が十分条件，矢印の入っている方が必要条件。

集合の包含関係では含まれる方が十分条件，含む方が必要条件。

■16　条件の選択■

条件 p，q を満たす要素の集合を P，Q とする。

p が成り立つための必要十分条件は
　　$P=Q$ となる条件 q を求める。

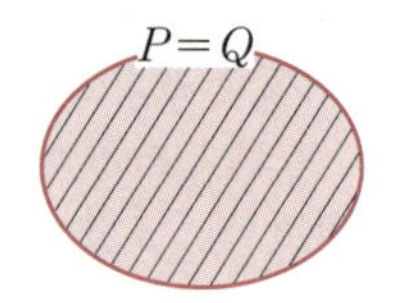

p が成り立つための必要条件は
　　$P \subset Q$ となる条件 q を求める。

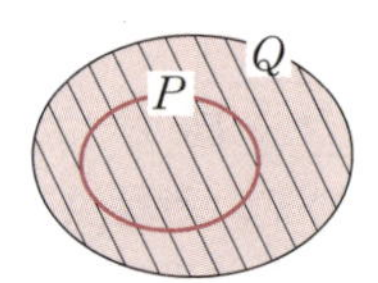

p が成り立つための十分条件は
　　$P \supset Q$ となる条件 q を求める。

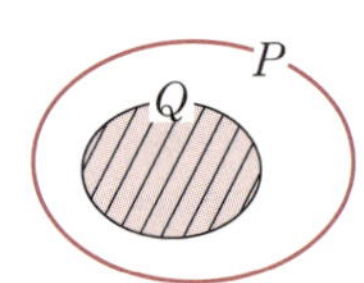

例題 15　2分・4点

m，n を整数とし，条件 p，q，r を

p：mn は偶数　　q：m と n はともに偶数　　r：m または n は偶数

とする。このとき

p は q であるための [ア]。　q は r であるための [イ]。

⓪ 必要十分条件である　① 必要条件であるが，十分条件ではない

② 十分条件であるが，必要条件ではない

③ 必要条件でも十分条件でもない

解答　p と r は同値である。

p：$(m,\ n)=$(偶数，偶数)，(偶数，奇数)，(奇数，偶数)

q：$(m,\ n)=$(偶数，偶数)

から，p は q であるための ①，q は r であるための ②。

← $p \overset{\times}{\underset{\bigcirc}{\rightleftarrows}} q$，$q \overset{\bigcirc}{\underset{\times}{\rightleftarrows}} r$

例題 16　4分・8点

次の [ア] ～ [カ] に当てはまるものを，下の⓪～⑧のうちから一つずつ選べ。ただし，a，b は実数とする。

(1) $(a+1)^2+(b+1)^2=0$ が成り立つための必要十分条件は [ア] である。

(2) $ab=(a+1)(b-1)=0$ が成り立つための必要十分条件は [イ] または [ウ] である。

(3) $a(b-1)=b(a-1)=0$ が成り立つための必要条件は [エ] である。

(4) $a(a-1)=b(b+1)=0$ が成り立つための十分条件は [オ] または [カ] である。

⓪ $a=0,\ b=1$　① $a=0,\ b=-1$　② $a=1,\ b=0$　③ $a=-1,\ b=0$

④ $a=b=1$　⑤ $a=b=-1$　⑥ $a=b$　⑦ $a+b=0$　⑧ $a-b=1$

解答

(1) $(a+1)^2+(b+1)^2=0 \iff a+1=b+1=0$ より　⑤

(2) $ab=(a+1)(b-1)=0$

$\iff (a,\ b)=(0,\ 1),\ (-1,\ 0)$ より　⓪または③

(3) $a(b-1)=b(a-1)=0$

$\iff (a,\ b)=(0,\ 0),\ (1,\ 1)$ より　⑥

(4) $a(a-1)=b(b+1)=0$

$\iff (a,\ b)=(0,\ 0),\ (0,\ -1),\ (1,\ 0),\ (1,\ -1)$

より　①または②

← $A^2+B^2=0 \iff A=B=0$

$AB=0 \iff A=0$ または $B=0$

STAGE 1　10　有理数・無理数

17　有理数・無理数

・有理数

m を整数，n を 0 でない整数とするとき，$\dfrac{m}{n}$ で表すことができる数。

・無理数

実数であって，有理数でない数(循環しない無限小数)。

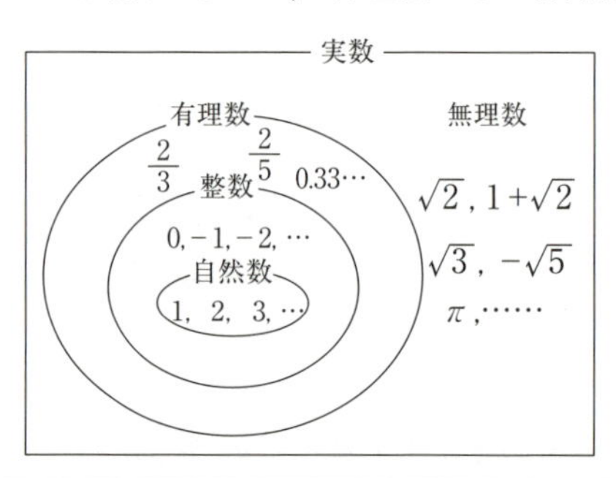

$\dfrac{2}{5}=0.4$　(有限小数)

$\dfrac{2}{3}=0.66\cdots\cdots$　(循環小数)

は有理数。

18　有理数と無理数の計算

・(有理数) ± (有理数)＝(有理数)，(有理数) × (有理数)＝(有理数)
　(有理数) ÷ (0 を除く有理数)＝(有理数)

・(無理数) ± (無理数)，(無理数) × (無理数)，(無理数) ÷ (無理数)
　は有理数になる場合も無理数になる場合もある。

・(有理数) ± (無理数)＝(無理数)

　(有理数) × (無理数)＝$\begin{cases}\text{有理数が 0 のときのみ 0(有理数)} \\ \text{有理数が 0 でないとき無理数}\end{cases}$

・p，q を有理数，α を無理数とすると

$$p+q\alpha=0 \iff p=q=0$$

例題 17　**1 分・4 点**

A を有理数全体の集合，B を無理数全体の集合とする。空集合を ϕ と表す。次の(i)〜(iv)が真の命題になるように，［ア］〜［エ］に当てはまるものを，下の⓪〜⑤のうちから一つずつ選べ。ただし，同じものを繰り返し選んでもよい。

(i)　A［ア］$\{0\}$　　(ii)　$\sqrt{28}$［イ］B

(iii)　$A=\{0\}$［ウ］A　　(iv)　$\phi=A$［エ］B

⓪ $\in$　① $\ni$　② $\subset$　③ $\supset$　④ $\cap$　⑤ $\cup$

解答

(i)　$A\supset\{0\}$　(③)　　(ii)　$\sqrt{28}\in B$　(⓪)

(iii)　$A=\{0\}\cup A$　(⑤)　　(iv)　$\phi=A\cap B$　(④)

⬅ 0 は有理数，$A\ni 0$

⬅ $\{0\}\cap A=\{0\}$

例題 18　**2 分・4 点**

実数 x に対する条件 p，q，r を次のように定める。

p：x は無理数

q：$x+\sqrt{28}$ は有理数

r：$\sqrt{28}x$ は有理数

次の［ア］，［イ］に当てはまるものを，下の⓪〜③のうちから一つずつ選べ。ただし，同じものを繰り返し選んでもよい。

p は q であるための［ア］。

p は r であるための［イ］。

⓪　必要十分条件である

①　必要条件であるが，十分条件ではない

②　十分条件であるが，必要条件ではない

③　必要条件でも十分条件でもない

解答

$p\Rightarrow q$ は偽（$x=-\sqrt{7}$ のとき $x+\sqrt{28}=\sqrt{7}$：無理数）

$q\Rightarrow p$ は真（$x=$(有理数)$-\sqrt{28}$：無理数）

であるから，p は q であるための ①

⬅ p ×→ ←○ q

$p\Rightarrow r$ は偽（$x=\sqrt{14}$ のとき $\sqrt{28}x=14\sqrt{2}$：無理数）

$r\Rightarrow p$ は偽（$x=0$ のとき $\sqrt{28}x=0$：有理数）

であるから，p は r であるための ③

⬅ p ×→ ←× r

STAGE 1 類　題  

類題 11　（2分・4点）

全体集合 U を $U=\{x|x$ は 20 以下の自然数$\}$ とし，次の部分集合 A，B，C を考える。

$A=\{x|x \in U$ かつ x は 20 の約数$\}$

$B=\{x|x \in U$ かつ x は 3 の倍数$\}$

$C=\{x|x \in U$ かつ x は偶数$\}$

集合 A の補集合を $\overline{A}$ と表し，空集合を ϕ と表す。

次の⓪～⑤のうち，**誤っているもの**は［ア］と［イ］である。

⓪　$A \ni 20$　　①　$A \cap B=\phi$

②　$(A \cup C) \cap B=\{6, 12, 18\}$　　③　$(A \cap C) \supset \{2, 4, 8\}$

④　$(\overline{A} \cap C) \cup B=\overline{A} \cap (B \cup C)$　　⑤　$(A \cup B) \supset C$

類題 12　（4分・8点）

自然数の集合を全体集合とし，その部分集合を

$P=\{x|x$ は 4 で割り切れる自然数$\}$

$Q=\{x|x$ は 6 で割り切れる自然数$\}$

とし

$A=\{x|x$ は 12 で割り切れる自然数$\}$

$B=\{x|x$ は 4 でも 6 でも割り切れない自然数$\}$

$C=\{x|x$ は 2 でも 3 でも割り切れるが，4 では割り切れない自然数$\}$

$D=\{x|x$ は 4 または 6 の少なくとも一方で割り切れない自然数$\}$

とする。このとき

$A=$［ア］，　$B=$［イ］，　$C=$［ウ］，　$D=$［エ］

である。

［ア］～［エ］に当てはまるものを，次の⓪～⑦のうちから一つずつ選べ。

⓪　$P \cup Q$　　①　$P \cup \overline{Q}$　　②　$\overline{P} \cup Q$　　③　$\overline{P \cup Q}$

④　$P \cap Q$　　⑤　$P \cap \overline{Q}$　　⑥　$\overline{P} \cap Q$　　⑦　$\overline{P \cap Q}$

類題　13　　（4分・6点）

実数xに関する3つの条件p，q，rを

$p : x=1$，　$q : x^2=1$，　$r : x>0$

とする。また，条件p，qの否定をそれぞれ$\overline{p}$，$\overline{q}$で表す。

三つの命題

A：「(pかつq) $\Longrightarrow r$」　B：「$q \Longrightarrow r$」　C：「$\overline{q} \Longrightarrow \overline{p}$」

の真偽について正しいものは［ア］である。［ア］に当てはまるものを，次の⓪～⑦のうちから一つ選べ。

⓪　Aは真，Bは真，Cは真　　①　Aは真，Bは真，Cは偽

②　Aは真，Bは偽，Cは真　　③　Aは真，Bは偽，Cは偽

④　Aは偽，Bは真，Cは真　　⑤　Aは偽，Bは真，Cは偽

⑥　Aは偽，Bは偽，Cは真　　⑦　Aは偽，Bは偽，Cは偽

類題　14　　（4分・8点）

(1)　実数aに関する条件p，q，rを次のように定める。

$p : a^2 \geqq 2a+8$

$q : a \leqq -2$　または　$a \geqq 4$

$r : a \geqq 5$

次の［ア］，［イ］に当てはまるものを，下の⓪～③のうちから一つずつ選べ。

命題「pならば［ア］」は真である。

命題「［イ］ならばp」は真である。

⓪　qかつ$\overline{r}$　　①　qまたは$\overline{r}$　　②　$\overline{q}$かつ$\overline{r}$　　③　$\overline{q}$または$\overline{r}$

(2)　自然数nに関する命題

「nが偶数ならば，4の倍数である」

が偽であることを示す反例を，次の⓪～⑦のうちから二つ選べ。［ウ］，［エ］

⓪　$n=2$　　①　$n=3$　　②　$n=4$　　③　$n=5$

④　$n=96$　　⑤　$n=97$　　⑥　$n=98$　　⑦　$n=99$

類題 15　　(4分・8点)

自然数 m, n について，条件 p, q, r を

p：$m+n$ は2で割り切れる

q：n は4で割り切れる

r：m は2で割り切れ，かつ n は4で割り切れる

とする。このとき

(i) p は r であるための [ア]。

(ii) $\overline{p}$ は $\overline{r}$ であるための [イ]。

(iii) 「p かつ q」は r であるための [ウ]。

(iv) 「p または q」は r であるための [エ]。

[ア] ～ [エ] に当てはまるものを，次の⓪～③のうちから一つずつ選べ。ただし，同じものを繰り返し選んでもよい。

⓪ 必要十分条件である

① 必要条件であるが，十分条件ではない

② 十分条件であるが，必要条件ではない

③ 必要条件でも十分条件でもない

類題 16　　(5分・10点)

(1) x を実数として，次の [ア]，[イ] に当てはまるものを，下の⓪～⑥のうちから二つ選べ。

$x \geqq 1$ が成り立つための必要条件は [ア] と [イ] である。

⓪ $x=0$　① $x \geqq 0$　② $x=1$　③ $x>1$

④ $x \geqq 1$　⑤ $x=2$　⑥ $x>2$

(2) a, b を実数として，次の [ウ] ～ [オ] に当てはまるものを，下の⓪～⑨のうちから一つずつ選べ。

$$(|a+b|+|a-b|)^2=2(a^2+b^2+\boxed{ウ})$$

であるから，$(|a+b|+|a-b|)^2=4a^2$ が成り立つための必要十分条件は [エ] である。また，$|a+b|+|a-b|=2b$ が成り立つための必要十分条件は [オ] である。

⓪ $2ab$　① $2|ab|$　② a^2-b^2　③ b^2-a^2　④ $|a^2-b^2|$

⑤ $|a| \geqq |b|$　⑥ $|a| \leqq |b|$　⑦ $a \geqq |b|$　⑧ $|a| \leqq b$　⑨ $a \geqq b$

類題　17　　（2分・8点）

A を有理数全体の集合，B を無理数全体の集合とし，空集合を ϕ と表す。下の⓪～⑨のうち，A の要素であるものは［ア］，［イ］，［ウ］であり，B の要素であるものは［エ］，［オ］である。また，A の部分集合であるものは［カ］，［キ］，［ク］であり，B の部分集合であるものは［ケ］，［コ］である。

⓪ 0　① $-\frac{2}{3}$　② $\sqrt{\frac{7}{9}}$　③ $\sqrt{\frac{16}{9}}$　④ $2+\sqrt{3}$

⑤ $\left\{1,\ \frac{1}{5},\ -\frac{2}{7}\right\}$　⑥ $\{\sqrt{2},\ -\sqrt{5},\ \pi\}$　⑦ $\{\sqrt{9},\ \sqrt{12}\}$

⑧ A　⑨ ϕ

類題　18　　（2分・6点）

命題A「a が無理数で $1+a^2=b^2$ ならば，b は無理数である」

命題B「a が有理数で $1+a^2=b^2$ ならば，b は有理数である」

二つの命題A，Bはともに偽である。その反例となるものを，下の⓪～⑨のうちから一つずつ選べ。

Aの反例は［ア］　　Bの反例は［イ］

⓪ $a=1,\ b=\sqrt{2}$　① $a=1,\ b=\sqrt{3}$

② $a=\frac{4}{3},\ b=\frac{5}{3}$　③ $a=\sqrt{2},\ b=2$

④ $a=\sqrt{3},\ b=2$　⑤ $a=0,\ b=1$

⑥ $a=\sqrt{2},\ b=\sqrt{3}$　⑦ $a=1,\ b=1$

⑧ $a=\sqrt{3},\ b=\sqrt{5}$　⑨ $a=\sqrt{5},\ b=\sqrt{6}$

STAGE 2　11　無理数であることの証明 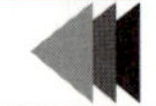

■19　背理法■

(1)　背理法

ある命題を証明するとき，その命題が成り立たないと仮定して矛盾が生じることを示す証明方法。

(2)　無理数であることの証明

$\sqrt{2}$ が無理数であることの証明。

証明

$\sqrt{2}$ が無理数でないと仮定すると $\sqrt{2}$ は有理数であるから

$$\sqrt{2}=\frac{p}{q}\quad (p,\ q\ \text{は互いに素な自然数})$$

と表される。両辺に q をかけて 2 乗すると

$$2q^2=p^2 \qquad \cdots\cdots①$$

$2q^2$ は偶数であるから，p^2 は偶数。

よって，p も偶数であるから，$p=2m$（m：自然数）と表される。①に代入して

$$2q^2=(2m)^2 \qquad \therefore\quad q^2=2m^2$$

$2m^2$ は偶数であるから，q^2 は偶数。

よって，q も偶数である。

したがって，p，q はともに偶数になり，2 を公約数にもつから，p，q が互いに素であることに矛盾する。

ゆえに，$\sqrt{2}$ は有理数ではなく，無理数である。

「互いに素」とは 1 以外に公約数をもたないこと。

例題 19　3分・6点

$\sqrt{2}$ が無理数であることを用いて，$3+2\sqrt{2}$ が無理数であることを証明した次の**解答**を完成させよ。次の ア ， イ ， オ ， カ には，当てはまるものを，下の⓪～③のうちから一つずつ選べ。ただし，同じものを繰り返し選んでもよい。

解答

$3+2\sqrt{2}$ が無理数でないと仮定すると ア であるから

$$3+2\sqrt{2}=p \quad (p \text{ は } \boxed{イ})$$

と表される。このとき

$$\sqrt{2}=\frac{p-\boxed{ウ}}{\boxed{エ}}$$

であり，$\dfrac{p-\boxed{ウ}}{\boxed{エ}}$ は オ であるから，$\sqrt{2}$ が カ であることに矛盾する。したがって，$3+2\sqrt{2}$ は無理数である。

⓪ 実数　① 有理数　② 無理数　③ 整数

解答

$3+2\sqrt{2}$ が無理数でないと仮定すると有理数(①)であるから

$$3+2\sqrt{2}=p \quad (p \text{ は有理数(①)})$$

と表される。このとき

$$\sqrt{2}=\frac{p-3}{2}$$

であり，$\dfrac{p-3}{2}$ は有理数(①)であるから，$\sqrt{2}$ が無理数(②)であることに矛盾する。したがって，$3+2\sqrt{2}$ は無理数である。

⬅ $\dfrac{p}{q}$ と表さなくてもよい。

⬅ (有理数)±(有理数)は有理数。(有理数)÷(0でない有理数)は有理数。

STAGE 2　類　題

類題 19　　（8分・10点）

(1)　n を整数とする。

命題：n^2 が3の倍数ならば n は3の倍数である

を証明した。**解答**を完成させよ。

解答

n が3の倍数でないと仮定すると

$n=$ ［ア］ $m\pm1$　（m：整数）

と表される。

$n^2=($ ［ア］ $m\pm1)^2$

$=$ ［イ］ $m^2\pm$ ［ウ］ $m+1$

$=$ ［エ］ $($ ［オ］ $m^2\pm$ ［カ］ $m)+1$　（複号同順）

［オ］ $m^2\pm$ ［カ］ m は整数であるから，n^2 は3で割ると ［キ］ 余る数となり，n^2 が3の倍数であることに矛盾する。

したがって，n は3の倍数である。

（次ページに続く。）

(2)　x，y を実数とする。

命題：$x+y \geqq 4$ ならば $x \geqq 2$ または $y \geqq 2$ である

を証明した。**解答**の［クa］～［サ］に当てはまるものを，下の⓪～⑤のうちから一つずつ選べ。

解答

［ク］と仮定すると［ケ］となる。これは［コ］であることに矛盾する。したがって，［サ］である。

⓪　$x+y \geqq 4$　　①　$x+y<4$

②　$x \geqq 2$ または $y \geqq 2$　　③　$x \geqq 2$ かつ $y \geqq 2$

④　$x<2$ または $y<2$　　⑤　$x<2$ かつ $y<2$

STAGE 1　12　2次関数のグラフ

■20　頂　点■

(1)　**2次関数 $y=a(x-p)^2+q$ のグラフ**

軸 $x=p$，頂点$(p,\ q)$の放物線

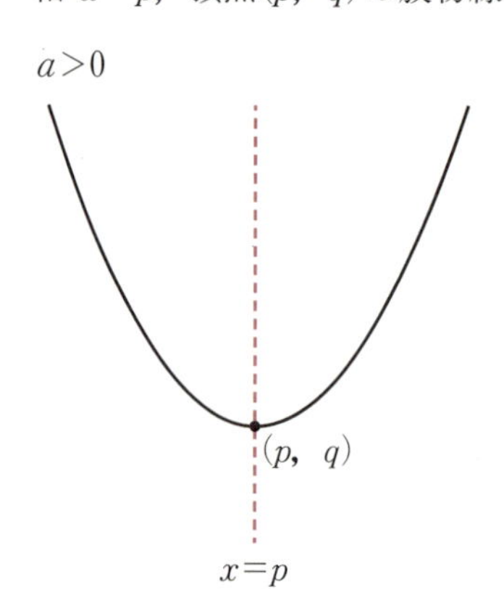

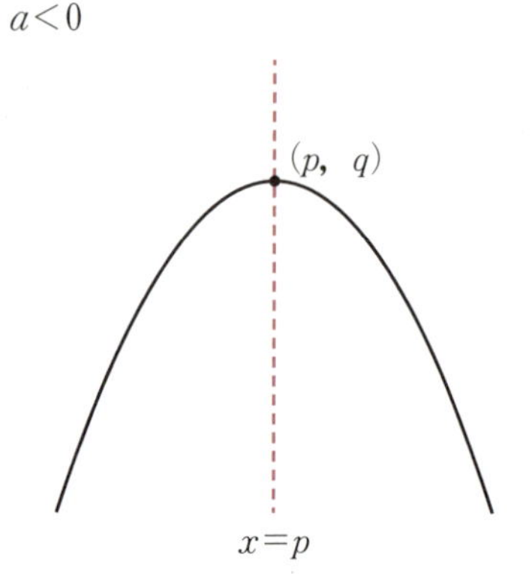

(2)　**2次関数 $y=ax^2+bx+c$ のグラフ**

(1)の形に変形する(**平方完成**するという)。

$$y=a\left(x+\frac{b}{2a}\right)^2-\frac{b^2-4ac}{4a}$$

軸 $x=-\dfrac{b}{2a}$，頂点 $\left(-\dfrac{b}{2a},\ -\dfrac{b^2-4ac}{4a}\right)$ の放物線

■21　係数の決定■

(1)　放物線 $y=ax^2+bx+c$ が点$(x_0,\ y_0)$を通るとき

$$y_0=ax_0{}^2+bx_0+c$$

が成り立つ。(点$(x_0,\ y_0)$を代入)

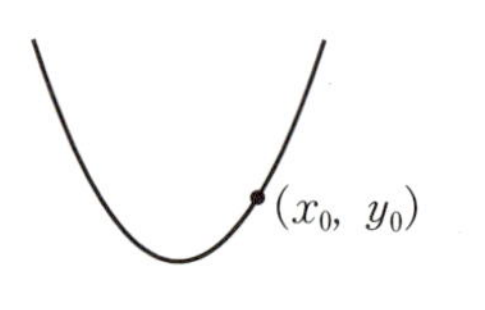

(2)　放物線 $y=ax^2+bx+c$ の軸の方程式が $x=k$ のとき

$$-\frac{b}{2a}=k$$

が成り立つ。

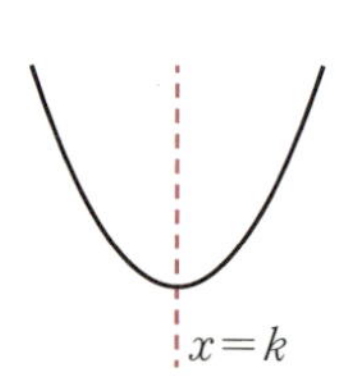

例題 20 2分・4点

放物線 $y=-4x^2+4(a-1)x-a^2$ の頂点の座標は

$$\left(\frac{a-\boxed{ア}}{\boxed{イ}},\ \boxed{ウエ}a+\boxed{オ}\right)$$

である。

解答

右辺を平方完成する。

$$\begin{aligned} y&=-4x^2+4(a-1)x-a^2\\ &=-4\{x^2-(a-1)x\}-a^2\\ &=-4\left\{\left(x-\frac{a-1}{2}\right)^2-\left(\frac{a-1}{2}\right)^2\right\}-a^2\\ &=-4\left(x-\frac{a-1}{2}\right)^2+(a-1)^2-a^2\\ &=-4\left(x-\frac{a-1}{2}\right)^2-2a+1 \end{aligned}$$

よって，頂点の座標は $\left(\boldsymbol{\frac{a-1}{2}},\ \boldsymbol{-2a+1}\right)$ である。

⬅ x^2の係数でくくる。

⬅ $x^2-px=\left(x-\frac{p}{2}\right)^2-\left(\frac{p}{2}\right)^2$

例題 21 2分・6点

放物線 $C:y=\frac{9}{4}x^2+ax+b$ が，2点(0, 4)，(2, k)を通るとき

$$a=\frac{k-\boxed{アイ}}{\boxed{ウ}},\quad b=\boxed{エ}$$

である。さらに，Cの軸の方程式が $x=\frac{4}{3}$ のとき，$k=\boxed{オ}$ である。

解答

Cが2点(0, 4)，(2, k)を通るとき

$$\begin{cases} 4=b\\ k=\frac{9}{4}\cdot 2^2+a\cdot 2+b \end{cases}\quad\therefore\quad \begin{cases} b=\boldsymbol{4}\\ a=\boldsymbol{\frac{k-13}{2}} \end{cases}$$

Cの軸の方程式は

$$x=-\frac{a}{2\cdot\frac{9}{4}}=-\frac{2a}{9}$$

であるから

$$-\frac{2a}{9}=\frac{4}{3}\quad\therefore\quad a=-6\quad\therefore\quad k=\boldsymbol{1}$$

⬅ 軸の方程式は $x=-\frac{b}{2a}$

STAGE 1　13　グラフの移動

22　平行移動

(1)　**放物線 $y=a(x-p_0)^2+q_0$ の平行移動**

x 軸方向に p，y 軸方向に q 平行移動すると

x^2 の係数　a　$\longrightarrow$　a（変わらない）

頂点$(p_0,\ q_0)$　$\longrightarrow$　$(p_0+p,\ q_0+q)$

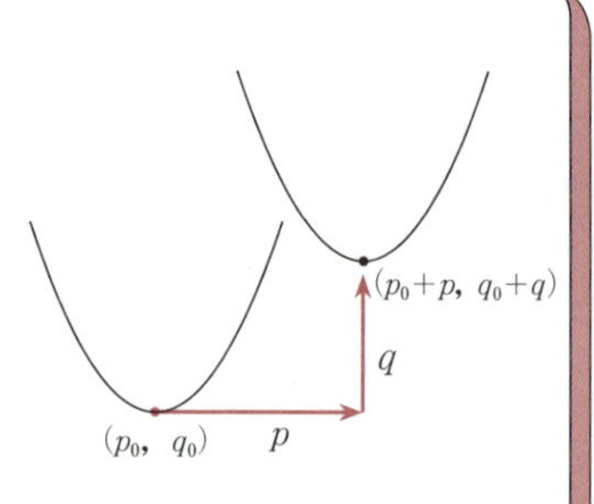

(2)　**放物線 $y=ax^2+bx+c$ の平行移動**

x 軸方向に p，y 軸方向に q 平行移動すると

$y-q=a(x-p)^2+b(x-p)+c$

（x に $x-p$，y に $y-q$ を代入）

23　対称移動

(1)　**放物線 $y=a(x-p)^2+q$ の対称移動**

x 軸に関して対称移動すると

x^2 の係数　a　$\longrightarrow$　$-a$

頂点$(p,\ q)$　$\longrightarrow$　$(p,\ -q)$

y 軸に関して対称移動すると

x^2 の係数　a　$\longrightarrow$　a

頂点$(p,\ q)$　$\longrightarrow$　$(-p,\ q)$

原点に関して対称移動すると

x^2 の係数　a　$\longrightarrow$　$-a$

頂点$(p,\ q)$　$\longrightarrow$　$(-p,\ -q)$

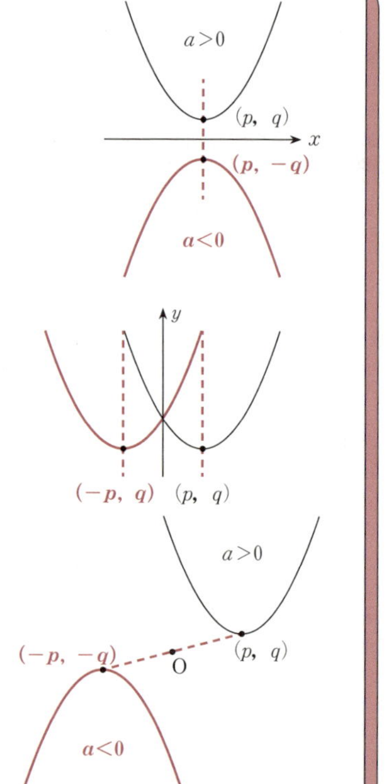

(2)　**放物線 $y=ax^2+bx+c$ の対称移動**

x 軸に関して対称移動すると

$(-y)=ax^2+bx+c$

y 軸に関して対称移動すると

$y=a(-x)^2+b(-x)+c$

原点に関して対称移動すると

$(-y)=a(-x)^2+b(-x)+c$

例題 22　**2 分・4 点**

放物線 $y=-x^2+(2a+4)x-a^2-8a-13$ について，$a=-3$ のときのグラフを x 軸方向に ア，y 軸方向に イウエ だけ平行移動すると，$a=1$ のときのグラフと一致する。

解答

$$y=-x^2+(2a+4)x-a^2-8a-13$$
$$=-\{x-(a+2)\}^2-4a-9$$

グラフの頂点の座標は $(a+2,\ -4a-9)$ であり

$a=-3$ のとき $(-1,\ 3)$

$a=1$ のとき $(3,\ -13)$

よって，x 軸方向に **4**，y 軸方向に **−16** だけ平行移動すればよい。

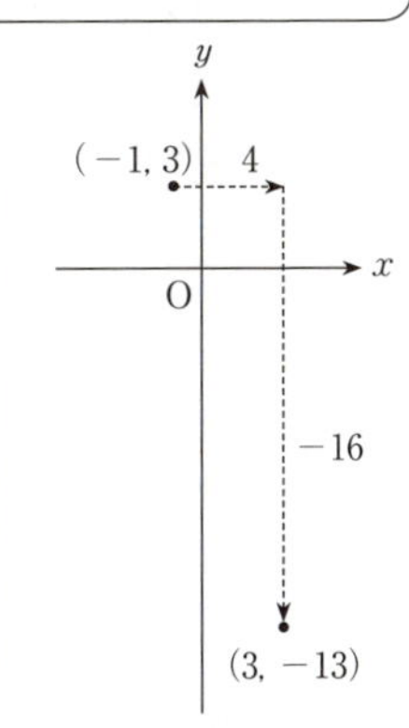

例題 23　**2 分・4 点**

2 次関数 $y=x^2+ax+a-3b+25$ ……① のグラフを，y 軸方向に -3 平行移動して，さらに，x 軸に関して対称移動すると，2 次関数 $y=-x^2+8x+1$ ……② のグラフになる。このとき

$a=$ アイ，$b=$ ウ

である。

解答

②を x 軸に関して対称移動し，y 軸方向に $+3$ 平行移動すると①に重なる。②より

$$y=-x^2+8x+1=-(x-4)^2+17$$

頂点 $(4,\ 17)$ を x 軸に関して対称移動すると $(4,\ -17)$ になり，さらに，y 軸方向に $+3$ 平行移動すると $(4,\ -14)$ になる。

また，x^2 の係数は $-1 \to +1$ になるので

$$y=(x-4)^2-14=x^2-8x+2$$

となる。題意より，これが①と一致するので

$$\begin{cases} a=-8 \\ a-3b+25=2 \end{cases}$$

$$\therefore \begin{cases} a=\mathbf{-8} \\ b=\mathbf{5} \end{cases}$$

⬅ ②のグラフの方から考える。

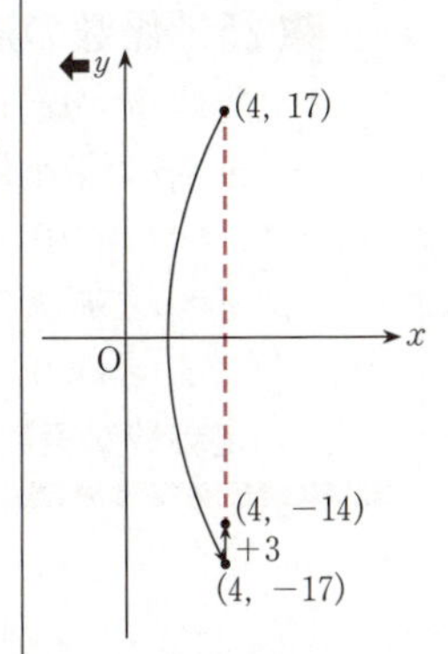

STAGE 1　14　2次関数の最大・最小

■24　最大・最小■

2次関数 $y=a(x-p)^2+q$ は

$a>0 \longrightarrow x=p$ で最小値 q

$a<0 \longrightarrow x=p$ で最大値 q

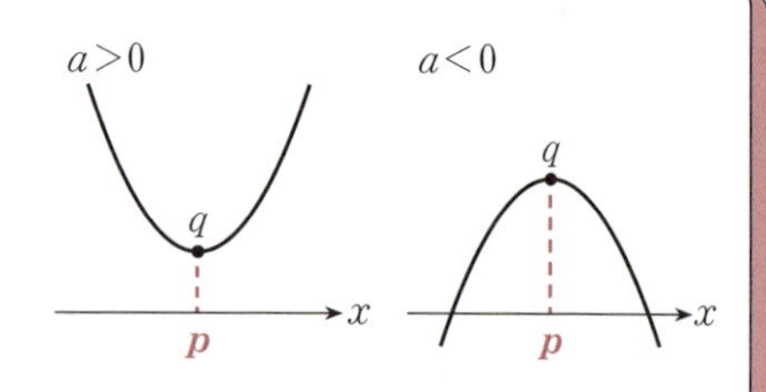

x の定義域が実数全体でないときは

x の定義域 $\alpha \leqq x \leqq \beta$ と軸 $x=p$ の位置関係で最大値，最小値が定まる。

（■37 参照）

$\alpha<p<\beta$ とする。

$a>0$ のとき

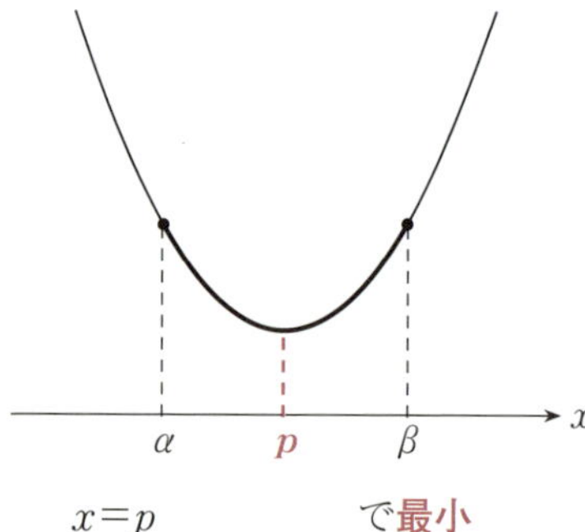

$x=p$ で**最小**

$x=\alpha$ または β で**最大**

$a<0$ のとき

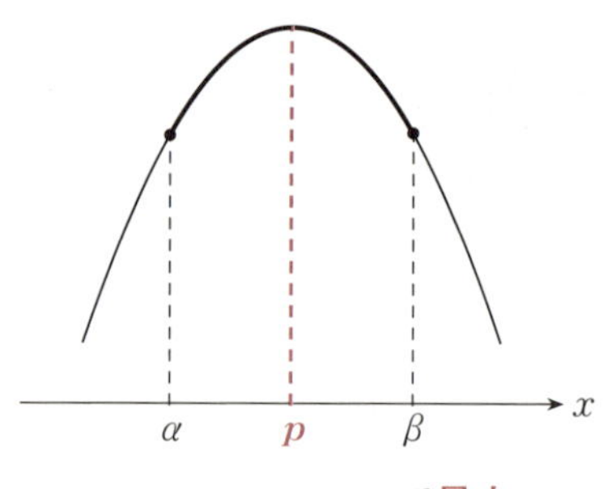

$x=p$ で**最大**

$x=\alpha$ または β で**最小**

■25　係数の決定■

2次関数 $y=ax^2+bx+c$ が

$x=p$ で最小値 q をとるとき

$a>0$　かつ　$ax^2+bx+c=a(x-p)^2+q$

$x=p$ で最大値 q をとるとき

$a<0$　かつ　$ax^2+bx+c=a(x-p)^2+q$

x の定義域が実数全体でないとき，■**24　最大・最小**と同様にする。

例題 24　3分・6点

2次関数 $y=\frac{2}{9}x^2-\frac{16}{9}x+\frac{14}{9}$ は $0\leqq x\leqq 9$ において

$x=$ ア のとき，最小値 イウ をとり

$x=$ エ のとき，最大値 $\frac{\text{オカ}}{\text{キ}}$ をとる。

解答

$$y=\frac{2}{9}x^2-\frac{16}{9}x+\frac{14}{9}=\frac{2}{9}(x-4)^2-2$$

軸：$x=4$ から

$x=\mathbf{4}$ のとき　最小値　$\mathbf{-2}$

$x=\mathbf{9}$ のとき　最大値　$\mathbf{\frac{32}{9}}$

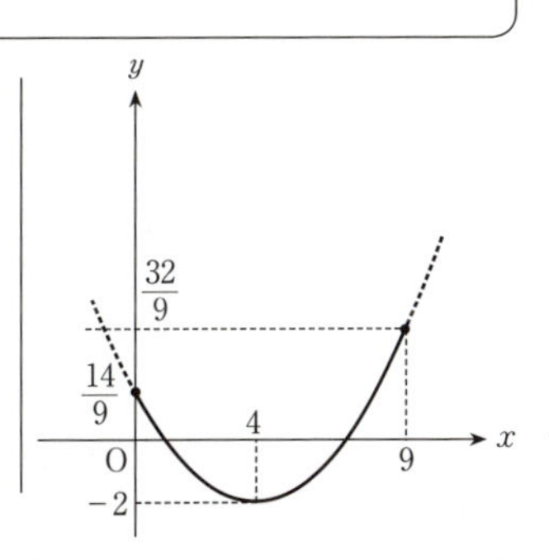

例題 25　3分・6点

$a>0$ とする。2次関数 $y=-\frac{1}{4}x^2+ax+a-\frac{3}{4}$ の $0\leqq x\leqq a$ における最小値が $-\frac{1}{4}$ であるとき，$a=\frac{\text{ア}}{\text{イ}}$ である。また，$x\geqq a$ における最大値が3であるとき，$a=\frac{\text{ウ}}{\text{エ}}$ である。

解答

$$y=-\frac{1}{4}x^2+ax+a-\frac{3}{4}=-\frac{1}{4}(x-2a)^2+a^2+a-\frac{3}{4}$$

軸：$x=2a>a$ より，$x=0$ で最小値をとるので

$$a-\frac{3}{4}=-\frac{1}{4}\qquad\therefore\quad a=\mathbf{\frac{1}{2}}$$

また，$x=2a$ で最大値をとるので

$$a^2+a-\frac{3}{4}=3$$

$$4a^2+4a-15=0$$

$$(2a+5)(2a-3)=0$$

$a>0$ より　$a=\mathbf{\frac{3}{2}}$

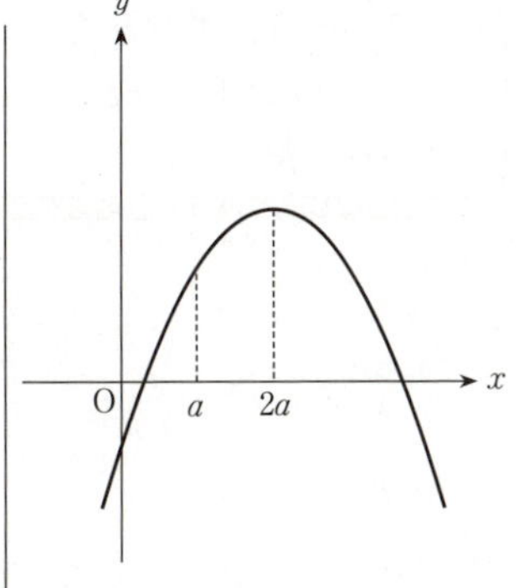

STAGE 1　15　2次方程式

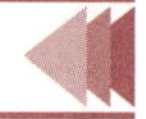

■26　2次方程式の解法■

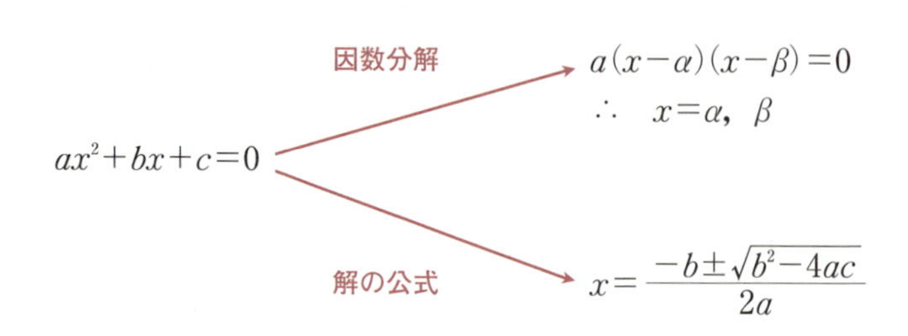

(注)　解の公式を利用するとき，$b=2b'$ ならば

$$x=\frac{-b'\pm\sqrt{b'^2-ac}}{a}$$

(例1)　$x^2-3x+1=0$ のとき，$a=1$，$b=-3$，$c=1$ より

$$x=\frac{3\pm\sqrt{(-3)^2-4\cdot1\cdot1}}{2}=\frac{3\pm\sqrt{5}}{2}$$

(例2)　$x^2-2x-2=0$ のとき，$a=1$，$b'=-1$，$c=-2$ より

$$x=1\pm\sqrt{(-1)^2-1\cdot(-2)}=1\pm\sqrt{3}$$

■27　2次方程式の係数決定■

2次方程式 $ax^2+bx+c=0$ の解の1つが $x=p$ であるとき

$$ap^2+bp+c=0$$

が成り立つ($x=p$ を代入する)。

このとき，他の解を q として

$$ax^2+bx+c=a(x-p)(x-q)$$

と因数分解できる。

例題 26 3分・8点

(1) 方程式 $(2x-5)^2=(x-7)^2$ の解は ア と イウ である。

(2) 方程式 $|3x-4|=-2(x-1)^2+7$ の解は

$$x=\frac{\text{エ}+\sqrt{\text{オカ}}}{\text{キ}},\quad \frac{\text{ク}-\sqrt{\text{ケコ}}}{\text{サ}}\ \text{である。}$$

解答

(1) 与式より

$$4x^2-20x+25=x^2-14x+49$$

$$3(x-4)(x+2)=0 \quad \therefore \quad x=\mathbf{4},\ \mathbf{-2}$$

(2) $x \geqq \frac{4}{3}$ のとき　$3x-4=-2x^2+4x+5$

$$2x^2-x-9=0 \quad \therefore \quad x=\frac{1+\sqrt{73}}{4}$$

⬅ $x \geqq \frac{4}{3}$ から

$x<\frac{4}{3}$ のとき　$-(3x-4)=-2x^2+4x+5$

$$2x^2-7x-1=0 \quad \therefore \quad x=\frac{7-\sqrt{57}}{4}$$

⬅ $x<\frac{4}{3}$ から

例題 27 3分・8点

x の2次方程式

$$4x^2-(a+2)x+2(a-2)=0$$

が，$x=a-1$ を解にもつとき，$a=$ ア または $\frac{\text{イ}}{\text{ウ}}$ である。

$a=$ ア のとき，2次方程式の二つの解は $x=$ エ ， オ である。

$a=\frac{\text{イ}}{\text{ウ}}$ のとき，2次方程式の二つの解は $x=\frac{\text{カ}}{\text{キ}}$，$\frac{\text{クケ}}{\text{コ}}$ である。

解答

$x=a-1$ を与式に代入して

$$4(a-1)^2-(a+2)(a-1)+2(a-2)=0$$

$$(a-2)(3a-1)=0 \quad \therefore \quad a=\mathbf{2},\ \mathbf{\frac{1}{3}}$$

$a=2$ を与式に代入して　$4x^2-4x=0$

$$4x(x-1)=0 \quad \therefore \quad x=\mathbf{0},\ \mathbf{1}$$

⬅ $x=a-1=1$

$a=\frac{1}{3}$ を与式に代入して　$4x^2-\frac{7}{3}x-\frac{10}{3}=0$

$$(4x-5)(3x+2)=0 \quad \therefore \quad x=\mathbf{\frac{5}{4}},\ \mathbf{-\frac{2}{3}}$$

⬅ $x=a-1=-\frac{2}{3}$

STAGE 1　16　2次方程式の実数解の個数

■28　重解条件■

2次方程式 $ax^2+bx+c=0$ について

重解をもつ $\iff$ $b^2-4ac=0$

このとき，重解は

$$x=-\frac{b}{2a}$$

解の公式より

$$x=\frac{-b\pm\sqrt{b^2-4ac}}{2a} \xRightarrow{b^2-4ac=0} x=-\frac{b}{2a}$$

このとき，$x=-\dfrac{b}{2a}=p$ とすると

$$ax^2+bx+c=a(x-p)^2$$

と因数分解できる。

■29　解の個数■

2次方程式 $ax^2+bx+c=0$ の実数解の個数は，判別式 $D=b^2-4ac$ の符号によって，次のように分類される。

$D>0$ $\iff$ 異なる2つの実数解をもつ

$D=0$ $\iff$ ただ1つの解(重解)をもつ

$D<0$ $\iff$ 実数の解をもたない

(注)　$b=2b'$ のとき，$D/4=b'^2-ac$ の符号を調べる。

2次方程式 $ax^2+bx+c=0$ が実数解をもつ条件は

$$D\geqq 0$$

である。

$D<0$ のときの解を**虚数解**という(数学Ⅱ)。

例題 28　2分・4点

x についての2次方程式

$$x^2+2(a-1)x+a^2-3a-1=0$$

が重解をもつとき，$a=$ アイ であり，重解は $x=$ ウ である。

解答

重解をもつとき

$$D/4=(a-1)^2-(a^2-3a-1)=0$$

$$a+2=0$$

$$\therefore\quad a=\mathbf{-2}$$

このとき，重解は

$$x=-(a-1)=\mathbf{3}$$

⬅ $b'^2-ac=0$

⬅ $x=-\dfrac{b}{2a}$

§3 1

例題 29　3分・6点

x についての二つの2次方程式

$$x^2+(5-2a)x+a^2-4a+5=0$$

$$x^2-2(a+3)x+a^2+2a+7=0$$

が，ともに，異なる二つの実数解をもつような a の範囲は

$$\frac{\boxed{アイ}}{\boxed{ウ}}<a<\frac{\boxed{エ}}{\boxed{オ}}$$

である。

解答

条件より

$$D_1=(5-2a)^2-4(a^2-4a+5)>0$$

かつ

$$D_2/4=(a+3)^2-(a^2+2a+7)>0$$

が成り立つので

$$-4a+5>0 \text{ かつ } 4a+2>0$$

$$\therefore\quad \mathbf{-\frac{1}{2}}<a<\mathbf{\frac{5}{4}}$$

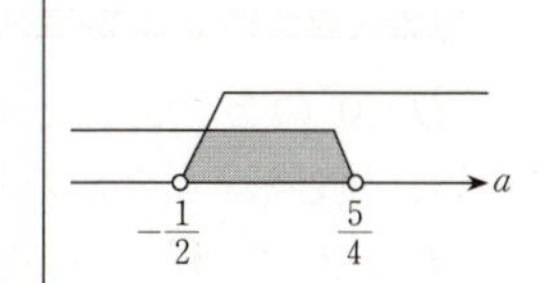

STAGE 1　17　グラフと x 軸の関係

■ 30　x 軸と接する条件 ■

(1)　放物線 $y=ax^2+bx+c$ が x 軸と接する条件

$D=b^2-4ac=0$

特に，$b=2b'$ のとき

$D/4=b'^2-ac=0$

接点の x 座標は　$x=-\dfrac{b}{2a}$　(重解)

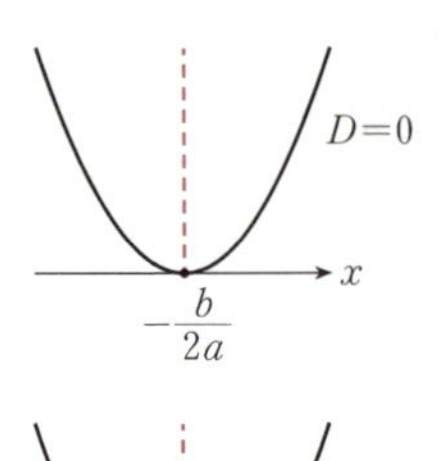

(2)　放物線 $y=a(x-p)^2+q$ が x 軸と接する条件

(頂点の y 座標)$=q=0$

接点の x 座標は　$x=p$　(頂点の x 座標)

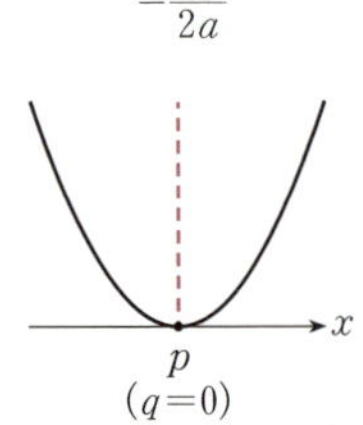

■ 31　x 軸との交点 ■

(1)　放物線 $y=ax^2+bx+c$ が x 軸と2点で交わる条件

$D=b^2-4ac>0$

特に，$b=2b'$ のとき

$D/4=b'^2-ac>0$

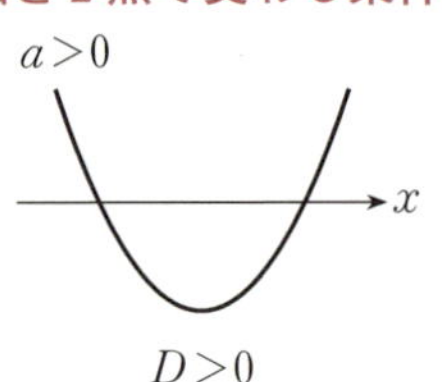

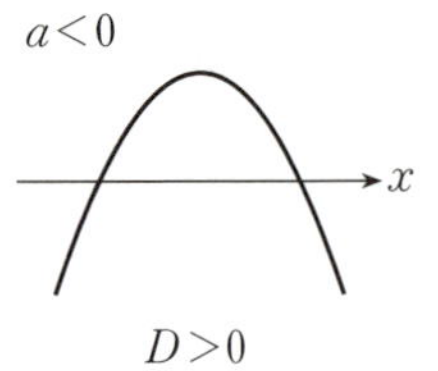

2交点の x 座標は

方程式 $ax^2+bx+c=0$ の2実数解

(2)　放物線 $y=a(x-p)^2+q$ が x 軸と2点で交わる条件

$a>0$ のとき　(頂点の y 座標)$=q<0$

$a<0$ のとき　(頂点の y 座標)$=q>0$

2交点の x 座標は

$x=p\pm\sqrt{-\dfrac{q}{a}}$

$D<0$ のとき x 軸と共有点をもたない。

(注)　放物線と直線の共有点についても，放物線と直線の方程式を連立させて得られる2次方程式の判別式 D の符号を調べればよい。

例題 30　2分・4点

2次関数 $y=\frac{9}{2}x^2+(k-13)x+8$ のグラフが x 軸の正の部分と接するのは，$k=$ ア のときであり，接点の x 座標は $x=\frac{\text{イ}}{\text{ウ}}$ である。

解答　グラフが x 軸と接するとき

$$D=(k-13)^2-4\cdot\frac{9}{2}\cdot 8=0$$

$$(k-1)(k-25)=0$$

$$\therefore\quad k=1,\ 25$$

x 軸の正の部分と接するとき，接点の x 座標が正になるので

$$x=-\frac{k-13}{2\cdot\frac{9}{2}}=\frac{13-k}{9}>0$$

← 接点の x 座標は $x=-\frac{b}{2a}$ である。

よって　$\mathbf{k=1}$

このとき，接点の x 座標は，$x=\frac{\mathbf{4}}{\mathbf{3}}$ である。

例題 31　2分・2点

a を正の実数とし，$f(x)=ax^2-2(a+3)x-3a+21$ とする。
関数 $y=f(x)$ のグラフが x 軸と異なる2点で交わるのは

$$0<a<\frac{\text{ア}}{\text{イ}}\quad \text{または}\quad \text{ウ}<a$$

のときである。

解答

$$D/4=(a+3)^2-a(-3a+21)>0$$

← $D/4>0$

$$4a^2-15a+9>0$$

$$(4a-3)(a-3)>0$$

← $\begin{matrix}4 & -3\\ 1 & -3\end{matrix}$（たすきがけ）

$a>0$ より

$$0<a<\frac{\mathbf{3}}{\mathbf{4}}\quad \text{または}\quad \mathbf{3}<a$$

STAGE 1　18　2次不等式

■32　2次不等式の解法■

$\alpha<\beta$ とする。

$(x-\alpha)(x-\beta)>0$ の解

$x<\alpha$, $\beta<x$

$(x-\alpha)(x-\beta)<0$ の解

$\alpha<x<\beta$

$(x-\alpha)^2\geqq 0$ の解

すべての実数

$(x-\alpha)^2>0$ の解

α 以外のすべての実数

$(x-\alpha)^2\leqq 0$ の解

$x=\alpha$

$(x-\alpha)^2<0$ の解

ない

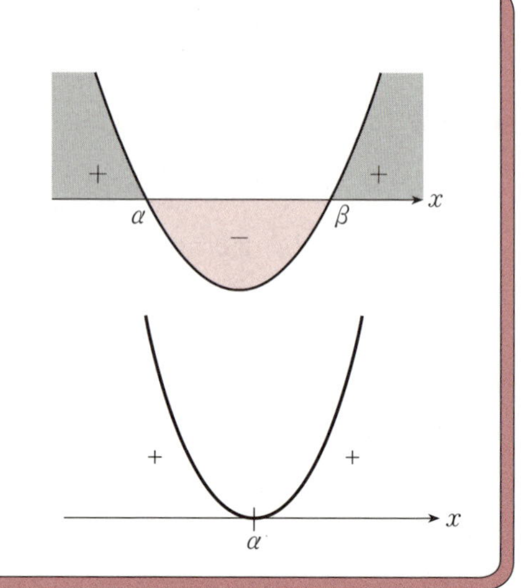

α, β は2次方程式の解の公式で求めることもある。

■33　不等式の応用■

すべての実数 x に対して

$ax^2+bx+c>0$ $(a\neq 0)$ が成り立つ条件は

$a>0$　かつ　(頂点の y 座標)>0

または

$a>0$　かつ　$D<0$

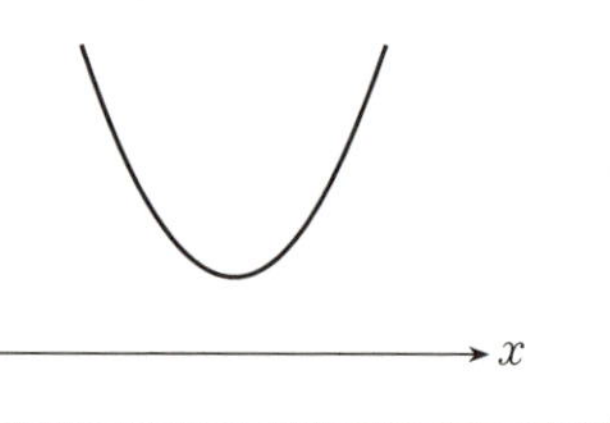

$a>0$ のとき，$D<0$ は (頂点の y 座標)>0 と同じことになる。

例題 32　**3分・6点**

不等式 $8x^2-14x+3<0$ の解は $\dfrac{\boxed{ア}}{\boxed{イ}}<x<\dfrac{\boxed{ウ}}{\boxed{エ}}$ である。

不等式 $2x^2-2x-3\geqq 0$ の解は $x\leqq\dfrac{\boxed{オ}-\sqrt{\boxed{カ}}}{\boxed{キ}}$,

$\dfrac{\boxed{オ}+\sqrt{\boxed{カ}}}{\boxed{キ}}\leqq x$ である。

解答

$8x^2-14x+3=(2x-3)(4x-1)<0$ より，解は

$$\frac{1}{4}<x<\frac{3}{2}$$

$2x^2-2x-3\geqq 0$ の解は

$$x\leqq\frac{1-\sqrt{7}}{2},\quad \frac{1+\sqrt{7}}{2}\leqq x$$

⬅ $2x^2-2x-3=0$ の解は $x=\dfrac{1\pm\sqrt{7}}{2}$

例題 33　**2分・4点**

すべての実数 x に対して

$$x^2-2kx-k+6>0$$

が成り立つような k の範囲は $\boxed{アイ}<k<\boxed{ウ}$ である。

解答

$$f(x)=x^2-2kx-k+6$$
$$=(x-k)^2-k^2-k+6$$

とおく。すべての実数 x に対して $f(x)>0$ が成り立つための条件は，$y=f(x)$ のグラフを考えて

$$-k^2-k+6>0$$

⬅（頂点の y 座標）>0

$$k^2+k-6<0$$
$$(k-2)(k+3)<0$$
$$\therefore\quad -3<k<2$$

（別解）　x^2 の係数が正であることより，$y=f(x)$ のグラフが x 軸と共有点をもたない条件を求めればよい。

$$D/4=k^2-(-k+6)<0$$

⬅ $D<0$

$$(k-2)(k+3)<0$$
$$\therefore\quad -3<k<2$$

STAGE 1  類　題 

類題 20　　(2分・4点)

放物線 $y=x^2+ax+a-4$ の軸の方程式は，$x=\dfrac{\boxed{\text{アイ}}}{\boxed{\text{ウ}}}a$ であり，頂点の y 座標は

$$-\left(\frac{a-\boxed{\text{エ}}}{\boxed{\text{オ}}}\right)^2-\boxed{\text{カ}}$$

である。

類題 21　　(2分・4点)

放物線 $G:y=ax^2+bx+c$ が，$y=-3x^2+12bx$ のグラフと同じ軸をもつとき $a=\dfrac{\boxed{\text{アイ}}}{\boxed{\text{ウ}}}$ となる。さらに，G が点 $(1,\ 2b-1)$ を通るとき $c=b-\dfrac{\boxed{\text{エ}}}{\boxed{\text{オ}}}$ が成り立つ。ただし，$a\neq 0$，$b\neq 0$ とする。

類題 22　　(3分・6点)

2次関数 $y=6x^2+11x-10$ のグラフを，x 軸方向に a，y 軸方向に b だけ平行移動して得られるグラフを G とする。G が原点Oを通るとき

$$b=\boxed{\text{アイ}}a^2+\boxed{\text{ウエ}}a+\boxed{\text{オカ}}$$

であり，このとき G を表す2次関数は

$$y=\boxed{\text{キ}}x^2-(\boxed{\text{クケ}}a-\boxed{\text{コサ}})x$$

である。

類題　23　　（2分・6点）

2次関数 $y=ax^2+bx+c$ のグラフを，y 軸に関して対称移動し，さらに，それを x 軸方向に -1，y 軸方向に 3，平行移動したところ，$y=2x^2$ のグラフが得られた。このとき

$a=$［ア］，$b=$［イ］，$c=$［ウエ］

である。

類題　24　　（3分・6点）

2次関数 $y=6x^2-(a-11)x$ において，$x=-2$ と $x=3$ に対応する y の値が等しいとき $a=$［アイ］である。このとき，$-2\leqq x\leqq 3$ における

最小値は $\dfrac{［ウエ］}{［オ］}$，最大値は［カキ］

である。

類題　25　　（4分・8点）

$a<-1$ とする。2次関数 $y=ax^2-4(a-1)x+3a-10$ の $0\leqq x\leqq 4$ における最大値が $\dfrac{14}{3}$ であるとき，$a=$［アイ］である。このとき，$0\leqq x\leqq 4$ における最小値は［ウエオ］である。

類題　26　　（5分・10点）

(1)　x の2次方程式 $x^2+(a-9)x-12a^2-29a+8=0$ の解は

$$x=\boxed{ア}a+\boxed{イ},\ \boxed{ウエ}a+\boxed{オ}$$

である。

(2)　方程式 $|x+4|+|x-1|=-x^2+14$ ……① を考える。

$x \geqq 1$ を満たす①の解は $x=\boxed{カキ}+\boxed{ク}\sqrt{\boxed{ケ}}$ である。

$-4 \leqq x < 1$ を満たす①の解は $x=\boxed{コサ}$ である。

方程式①の実数解は全部で $\boxed{シ}$ 個ある。

類題　27　　（3分・6点）

$a>0$ とする。x の2次方程式

$$x^2-6ax+10a^2-2a-8=0$$

が $x=2a$ を解にもつとき

$$a=\frac{\boxed{ア}+\sqrt{\boxed{イウ}}}{\boxed{エ}}$$

である，このとき

$$a^2-2a-8=\frac{\boxed{オカ}-\sqrt{\boxed{キク}}}{\boxed{ケ}}$$

である。

類題 28　　(3分・6点)

x の2次方程式 $2x^2+(3a-1)x+a^2-2a+3=0$ が実数の解をもつのは

$$a^2+\boxed{\text{アイ}}a-\boxed{\text{ウエ}}\geqq 0$$

のときである。また，重解をもつような正の数 a の値は

$$a=\boxed{\text{オカ}}+\boxed{\text{キ}}\sqrt{\boxed{\text{ク}}}$$

であり，このとき重解は

$$x=\boxed{\text{ケ}}-\boxed{\text{コ}}\sqrt{\boxed{\text{サ}}}$$

である。

類題 29　　(4分・8点)

$a>0$ とする。関数 $f(x)=ax^2+bx+c$ が $f(1)=4$，$f(2)=9$ を満たすとき

$$b=\boxed{\text{アイ}}a+\boxed{\text{ウ}},\quad c=\boxed{\text{エ}}a-\boxed{\text{オ}}$$

である。

このとき，方程式 $ax^2+bx+c=0$ が異なる二つの実数解をもつような a の値の範囲は

$$0<a<\boxed{\text{カ}},\quad \boxed{\text{キク}}<a$$

である。

類題　30　　(3分・6点)

放物線 $y=-2x^2+ax-3a+10$ が x 軸と接するとき，$a=\boxed{\text{ア}}$ または $\boxed{\text{イウ}}$ である。$a=\boxed{\text{ア}}$ のときの接点の x 座標と，$a=\boxed{\text{イウ}}$ のときの接点の x 座標の差は $\boxed{\text{エ}}$ である。

類題　31　　(3分・6点)

a，b を自然数とする。2次関数

$$y=x^2-4ax+4a^2+4a+3b-11$$

のグラフが x 軸と交わるとき，$a=\boxed{\text{ア}}$，$b=\boxed{\text{イ}}$，$\boxed{\text{ウ}}$ である。

($\boxed{\text{イ}}<\boxed{\text{ウ}}$)

$a=\boxed{\text{ア}}$，$b=\boxed{\text{ウ}}$ のとき，グラフと x 軸の交点の座標は ($\boxed{\text{エ}}$，0) と ($\boxed{\text{オ}}$，0) である。($\boxed{\text{エ}}<\boxed{\text{オ}}$)

類題　32　　(3分・6点)

連立不等式 $\begin{cases} (x+1)^2<\dfrac{9}{4} \\ x^2-2x-3>0 \end{cases}$ の解は $\dfrac{\boxed{アイ}}{\boxed{ウ}}<x<\boxed{エオ}$ である。

類題　33　　(2分・4点)

すべての実数 x に対して，2次不等式

$$(a+1)x^2-2ax+2a>0$$

が成り立つような a の値の範囲は $a>\boxed{ア}$ である。

STAGE 2 19 グラフと係数の符号

■34 グラフと係数の符号■

$y=ax^2+bx+c$ のグラフが下図のとき

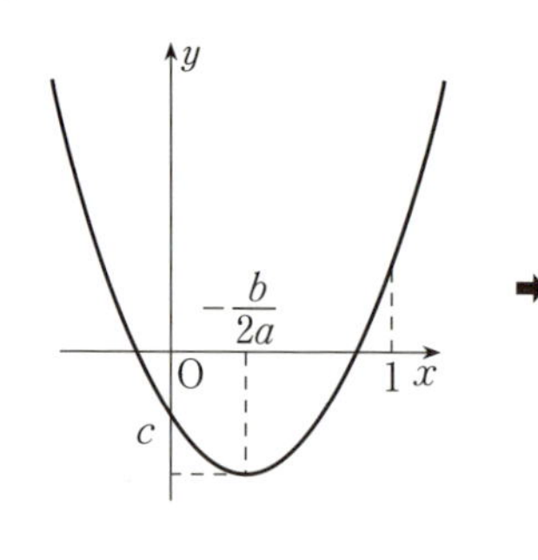

➡
- a の符号 …… 下に凸であるから正
- b の符号 …… 軸：$x=-\frac{b}{2a}>0$ と $a>0$ から負
- c の符号 …… y 軸との交点から負
- b^2-4ac の符号 …… x 軸と交わっているから正
- $a+b+c$ の符号 …… $x=1$ のときの y の値から正

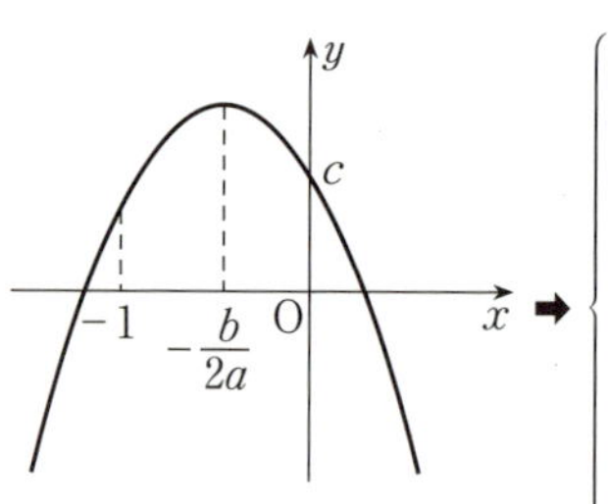

➡
- a の符号 …… 上に凸であるから負
- b の符号 …… 軸：$x=-\frac{b}{2a}>0$ と $a<0$ から負
- c の符号 …… y 軸との交点から正
- b^2-4ac の符号 …… x 軸と交わっているから正
- $a-b+c$ の符号 …… $x=-1$ のときの y の値から正

直線 $y=bx+c$ は放物線 $y=ax^2+bx+c$ の y 軸との交点における接線である。その傾きから b の符号がわかる。

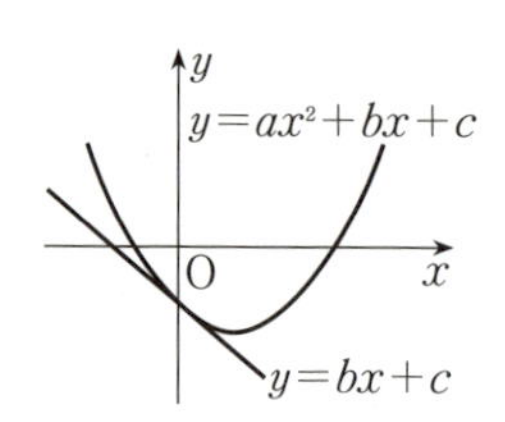

➡ 接線は右下がりであるから b は負

例題 34　3分・8点

$y=ax^2+bx+c$ のグラフが右図のようになったとき

(1) 次の各値の符号を下の⓪，①のうちから一つずつ選べ。ただし，同じものを繰り返し選んでもよい。

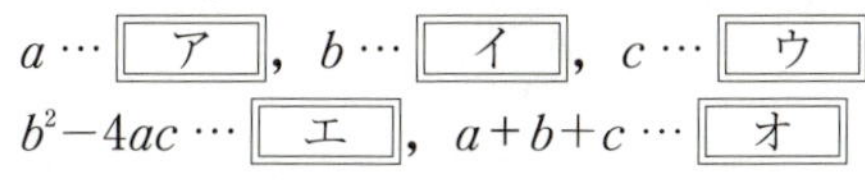

a … ア，b … イ，c … ウ

b^2-4ac … エ，$a+b+c$ … オ

⓪ 正　　① 負

(2) a，c の値はそのままで b の値を符号だけ変えると，グラフは元のグラフに対して カ。カ に当てはまるものを，次の⓪～②のうちから一つ選べ。

⓪ x 軸に関して対称になる
① y 軸に関して対称になる
② 原点に関して対称になる

解答

(1) グラフは下に凸であるから a は正。(⓪)

軸 $x=-\dfrac{b}{2a}$ が正で a が正であるから b は負。(①)

y 軸と $y>0$ の部分で交わっているから c は正。(⓪)
x 軸と共有点をもっていないから b^2-4ac は負。(①)
$x=1$ のとき $y>0$ であるから $a+b+c$ は正。(⓪)

(2) a，c の値がそのままであれば，グラフの向き，y 軸との交点は変化せず，b の符号だけを変えれば，軸 $x=-\dfrac{b}{2a}$ の符号が変わるので，グラフは y 軸に関して対称になる。(①)

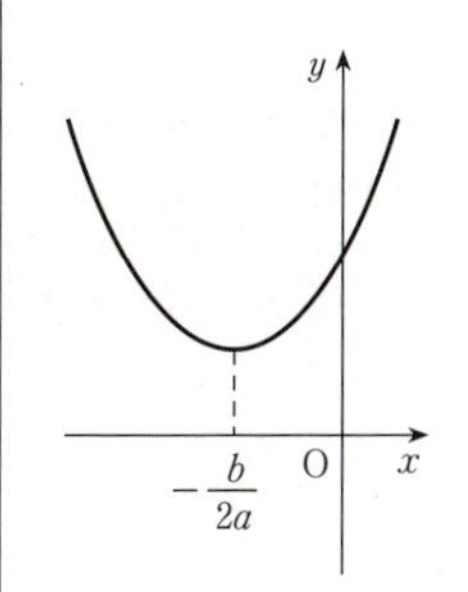

STAGE 2 20 x 軸から切り取る線分の長さ

■ 35 x 軸から切り取る線分の長さ ■

放物線 $y=ax^2+bx+c$ が，x 軸と異なる2点で交わるとき

$$D=b^2-4ac>0$$

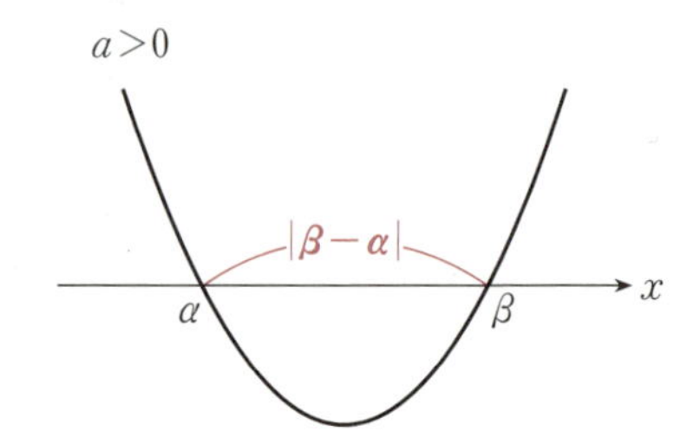

2交点の x 座標 α，β は

$$\alpha,\ \beta=\frac{-b\pm\sqrt{b^2-4ac}}{2a}$$

放物線が **x 軸から切り取る線分の長さ**は

$$|\beta-\alpha|=\frac{\sqrt{b^2-4ac}}{|a|}$$

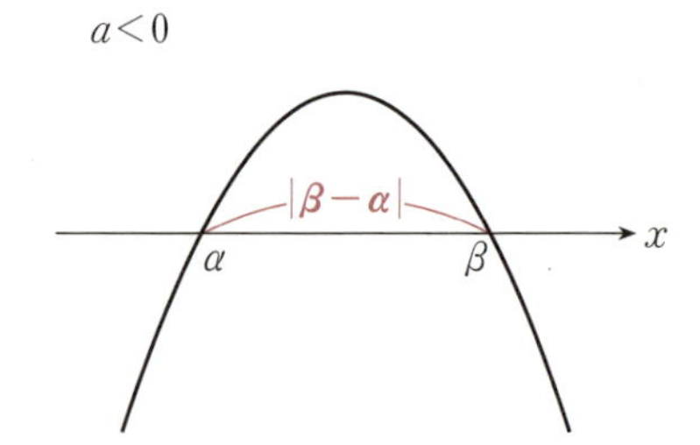

「x 軸から切り取る線分の長さ」は，次のようにして求められる。

$$|\beta-\alpha|=\left|\frac{-b+\sqrt{b^2-4ac}}{2a}-\frac{-b-\sqrt{b^2-4ac}}{2a}\right|$$

$$=\left|\frac{2\sqrt{b^2-4ac}}{2a}\right|$$

$$=\frac{\sqrt{b^2-4ac}}{|a|}$$

例題 35　6分・10点

放物線 C：$y=x^2+ax+2a-6$ と x 軸の交点をP，Qとするとき，線分PQの長さが $2\sqrt{6}$ 以下になるのは

$\boxed{\text{ア}} \leqq a \leqq \boxed{\text{イ}}$

のときである。また，線分PQの長さは，$a=\boxed{\text{ウ}}$ のとき最小になり，このとき，2点P，Qと C の頂点で作られる三角形の面積は $\boxed{\text{エ}}\sqrt{\boxed{\text{オ}}}$ である。

解答

放物線 C と x 軸の交点の x 座標は，$y=0$ とおいて

$$x^2+ax+2a-6=0$$

$$x=\frac{-a\pm\sqrt{a^2-8a+24}}{2}$$

⬅ $a^2-8a+24$
$=(a-4)^2+8>0$

であるから

$$\mathrm{PQ}=\frac{-a+\sqrt{a^2-8a+24}}{2}-\frac{-a-\sqrt{a^2-8a+24}}{2}$$

$$=\sqrt{a^2-8a+24}$$

である。$\mathrm{PQ}\leqq 2\sqrt{6}$ のとき

$$\sqrt{a^2-8a+24}\leqq 2\sqrt{6}$$

$$a^2-8a+24\leqq 24$$

$$a(a-8)\leqq 0$$

$$\therefore\quad \mathbf{0}\leqq a\leqq \mathbf{8}$$

また

$$\mathrm{PQ}=\sqrt{(a-4)^2+8}$$

より，PQは $a=\mathbf{4}$ のとき最小値 $\sqrt{8}=2\sqrt{2}$ をとる。このとき，C は

$$y=x^2+4x+2$$

$$=(x+2)^2-2$$

となり，頂点の y 座標は -2 である。よって，求める三角形の面積は

$$\frac{1}{2}\cdot\mathrm{PQ}\cdot|-2|=\frac{1}{2}\cdot 2\sqrt{2}\cdot 2$$

$$=\mathbf{2\sqrt{2}}$$

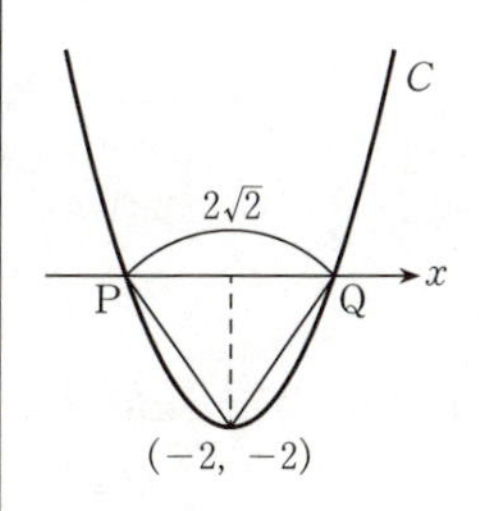

STAGE 2　21　2次方程式の解の条件

■36　2次方程式の解の条件■

2次方程式 $ax^2+bx+c=0$ $(a>0)$ の解の存在範囲の問題は，放物線 $y=f(x)=ax^2+bx+c$ のグラフを利用して，次の3点

- 判別式 D の符号（頂点の y 座標の符号でもよい）
- 軸の位置
- 区間の端における y の符号

に注目する。

(1)　1解が p より小，他の1解が p より大

$f(p)<0$

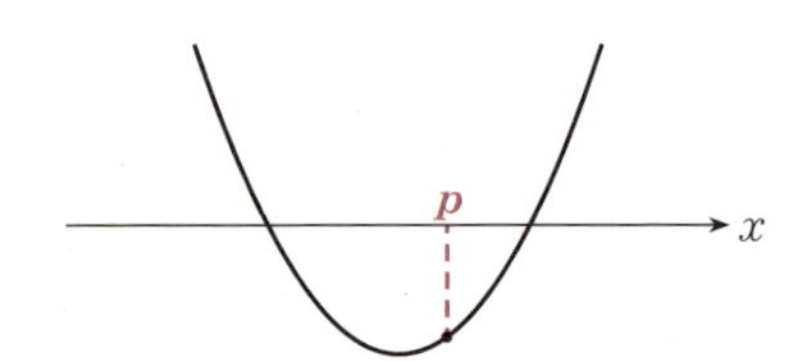

(2)　1解が $p<x<q$ の範囲，他の1解が $x<p$，$q<x$ の範囲

$\begin{cases} f(p)>0 \\ f(q)<0 \end{cases}$　または　$\begin{cases} f(p)<0 \\ f(q)>0 \end{cases}$

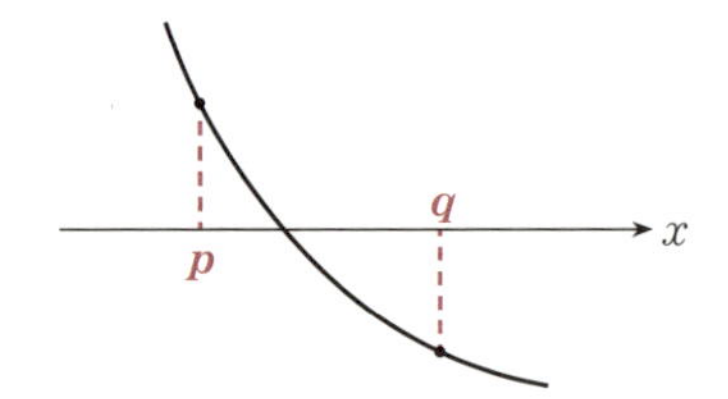

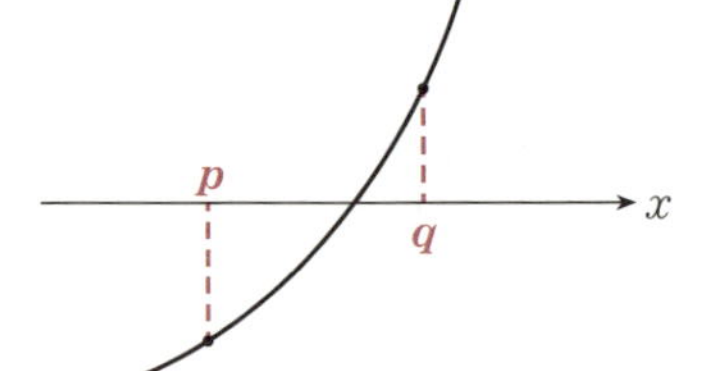

(3)　2解（重解を含む）がともに $p<x<q$ の範囲

$\begin{cases} D \geqq 0 \\ p<\text{軸}<q \\ f(p)>0 \\ f(q)>0 \end{cases}$

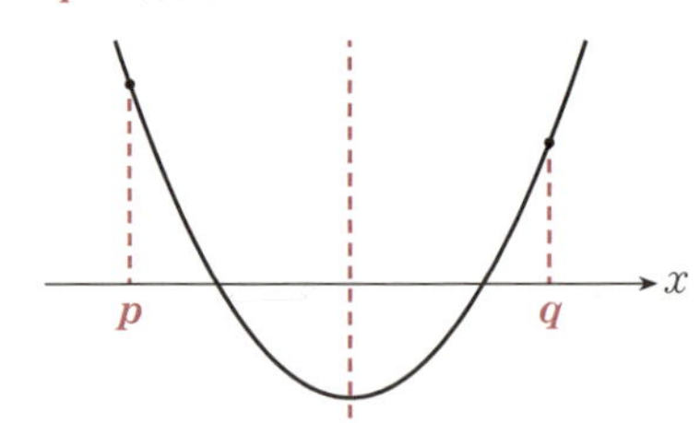

例題 36　**6分・10点**

放物線 $y=x^2+5x-\frac{3}{4}a+1$ の頂点の座標は $\left(\frac{\boxed{アイ}}{\boxed{ウ}},\ -\frac{3}{4}a-\frac{\boxed{エオ}}{\boxed{カ}}\right)$

である。2次方程式

$$x^2+5x-\frac{3}{4}a+1=0$$

が実数解をもつような a の範囲は $a \geqq \boxed{キク}$ であり，$\frac{1}{4} \leqq x \leqq \frac{1}{2}$ の範囲に実数解をもつような整数 a の値は $a=\boxed{ケ}$，$\boxed{コ}$ である。

解答

$$f(x)=x^2+5x-\frac{3}{4}a+1$$

$$=\left(x+\frac{5}{2}\right)^2-\frac{3}{4}a-\frac{21}{4}$$

とおく。放物線 $y=f(x)$ の頂点の座標は

$$\left(\mathbf{-\frac{5}{2}},\ -\frac{3}{4}a-\mathbf{\frac{21}{4}}\right)$$

である。

2次方程式 $f(x)=0$ が実数解をもつための条件は

$$-\frac{3}{4}a-\frac{21}{4} \leqq 0 \qquad \therefore \quad a \geqq \mathbf{-7}$$

⬅（頂点の y 座標）$\leqq 0$

また，$y=f(x)$ のグラフは下に凸の放物線であり，軸の方程式は $x=-\frac{5}{2}$ であるから，方程式 $f(x)=0$ が $\frac{1}{4} \leqq x \leqq \frac{1}{2}$ の範囲に実数解をもつための条件は

$$\begin{cases} f\left(\frac{1}{4}\right)=\frac{37}{16}-\frac{3}{4}a \leqq 0 \\ f\left(\frac{1}{2}\right)=\frac{15}{4}-\frac{3}{4}a \geqq 0 \end{cases} \qquad \therefore \quad \frac{37}{12} \leqq a \leqq 5$$

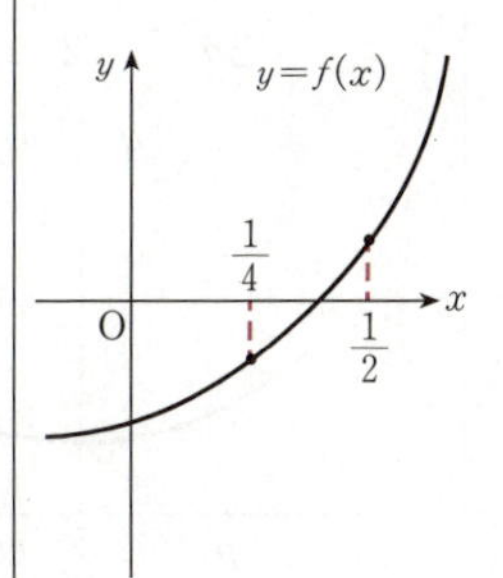

a は整数であるから

$$a=\mathbf{4},\ \mathbf{5}$$

STAGE 2　22　最大・最小

■37　最大・最小■

2次関数 $y=ax^2+bx+c$ の，ある区間における最大値，最小値は，

軸 $x=-\dfrac{b}{2a}$ の位置で場合分けをする。

$$f(x)=ax^2+bx+c \quad (a>0)$$

として，区間 $p \leqq x \leqq q$ における最大値を M，最小値を m とする。

(1)　最小値 m

・$-\dfrac{b}{2a}<p$ のとき

$x=p$ で最小，$m=f(p)$

・$p \leqq -\dfrac{b}{2a} \leqq q$ のとき

$x=-\dfrac{b}{2a}$ で最小，$m=f\left(-\dfrac{b}{2a}\right)$

・$q<-\dfrac{b}{2a}$ のとき

$x=q$ で最小，$m=f(q)$

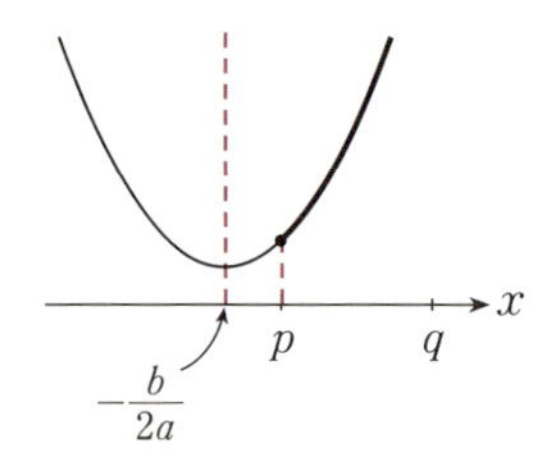

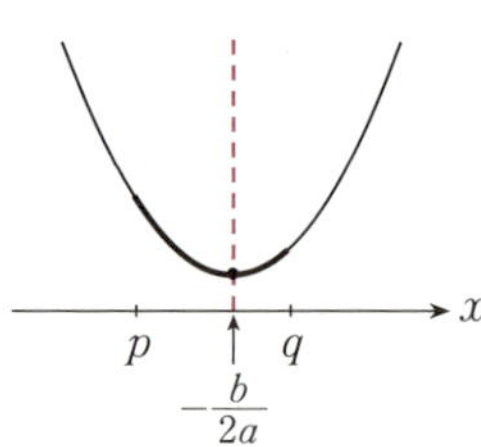

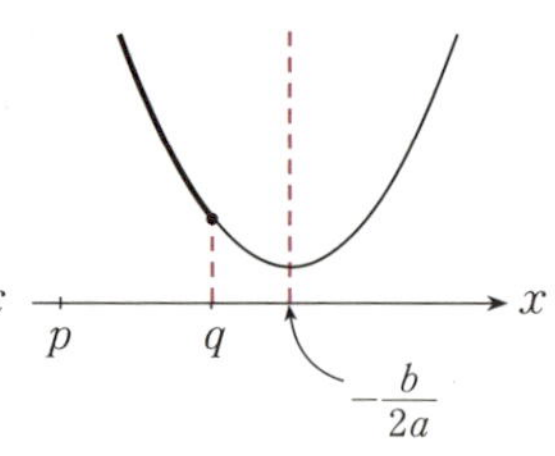

(2)　最大値 M

・$-\dfrac{b}{2a} \leqq \dfrac{p+q}{2}$ のとき

$x=q$ で最大，$M=f(q)$

・$\dfrac{p+q}{2} \leqq -\dfrac{b}{2a}$ のとき

$x=p$ で最大，$M=f(p)$

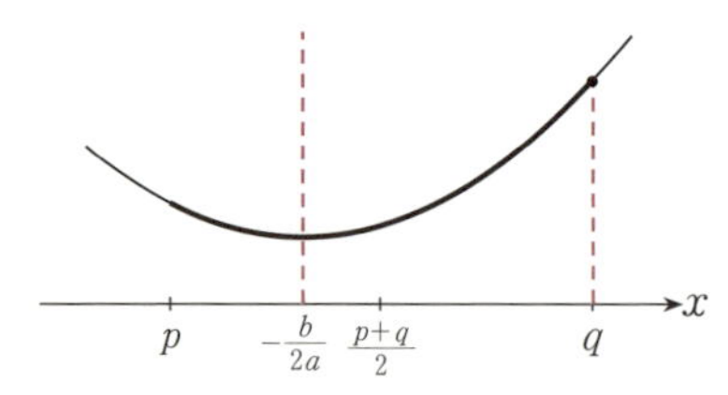

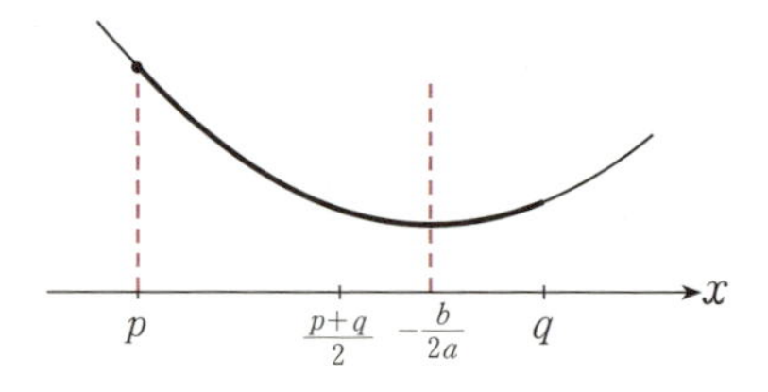

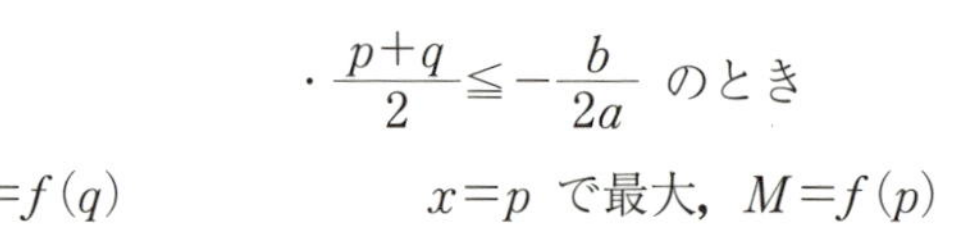

(注)　$a<0$ の場合も同様に考える。

例題 37　9 分・15 点

x の 2 次関数 $y=2x^2-4(a+1)x+10a+1$ ……① のグラフの頂点の座標は

$$(a+\boxed{ア},\ \boxed{イウ}a^2+\boxed{エ}a-\boxed{オ})$$

である。関数①の $-1\leqq x\leqq 3$ における最小値を m とする。

$$m=\boxed{イウ}a^2+\boxed{エ}a-\boxed{オ}$$

となるのは

$$\boxed{カキ}\leqq a\leqq\boxed{ク}$$

のときである。また

$$a<\boxed{カキ}\ のとき\quad m=\boxed{ケコ}a+\boxed{サ}$$

$$\boxed{ク}<a\ のとき\quad m=\boxed{シス}a+\boxed{セ}$$

である。

さらに，m を a の関数と考えたとき，m が最大になるのは

$$a=\frac{\boxed{ソ}}{\boxed{タ}}$$

のときである。

解答

$$y=2\{x-(a+1)\}^2-2a^2+6a-1$$

であるから，①のグラフの頂点の座標は

$$(\boldsymbol{a+1,\ -2a^2+6a-1})$$

$m=-2a^2+6a-1$ となるのは，軸：$x=a+1$ が $-1\leqq x\leqq 3$ の範囲にあるときであるから

$$-1\leqq a+1\leqq 3\qquad\therefore\quad \boldsymbol{-2\leqq a\leqq 2}$$

$a+1<-1$ つまり $a<-2$ のとき

$x=-1$ で最小になるので

$$\boldsymbol{m=14a+7}$$

$3<a+1$ つまり $2<a$ のとき

$x=3$ で最小になるので

$$\boldsymbol{m=-2a+7}$$

m を a の関数と考えたとき

そのグラフは右のようになるから，m が最大になるのは

$a=\boldsymbol{\dfrac{3}{2}}$ のときである。

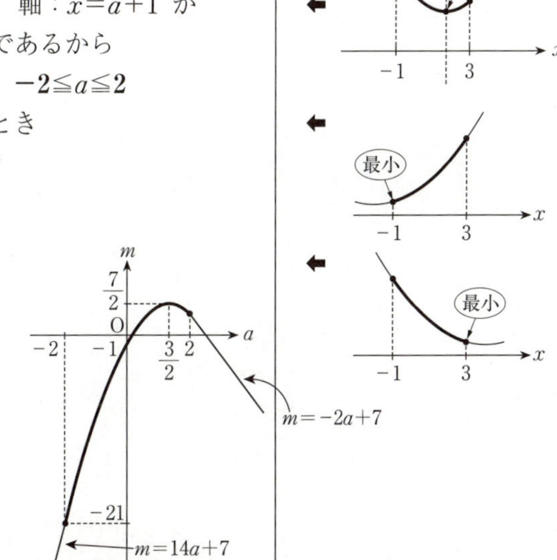

STAGE 2　23　最大・最小の応用

■38　最大・最小の応用■

（例）　幅20cmの金属板を右図のように両端から等しい長さだけ直角に折り曲げて，水を流す溝を作る。断面の面積を最大にするには，端から何cmのところで折り曲げればよいか。

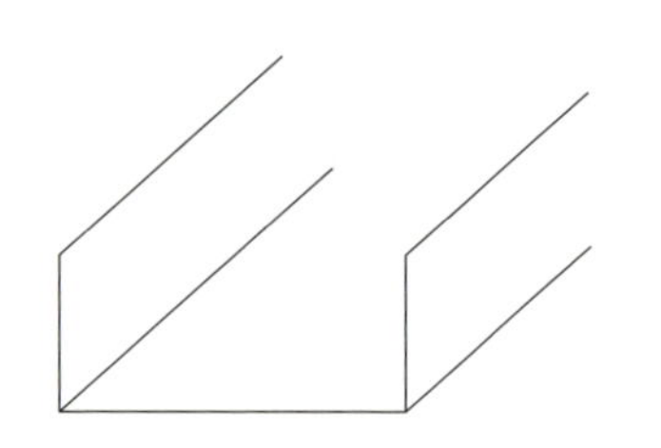

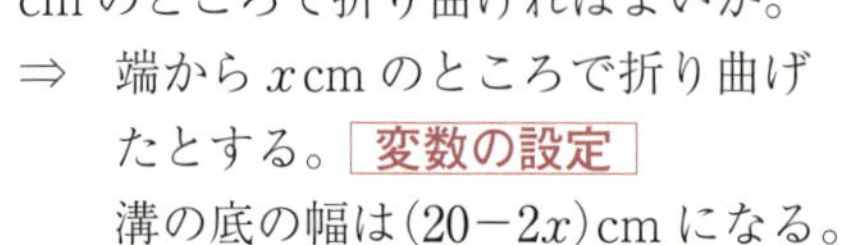

⇒　端から$x$cmのところで折り曲げたとする。［変数の設定］

溝の底の幅は$(20-2x)$cmになる。

$x>0$，$20-2x>0$より

$0<x<10$　［変数の変域の確認］

断面の面積をyとすると

$$y=x(20-2x)$$
$$=-2x^2+20x$$
$$=-2(x-5)^2+50$$

yは$x=5$のとき最大となる。

よって，端から5cmのところで折り曲げればよい。

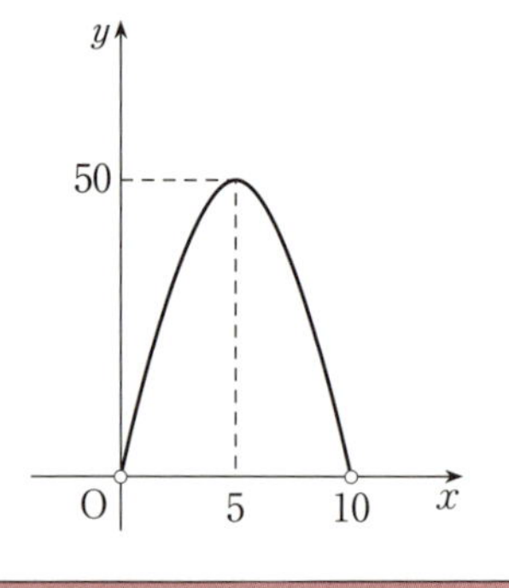

例題 38　**5 分・8 点**

原価 40 円のパンを x 円で売ると，1 日あたりに売り上げる個数が $(400-3x)$ 個となるとする。1 日あたりの利益，つまり（売り上げ）－（原価）が最大になるのは $x=$ アイ 円で，そのときの利益は ウエオカ 円である。ただし，x は正の整数とする。

解答

パン 1 個についての利益が $(x-40)$ 円で，1 日 $(400-3x)$ 個売れるから，1 日あたりの利益を y とすると

$$y=(x-40)(400-3x)$$
$$=-3x^2+520x-16000$$
$$=-3\left(x-\frac{260}{3}\right)^2+\frac{260^2}{3}-16000$$

x のとり得る値の範囲は $x>0$，$400-3x>0$ より

$$0<x<\frac{400}{3}$$

$\frac{260}{3}=86.6\cdots$ より，$\frac{260}{3}$ に最も近い整数は 87。

よって，$x=\mathbf{87}$（円）で売ったときに利益が最大になり，このとき

$$y=(87-40)(400-3\cdot 87)$$
$$=47\cdot 139$$
$$=\mathbf{6533}\ (円)$$

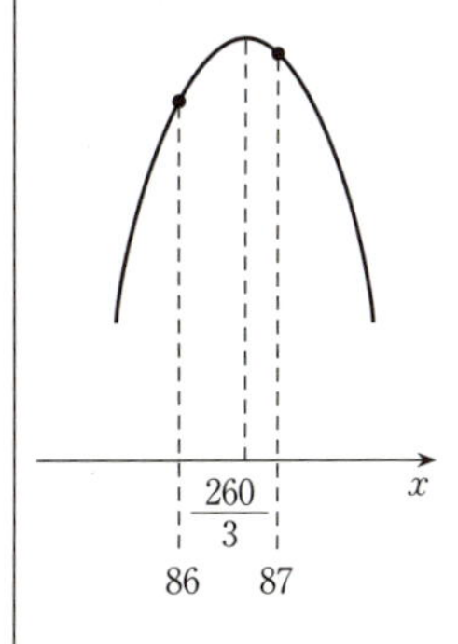

STAGE 2　類　題

類題 34　　(3分・8点)

$y=ax^2+bx+c$ のグラフが右図のようになったとき

(1)　次の各値の符号を下の⓪，①のうちから一つずつ選べ。ただし，同じものを繰り返し選んでもよい。

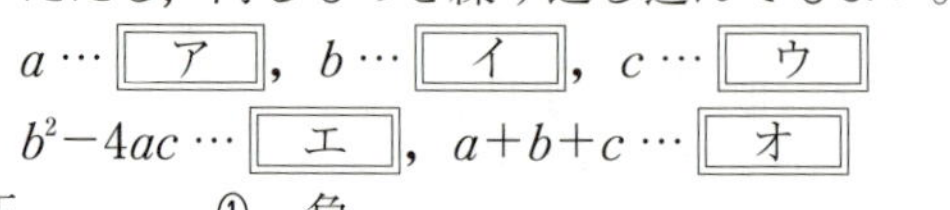

a … ア，b … イ，c … ウ

b^2-4ac … エ，$a+b+c$ … オ

⓪　正　　　①　負

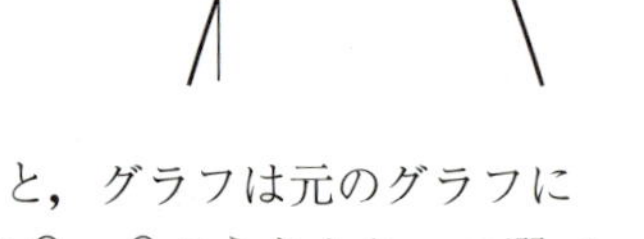

(2)　b の値はそのままで，a と c の符号だけを変えると，グラフは元のグラフに対して カ 。カ に当てはまるものを，次の⓪～②のうちから一つ選べ。

⓪　x 軸に関して対称になる

①　y 軸に関して対称になる

②　原点に関して対称になる

類題 35　（6分・10点）

放物線 $C: y=\frac{9}{2}x^2+(a-5)x+8$ が，x 軸と異なる2点P，Qで交わるとき

$a<$ アイ ，ウエ $<a$

であり，線分PQの長さが2となる a の値は

$a=$ オカ ，キクケ

である。$a=$ キクケ のとき，C の頂点の座標は

$\left(\frac{\text{コ}}{\text{サ}}, \frac{\text{シス}}{\text{セ}}\right)$

である。

類題 36　（5分・10点）

2次関数 $y=x^2-6ax+10a^2-2a-8$ のグラフを G とする。G の頂点の座標は

（ ア a，a^2- イ $a-$ ウ ）

である。

G が x 軸と異なる2点で交わるような a の値の範囲は

エオ $<a<$ カ

である。また，G が x 軸の正の部分と異なる2点で交わるような a の値の範囲は

キ $<a<$ ク

である。

類題 37　　（10分・16点）

x の2次関数 $y=x^2-2(a-1)x+2a^2-8a+4$ ……① のグラフの頂点の x 座標が3以上7以下の範囲にあるとする。

このとき，a の値の範囲は [ア] $\leqq a \leqq$ [イ] であり，2次関数①の $3 \leqq x \leqq 7$ における最大値 M は

[ア] $\leqq a \leqq$ [ウ] のとき　$M=$ [エ] a^2- [オカ] $a+$ [キク]

[ウ] $\leqq a \leqq$ [イ] のとき　$M=$ [ケ] a^2- [コサ] $a+$ [シス]

である。

したがって，2次関数①の $3 \leqq x \leqq 7$ における最小値が6であるならば

$a=$ [セ] $+$ [ソ] $\sqrt{\text{[タ]}}$

であり，最大値 M は

$M=$ [チツ] $-$ [テ] $\sqrt{\text{[ト]}}$

である。

類題 38　　(10分・12点)

(1) ある店では1個200円の商品が40個売れる。この商品はx円値下げすると$3x$個多く売れるとする。売り上げが最大となるのは，$x=$ アイ 円にしたときで，このとき売り上げは ウエオカキ 円になる。ただしxは整数とする。

(2) 図のような直角三角形の紙ABCがあり，AB=6cm，AC=8cm，∠A=90° である。この紙から図のように長方形ADEFを切り取り，長方形の面積Sを最大にしたい。AD=$x$cm とするとAFの長さは

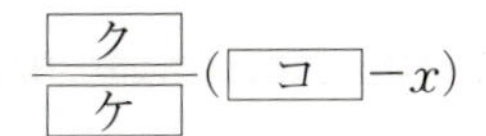

$\dfrac{\boxed{ク}}{\boxed{ケ}}(\boxed{コ}-x)$

で表される。Sをxで表すことによってSは$x=$ サ のとき最大値 シス をとることがわかる。

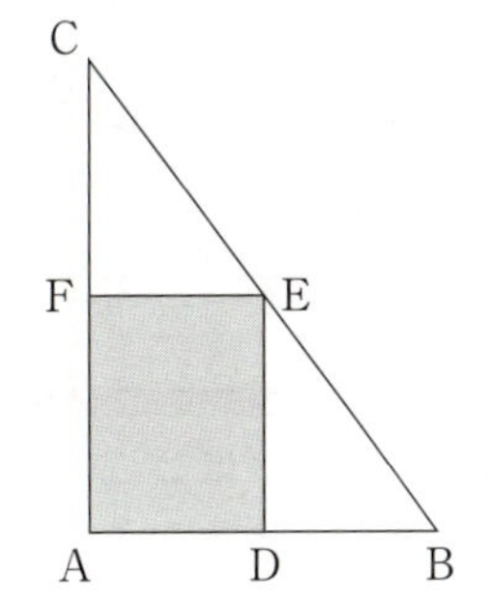

STAGE 1　24　三 角 比

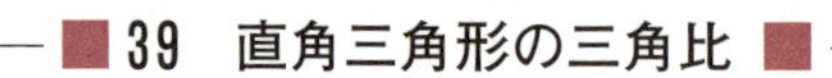

■39　直角三角形の三角比■

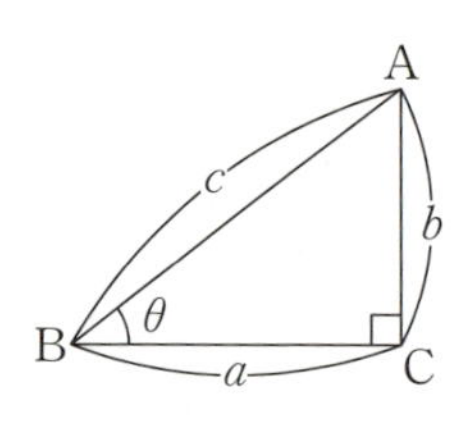

$$\begin{cases} \sin\theta=\dfrac{b}{c} \\ \cos\theta=\dfrac{a}{c} \\ \tan\theta=\dfrac{b}{a} \end{cases} \iff \begin{cases} b=c\sin\theta \\ a=c\cos\theta \\ b=a\tan\theta \end{cases}$$

直角三角形では2辺の長さが与えられると「三平方の定理」を用いてもう1つの辺の長さが求まる。この3辺の長さのうち，2辺の長さから三角比が求まる。また，辺の長さと三角比を用いて他の辺の長さを表すこともできる。

■40　特別な角の三角比■

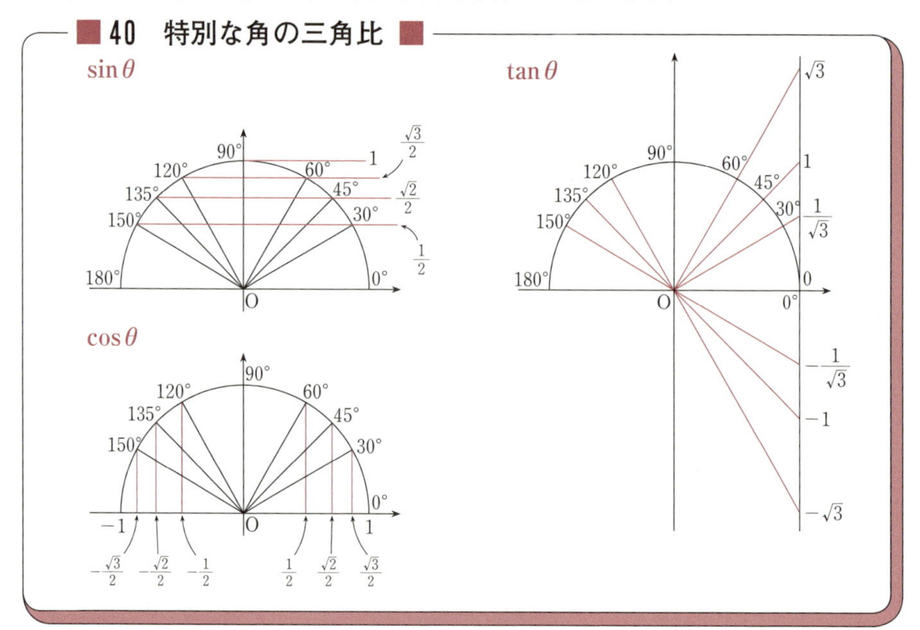

$0^\circ \leqq \theta \leqq 180^\circ$ の範囲における三角比は，座標によって定義される。点(1, 0)をAとし，原点Oを中心とする半径1の円(単位円)周上に $\angle AOP=\theta$ $(0^\circ \leqq \theta \leqq 180^\circ)$ となる点P$(x,\ y)$をとると

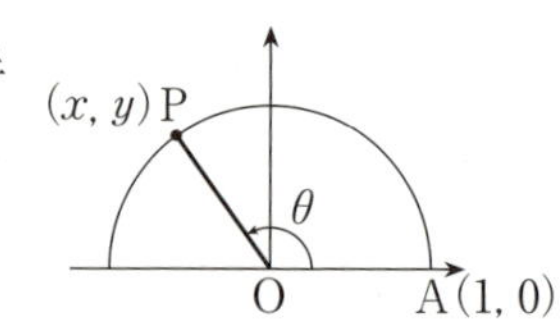

$$\sin\theta=y,\ \cos\theta=x,\ \tan\theta=\frac{y}{x}$$

例題 39　**2分・6点**

$\triangle ABC$ において，$AB=AC=3$，$BC=2$ であるとき

$$\cos\angle ABC=\frac{\boxed{ア}}{\boxed{イ}},\quad \sin\angle ABC=\frac{\boxed{ウ}\sqrt{\boxed{エ}}}{\boxed{オ}}$$

である。C から辺 AB に下ろした垂線と辺 AB との交点を D とすると

$CD=\dfrac{\boxed{カ}\sqrt{\boxed{キ}}}{\boxed{ク}}$ である。

解答

A から辺 BC に垂線 AH を引く。

$\triangle ABC$ は $AB=AC$ の二等辺三角形より，H は BC の中点。

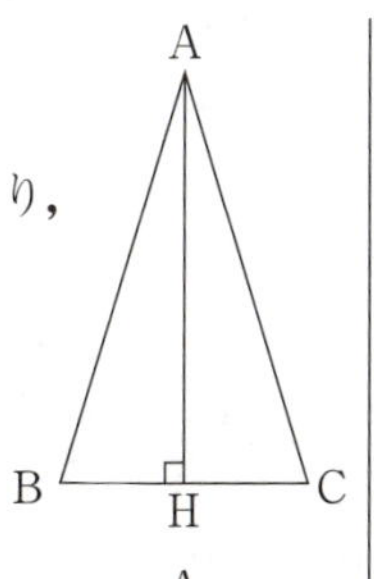

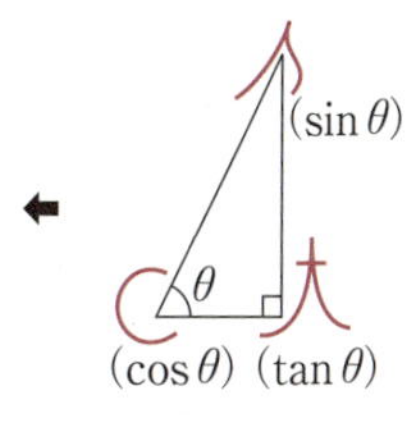

$$\cos\angle ABC=\frac{BH}{AB}=\mathbf{\frac{1}{3}}$$

← $\angle ABC=\angle ABH$

三平方の定理より

$$AH=\sqrt{3^2-1^2}=\sqrt{8}=2\sqrt{2}$$

← $AH^2+BH^2=AB^2$

$$\sin\angle ABC=\frac{AH}{AB}=\mathbf{\frac{2\sqrt{2}}{3}}$$

A

D

B　C

$\triangle BCD$ において

$$CD=BC\sin\angle CBD$$

$$=2\sin\angle ABC=\mathbf{\frac{4\sqrt{2}}{3}}$$

← $\sin\angle CBD=\dfrac{CD}{BC}$

← $\angle CBD=\angle ABC$

例題 40　**2分・6点**

$0^\circ\leqq\theta\leqq180^\circ$ のとき，$\sin\theta=\dfrac{1}{2}$ を満たす θ は $\boxed{アイ}^\circ$，$\boxed{ウエオ}^\circ$ であり，

$\cos\theta=-\dfrac{1}{2}$ を満たす θ は $\boxed{カキク}^\circ$ である。

解答

$\sin\theta=\dfrac{1}{2}$ を満たす θ は

30°，150°

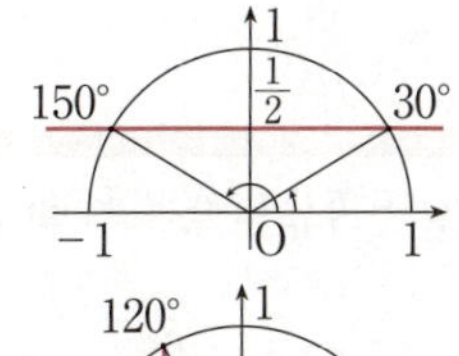

← $\sin\theta$ は単位円周上の点の y 座標。

$\cos\theta=-\dfrac{1}{2}$ を満たす θ は

120°

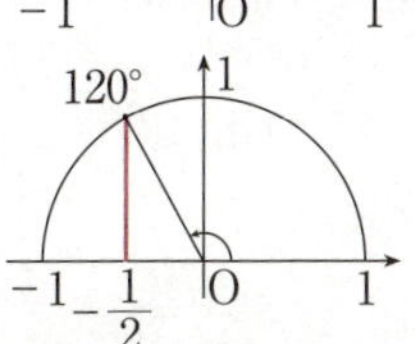

← $\cos\theta$ は単位円周上の点の x 座標。

§4 1

STAGE 1　25　三角比の性質

■ 41　三角比の相互関係 ■

(1)

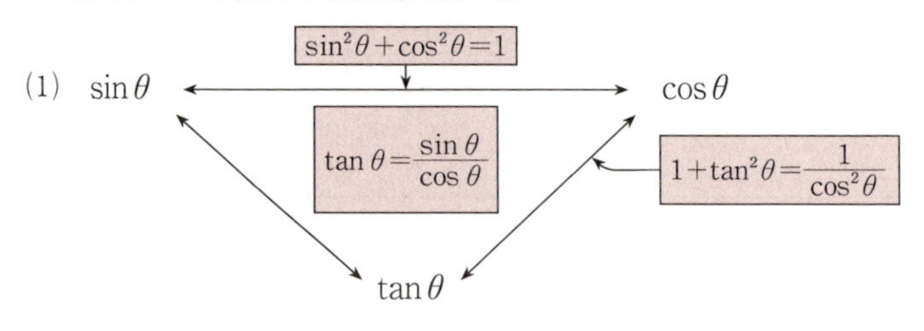

(2)　$\sin\theta$ → $\cos\theta=\sqrt{1-\sin^2\theta}$　$(0^\circ \leqq \theta \leqq 90^\circ)$

　　　　　　→ $\cos\theta=-\sqrt{1-\sin^2\theta}$　$(90^\circ \leqq \theta \leqq 180^\circ)$

(3)　$\cos\theta$ → $\sin\theta=\sqrt{1-\cos^2\theta}$　$(0^\circ \leqq \theta \leqq 180^\circ)$

(4)　$\tan\theta=\dfrac{b}{a}\ (a>0,\ b>0)$ → （直角三角形：斜辺 $\sqrt{a^2+b^2}$，底辺 a，高さ b，角 θ）$(0^\circ<\theta<90^\circ)$ → $\begin{cases}\sin\theta=\dfrac{b}{\sqrt{a^2+b^2}}\\ \cos\theta=\dfrac{a}{\sqrt{a^2+b^2}}\end{cases}$

$\sin\theta$，$\cos\theta$，$\tan\theta$ のうち１つが与えられていれば残り２つは(1)の公式を用いて求まるが，**(2)または(3)の形で使うことが多い。**

■ 42　$90^\circ-\theta$，$180^\circ-\theta$ ■

$90^\circ-\theta$

$$\begin{cases}\sin(90^\circ-\theta)=\cos\theta\\ \cos(90^\circ-\theta)=\sin\theta\\ \tan(90^\circ-\theta)=\dfrac{1}{\tan\theta}\end{cases}$$

$180^\circ-\theta$

$$\begin{cases}\sin(180^\circ-\theta)=\sin\theta\\ \cos(180^\circ-\theta)=-\cos\theta\\ \tan(180^\circ-\theta)=-\tan\theta\end{cases}$$

$90^\circ-\theta$ の三角比を θ の三角比に直すと sin と cos は入れ替わり，tan は逆数になる。

$180^\circ-\theta$ の三角比を θ の三角比に直すと sin は変化なし。cos，tan は符号が変わる。

例題 41　2分・6点

(1)　θ が鈍角で $\sin\theta=\dfrac{2\sqrt{5}}{5}$ のとき，$\cos\theta=\dfrac{\boxed{ア}\sqrt{\boxed{イ}}}{\boxed{ウ}}$ である。

(2)　θ が鋭角で $\tan\theta=\dfrac{\sqrt{7}}{3}$ のとき，$\sin\theta=\dfrac{\sqrt{\boxed{エ}}}{\boxed{オ}}$，$\cos\theta=\dfrac{\boxed{カ}}{\boxed{キ}}$ である。

解答

(1)　$90^\circ<\theta<180^\circ$ より $\cos\theta<0$ であるから

$$\cos\theta=-\sqrt{1-\sin^2\theta}=-\sqrt{\frac{5}{25}}=-\frac{\sqrt{5}}{5}$$

⬅ $90^\circ<\theta<180^\circ$ のとき $\cos\theta=-\sqrt{1-\sin^2\theta}$

(2)　$\sqrt{3^2+(\sqrt{7})^2}=\sqrt{16}=4$ より

$$\sin\theta=\frac{\sqrt{7}}{4},\quad \cos\theta=\frac{3}{4}$$

4　$\sqrt{7}$　θ　3

⬅ 直角をはさむ2辺の長さを3，$\sqrt{7}$ として斜辺の長さを求めればよい。

(別解)　$\cos\theta=\sqrt{\dfrac{1}{1+\tan^2\theta}}=\sqrt{\dfrac{9}{16}}=\dfrac{3}{4}$

$$\sin\theta=\sqrt{1-\cos^2\theta}=\frac{\sqrt{7}}{4}$$

例題 42　2分・4点

(1)　θ は鋭角で $\cos\theta=\dfrac{\sqrt{13}}{6}$ のとき，$\cos(90^\circ-\theta)=\dfrac{\sqrt{\boxed{アイ}}}{\boxed{ウ}}$ である。

(2)　θ は鋭角で $\sin\theta=\dfrac{\sqrt{5}}{3}$ のとき，$\cos(180^\circ-\theta)=\dfrac{\boxed{エオ}}{\boxed{カ}}$ である。

解答

$0^\circ<\theta<90^\circ$ のとき　$\sin\theta>0$，$\cos\theta>0$

(1)　$\sin\theta=\sqrt{1-\cos^2\theta}=\sqrt{\dfrac{23}{36}}=\dfrac{\sqrt{23}}{6}$

$$\therefore\quad \cos(90^\circ-\theta)=\sin\theta=\frac{\sqrt{23}}{6}$$

⬅ $\cos(90^\circ-\theta)=\sin\theta$

(2)　$\cos\theta=\sqrt{1-\sin^2\theta}=\sqrt{\dfrac{4}{9}}=\dfrac{2}{3}$

$$\therefore\quad \cos(180^\circ-\theta)=-\cos\theta=-\frac{2}{3}$$

⬅ $\cos(180^\circ-\theta)=-\cos\theta$

STAGE 1　26　正弦定理

■43　外接円の半径■

正弦定理

$$\frac{a}{\sin A}=\frac{b}{\sin B}=\frac{c}{\sin C}=2R$$

（R：外接円の半径）

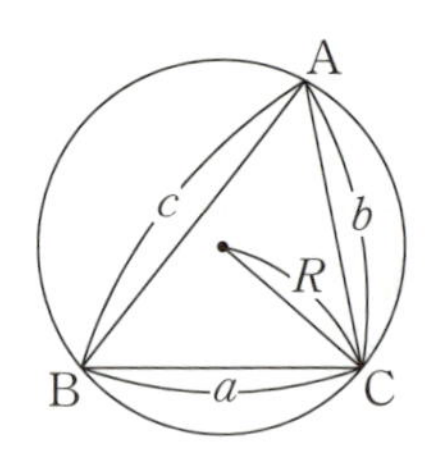

正弦定理を利用する場合

R を求める　……　$R=\dfrac{a}{2\sin A}$

a を求める　……　$a=2R\sin A$

$\sin A$ を求める　……　$\sin A=\dfrac{a}{2R}$

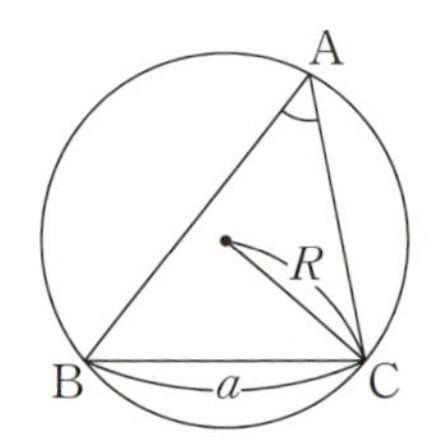

1つの内角と向かい合う辺の長さ，および外接円の半径の間に成り立つ関係式である。外接円の半径を求めるなら，まず正弦定理を使うことを考える。

■44　対辺，対角■

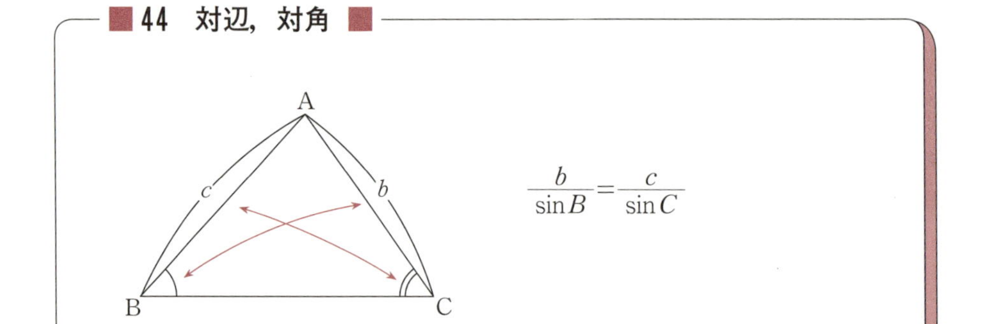

$$\frac{b}{\sin B}=\frac{c}{\sin C}$$

2つの内角とその対辺の長さとの関係式でもある。これらのうち3つが与えられると残り1つを求めることができる。

例題 43　2分・6点

$\mathrm{BC}=\sqrt{6}$，$\mathrm{AC}=3\sqrt{2}$，$\cos B=-\dfrac{\sqrt{6}}{3}$ である△ABC の外接円の半径は $\dfrac{\boxed{\text{ア}}\sqrt{\boxed{\text{イ}}}}{\boxed{\text{ウ}}}$ であり，$\sin A=\dfrac{\boxed{\text{エ}}}{\boxed{\text{オ}}}$ である。

解答

$\sin B=\sqrt{1-\cos^2 B}=\dfrac{1}{\sqrt{3}}$

外接円の半径を R とすると正弦定理より

$$\frac{3\sqrt{2}}{\sin B}=2R \qquad \therefore\ R=\frac{3\sqrt{2}}{2}\cdot\sqrt{3}=\mathbf{\frac{3\sqrt{6}}{2}}$$

$$\frac{\sqrt{6}}{\sin A}=2R \qquad \therefore\ \sin A=\frac{\sqrt{6}}{2R}=\frac{\sqrt{6}}{2}\cdot\frac{2}{3\sqrt{6}}=\mathbf{\frac{1}{3}}$$

A，$3\sqrt{2}$，B，$\sqrt{6}$，C

⬅ まず $\sin B$ を求める。

⬅ 外接円の半径は正弦定理を利用する。

例題 44　2分・6点

△ABC が $\mathrm{AB}=4$，$\mathrm{AC}=2\sqrt{3}$，$\sin B=\dfrac{1}{\sqrt{3}}$ を満たすとする。ただし，∠A は鈍角とする。このとき，$\sin C=\dfrac{\boxed{\text{ア}}}{\boxed{\text{イ}}}$ である。また，辺 BC 上に点 D があり，$\angle\mathrm{ADC}=60^\circ$ であるとき，$\mathrm{AD}=\dfrac{\boxed{\text{ウ}}}{\boxed{\text{エ}}}$ である。

解答

正弦定理より

$$\frac{2\sqrt{3}}{\sin B}=\frac{4}{\sin C}$$

$$\therefore\ \sin C=\frac{2}{\sqrt{3}}\sin B=\mathbf{\frac{2}{3}}$$

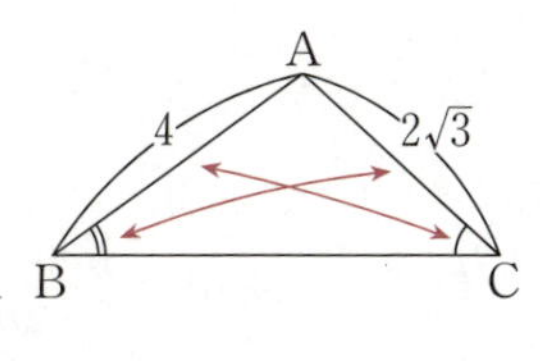

⬅ 2組の対辺，対角の関係。

また，△ADC に正弦定理を用いて

$$\frac{\mathrm{AD}}{\sin C}=\frac{2\sqrt{3}}{\sin 60^\circ}$$

$$\therefore\ \mathrm{AD}=\frac{2\sqrt{3}}{\sin 60^\circ}\cdot\sin C$$

$$=4\cdot\frac{2}{3}=\mathbf{\frac{8}{3}}$$

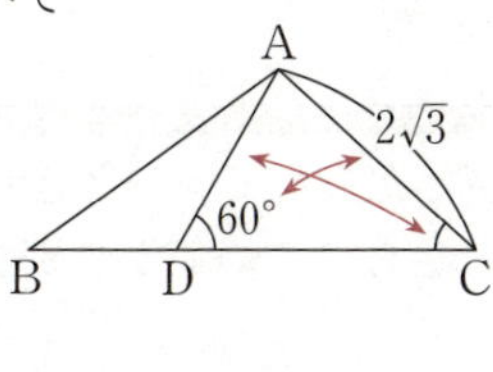

STAGE 1　27　余弦定理

■45　辺の長さを求める■

余弦定理

$a^2=b^2+c^2-2bc\cos A$

$b^2=c^2+a^2-2ca\cos B$

$c^2=a^2+b^2-2ab\cos C$

（2辺とその間の角が与えられた場合）

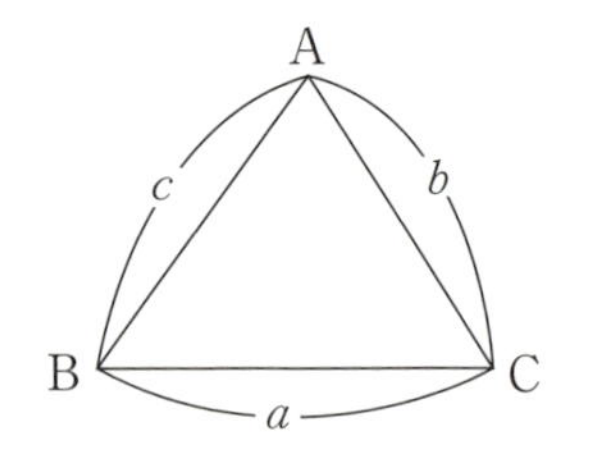

（注）　2辺 b，c と c の対角 θ が与えられた場合

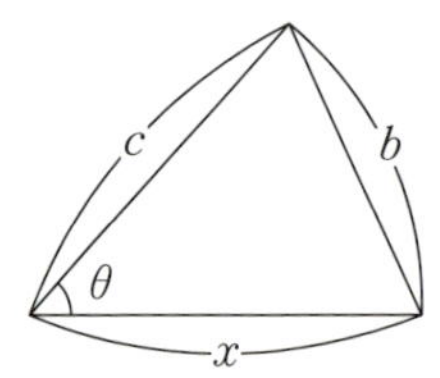

$$b^2=x^2+c^2-2cx\cos\theta$$

（x の2次方程式）

三角形の2辺の長さと1つの角が与えられているとき，余弦定理を用いると残りの辺の長さを求めることができる。このとき，与えられている角の位置によっては，2次方程式を解くことになる。

■46　角の大きさを求める■

a，b，c が与えられているとき，θ または $\cos\theta$ を求めるには，余弦定理を使う。

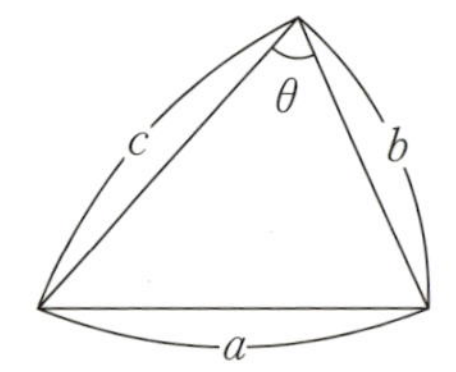

$$\cos\theta=\frac{b^2+c^2-a^2}{2bc}$$

三角形の3辺の長さが与えられているとき，余弦定理を用いると1つの角の cos を求めることができる。さらにこの値が特別な値（■40）であれば，角も求められることになる。

例題 45　**3 分・6 点**

四角形 ABCD は AB＝5，BC＝4，AD＝3，$\angle$ABC＝60°，

$\cos\angle \mathrm{ADC}=\dfrac{1}{3}$ を満たしている。このとき，AC＝$\sqrt{\boxed{\text{アイ}}}$ であり，

CD＝$\boxed{\text{ウ}}+\sqrt{\boxed{\text{エオ}}}$ である。

解答

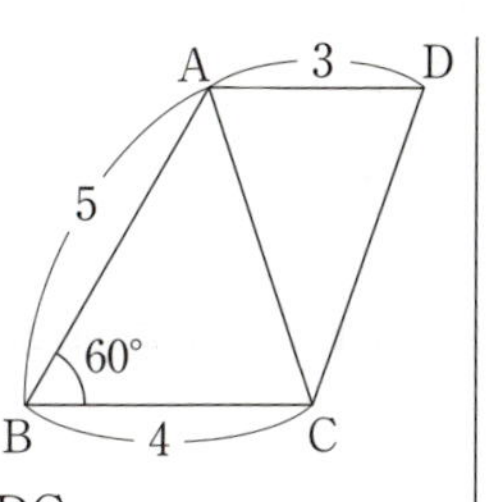

△ABC に余弦定理を用いて

$$AC^2=5^2+4^2-2\cdot5\cdot4\cdot\cos60^\circ=21$$

$\therefore$　AC＝$\boldsymbol{\sqrt{21}}$

CD＝x とおくと，△ACD に余弦定理を用いて

$$(\sqrt{21})^2=x^2+3^2-2\cdot x\cdot3\cdot\cos\angle \mathrm{ADC}$$

$\therefore$　$x^2-2x-12=0$

$x>0$ より　$x=\boldsymbol{1+\sqrt{13}}$

⬅ 2 次方程式になる。

例題 46　**4 分・9 点**

△ABC において，AB＝3，BC＝$\sqrt{7}$，CA＝2 とすると，

$\angle$BAC＝$\boxed{\text{アイ}}$° である。辺 CA の A の側の延長上に点 D を DB＝DC となるようにとる。$\cos\angle \mathrm{BAD}=\dfrac{\boxed{\text{ウエ}}}{\boxed{\text{オ}}}$ であるから，AD＝$\boxed{\text{カ}}$ である。

解答

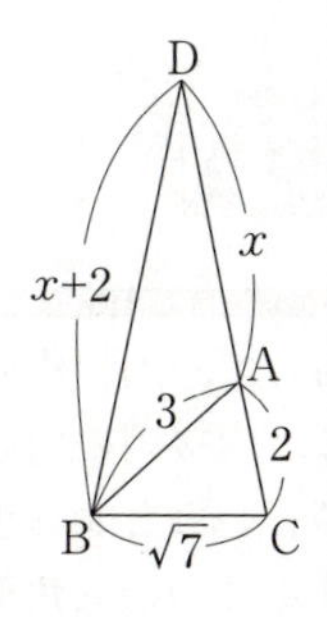

△ABC に余弦定理を用いて

$$\cos\angle \mathrm{BAC}=\frac{3^2+2^2-(\sqrt{7})^2}{2\cdot3\cdot2}=\frac{1}{2}$$

$\therefore$　$\angle$BAC＝**60°**

$\cos\angle \mathrm{BAD}=\cos120^\circ=\boldsymbol{-\dfrac{1}{2}}$ であり

⬅

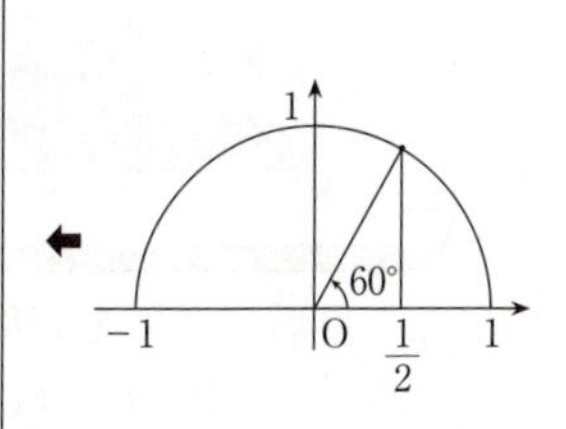

AD＝x とおくと，BD＝$x+2$ であるから

△ABD に余弦定理を用いて

$$(x+2)^2=x^2+3^2-2\cdot x\cdot3\cdot\cos120^\circ$$

$\therefore$　$x=\boldsymbol{5}$

⬅ x の 1 次方程式。

STAGE 1　28　面　積

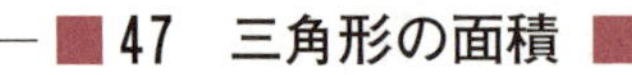

■47　三角形の面積■

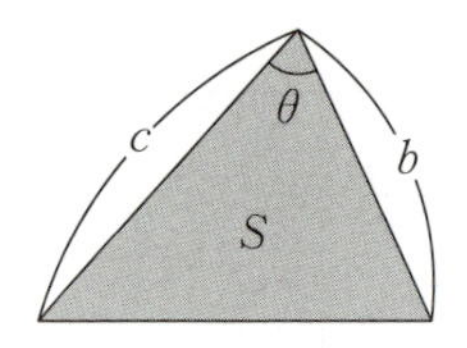

面積 $S=\frac{1}{2}bc\sin\theta$

三角形の面積は $\frac{1}{2}\times$(2辺の積)$\times$(その間の角のsin) で求めることができる。

■48　面積の利用■

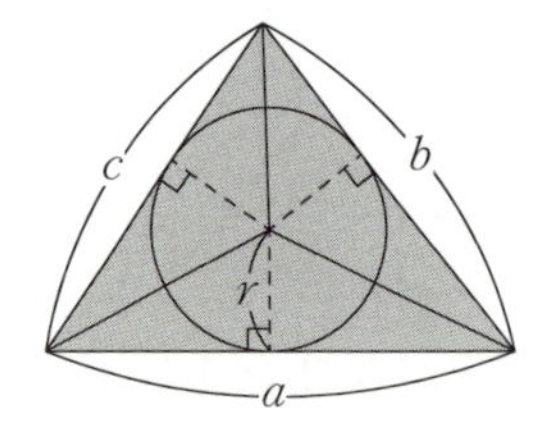

$S=\frac{1}{2}(a+b+c)r$

(r は内接円の半径)

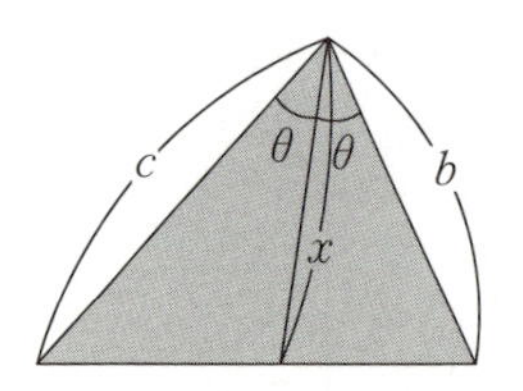

$S=\frac{1}{2}(b+c)x\sin\theta$

(x は角の二等分線の長さ)

三角形の面積を利用して，内接円の半径や角の二等分線の長さを求めることができる。内接円の半径は，内接円の中心と頂点を結んだ3つの三角形の面積の和が全体の三角形の面積に等しいことから求められる。角の二等分線の長さは，角の二等分線によって分けられる2つの三角形の面積の和が全体の三角形の面積に等しいことから求められる。

例題 47　**2 分・3 点**

△ABC において，AB=8，BC=5，CA=7 である。∠B=［アイ］° であり，面積は ［ウエ］$\sqrt{［オ］}$ である。

解答

余弦定理より

$$\cos B=\frac{8^2+5^2-7^2}{2\cdot8\cdot5}=\frac{1}{2}$$

$\therefore$　∠B=**60°**

面積は

$$\frac{1}{2}\cdot8\cdot5\cdot\sin60^\circ=\mathbf{10\sqrt{3}}$$

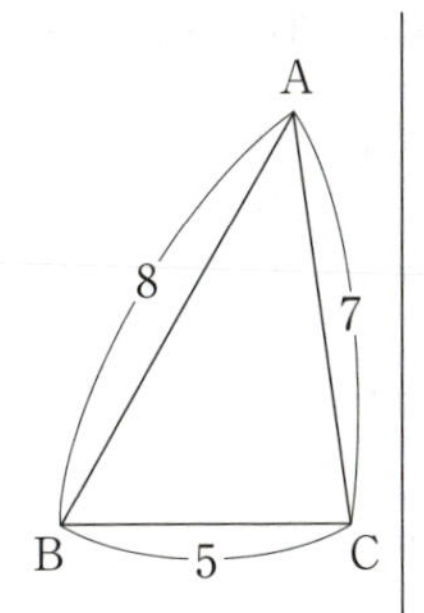

← $S=\dfrac{1}{2}ca\sin\mathrm{B}$

§4 1

例題 48　**4 分・8 点**

△ABC において，AB=8，AC=3，∠A=60° である。△ABC の面積は ［ア］$\sqrt{［イ］}$ であり，BC=［ウ］ であるから，△ABC の内接円の半径は $\dfrac{［エ］\sqrt{［オ］}}{［カ］}$ である。

解答

△ABC の面積は

$$\frac{1}{2}\cdot8\cdot3\cdot\sin60^\circ=\mathbf{6\sqrt{3}}$$

余弦定理より

$$\mathrm{BC}^2=8^2+3^2-2\cdot8\cdot3\cdot\cos60^\circ$$
$$=49$$

$\therefore$　BC=**7**

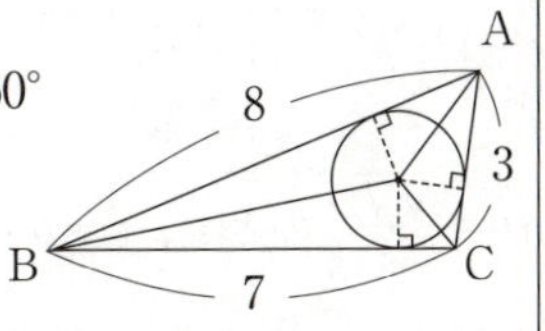

内接円の半径を r とすると

$$\frac{1}{2}(8+7+3)r=6\sqrt{3}$$

$$\therefore\quad r=\frac{\mathbf{2\sqrt{3}}}{\mathbf{3}}$$

← $\dfrac{1}{2}(a+b+c)r=S$

STAGE 1　類  

類題 39　　　　（6分・10点）

△ABC において，AB＝AC＝10，$\cos\angle\mathrm{BAC}=\dfrac{4}{5}$ とする。C から AB に垂線を引き，垂線と AB との交点を H とする。このとき

$$\mathrm{AH}=\boxed{\text{ア}},\quad \mathrm{CH}=\boxed{\text{イ}}$$

であり

$$\mathrm{BC}=\boxed{\text{ウ}}\sqrt{\boxed{\text{エオ}}},\quad \sin\angle\mathrm{ACB}=\frac{\boxed{\text{カ}}\sqrt{\boxed{\text{キク}}}}{\boxed{\text{ケコ}}}$$

$$\tan\angle\mathrm{ACB}=\boxed{\text{サ}}$$

である。

類題 40　　　　（3分・6点）

$0^\circ\leqq\theta\leqq180^\circ$ とするとき

(1)　$2\sin\theta-\sqrt{2}=0$ を満たす θ は $\boxed{\text{アイ}}^\circ$，$\boxed{\text{ウエオ}}^\circ$ である。

(2)　$2\cos\theta+\sqrt{3}=0$ を満たす θ は $\boxed{\text{カキク}}^\circ$ である。

(3)　$\sqrt{3}\tan\theta=1$ を満たす θ は $\boxed{\text{ケコ}}^\circ$ である。

類題 41　　　　（2分・6点）

(1)　θ が鈍角で，$\sin\theta=\dfrac{\sqrt{7}}{4}$ のとき，$\cos\theta=\dfrac{\boxed{\text{アイ}}}{\boxed{\text{ウ}}}$，$\tan\theta=\dfrac{\boxed{\text{エ}}\sqrt{\boxed{\text{オ}}}}{\boxed{\text{カ}}}$

である。

(2)　θ が鋭角で，$\tan\theta=2\sqrt{2}$ のとき，$\sin\theta=\dfrac{\boxed{\text{キ}}\sqrt{\boxed{\text{ク}}}}{\boxed{\text{ケ}}}$，$\cos\theta=\dfrac{\boxed{\text{コ}}}{\boxed{\text{サ}}}$

である。

類題 42 (4分・10点)

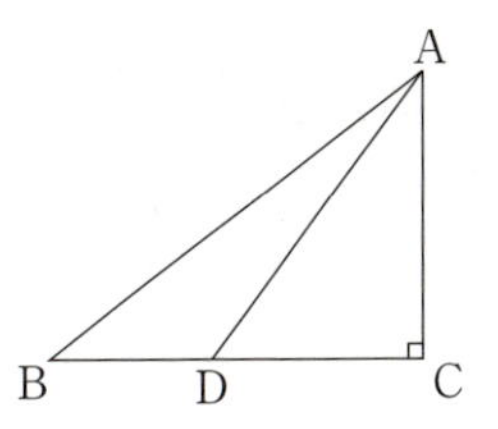

右図の直角三角形 ABC において，AD=5, CD=3 とする。

$$\cos\angle ADC=\frac{\boxed{ア}}{\boxed{イ}}$$ であるから

$$\cos\angle ADB=\frac{\boxed{ウエ}}{\boxed{オ}},\ \sin\angle ADB=\frac{\boxed{カ}}{\boxed{キ}}$$

である。また，△ABC と△DAC が相似であるとすると

$$\sin\angle ABC=\frac{\boxed{ク}}{\boxed{ケ}}$$

である。

類題 43 (2分・6点)

△ABC において，AB=2，BC=$2\sqrt{13}$，∠BAC=120° である。△ABC の外接円の中心を O とすると

$$OA=OB=\frac{\boxed{ア}\sqrt{\boxed{イウ}}}{\boxed{エ}}$$

であるから，辺 AB の中点を M とすると，$OM=\frac{\boxed{オ}\sqrt{\boxed{カ}}}{\boxed{キ}}$ である。

類題 44 (2分・6点)

△ABC が，AB=3，BC=2，$\sin A=\frac{2}{5}$ を満たすとする。このとき，

$\sin C=\frac{\boxed{ア}}{\boxed{イ}}$ である。また，辺 AC 上に点 D があり，∠BDC=45° であるとき，

$BD=\frac{\boxed{ウ}\sqrt{\boxed{エ}}}{\boxed{オ}}$ である。

類題 45　(4分・10点)

$\triangle$ABCにおいて，AB$=7$，BC$=4\sqrt{2}$，$\angle$ABC$=45^\circ$とする。このとき，CA$=$[ア]である。

$\triangle$ABCの外接円上の点Aを含まない弧BC上に点DをCD$=\sqrt{10}$であるようにとる。$\angle$ADC$=$[イウ]$^\circ$であるから，AD$=x$とするとxは2次方程式

$$x^2-\boxed{エ}\sqrt{\boxed{オ}}\,x-\boxed{カキ}=0$$

を満たす。

$x>0$であるから，AD$=$[ク]$\sqrt{\boxed{ケ}}$となる。

類題 46　(3分・7点)

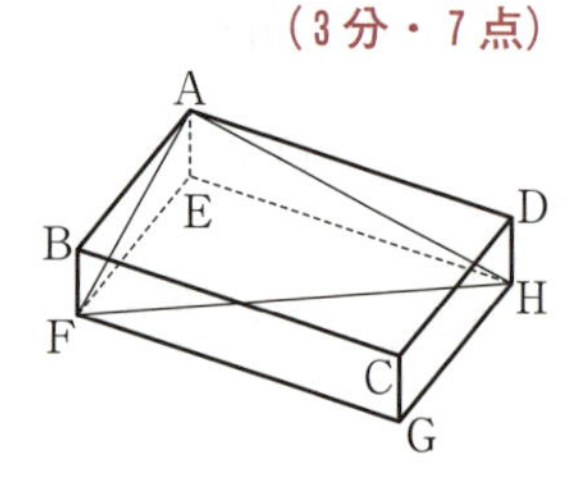

右図のような直方体ABCD−EFGHにおいて，AE$=\sqrt{10}$，AF$=8$，AH$=10$とする。このとき

EF$=$[ア]$\sqrt{\boxed{イ}}$

EH$=$[ウ]$\sqrt{\boxed{エオ}}$

FH$=$[カキ]

であるから，$\cos\angle$FAH$=\dfrac{\boxed{ク}}{\boxed{ケ}}$である。

類題 47　(8分・15点)

(1)　△ABCにおいて，$AB=2\sqrt{3}$，$BC=2\sqrt{21}$，$AC=6$ とする。このとき，$\angle BAC=$ [アイウ]° であり，△ABCの面積は [エ] $\sqrt{[オ]}$ である。

(2)　$BC=4$，$\sin\angle BAC=\frac{2}{3}$ の△ABCがある。△ABCの外接円の中心をOとすると $OB=$ [カ] である。△ABCの外接円のAを含まない弧BCの中点をDとすると，$\sin\angle BOD=\frac{[キ]}{[ク]}$ であるから，△OBDの面積は [ケ] である。

§4
1

類題 48　(6分・10点)

$AB=4$，$AC=2$，$\angle A=120^\circ$ の△ABCがある。△ABCの面積は [ア] $\sqrt{[イ]}$ である。

∠Aの二等分線と辺BCの交点をDとすると，$AD=\frac{[ウ]}{[エ]}$ である。

また，$BC=$ [オ] $\sqrt{[カ]}$ であるから，△ABCの内接円の半径は [キ] $\sqrt{[ク]}-\sqrt{[ケコ]}$ である。

STAGE 2　29　三角形の解法 I

49　公式の活用 I

3 辺の長さから，角，面積，外接円の半径などを求める。

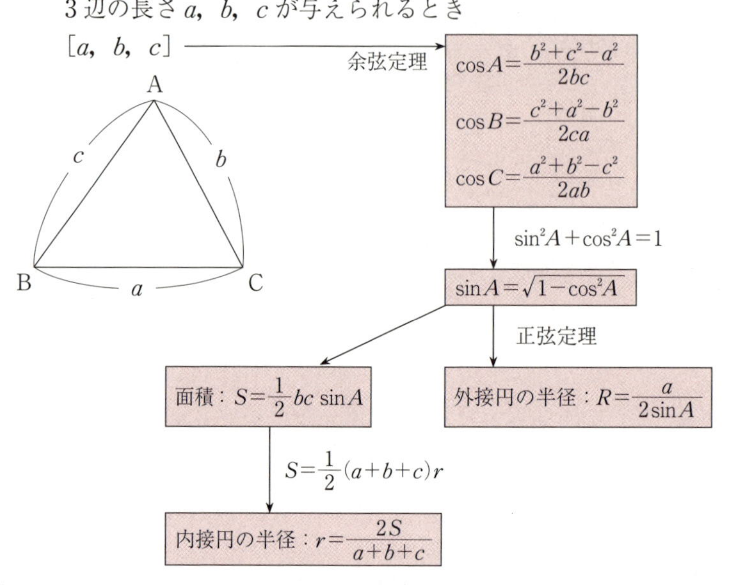

△ABC において，3 辺の長さが与えられたとき，まず，余弦定理を用いて一つの内角のコサインを求めることができる。その値によっては内角の大きさを求めることができる。

次にコサインの値からサインの値を求めれば，面積や外接円の半径を求めることができる。

さらに 3 辺の長さと面積から内接円の半径も求めることができる。

例題 49　8 分・12 点

△ABC において，AB=5，BC=7，CA=6 とする。このとき

$$\cos\angle BAC=\frac{\boxed{ア}}{\boxed{イ}},\quad \sin\angle BAC=\frac{\boxed{ウ}\sqrt{\boxed{エ}}}{\boxed{オ}}$$

であり，△ABC の面積は $\boxed{カ}\sqrt{\boxed{キ}}$ である。また，△ABC の内接円の半径は $\dfrac{\boxed{ク}\sqrt{\boxed{ケ}}}{\boxed{コ}}$ である。

解答

余弦定理より

$$\cos\angle BAC=\frac{6^2+5^2-7^2}{2\cdot6\cdot5}=\mathbf{\frac{1}{5}}$$

⬅ $\cos A=\dfrac{b^2+c^2-a^2}{2bc}$

$$\sin\angle BAC=\sqrt{1-\cos^2\angle BAC}=\sqrt{1-\left(\frac{1}{5}\right)^2}=\mathbf{\frac{2\sqrt{6}}{5}}$$

⬅ $\sin\theta=\sqrt{1-\cos^2\theta}$

△ABC の面積を S とすると

$$S=\frac{1}{2}\cdot6\cdot5\cdot\sin\angle BAC=15\cdot\frac{2}{5}\sqrt{6}=\mathbf{6\sqrt{6}}$$

⬅ $S=\dfrac{1}{2}bc\sin A$

△ABC の内接円の半径を r とすると

$$S=\frac{1}{2}(5+7+6)r$$

$$\therefore\quad r=\frac{S}{9}=\mathbf{\frac{2\sqrt{6}}{3}}$$

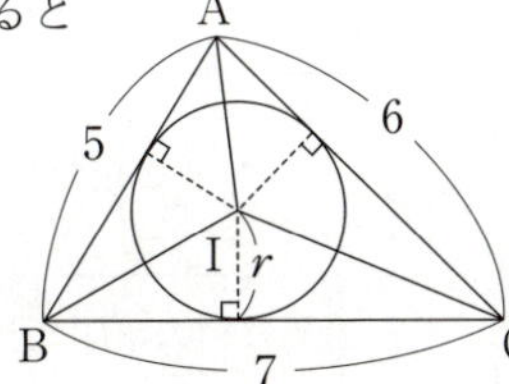

⬅ 内接円の中心を I とすると
△ABC
=△IAB+△IBC+△ICA

STAGE 2　30　三角形の解法 II

■ 50　公式の活用 II ■

2辺の長さと1つの角の三角比から，残りの辺，角の三角比，面積，外接円の半径などを求める。

(1)　**2辺と1角の sin の値**が与えられるとき

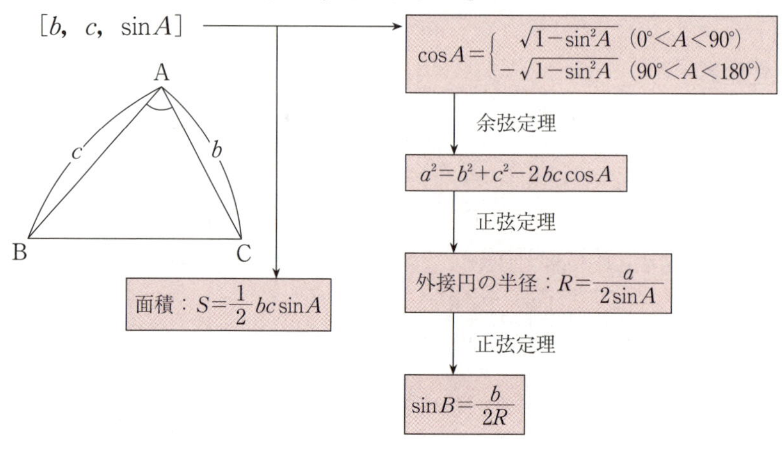

(2)　**2辺と1角の cos の値**が与えられるとき

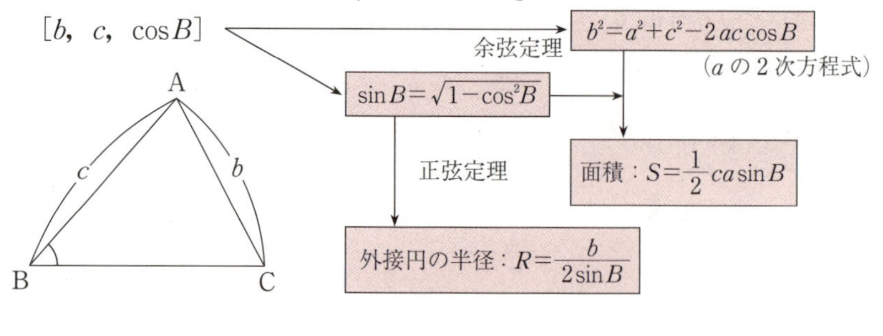

△ABC において，AB，AC の長さと $\sin A$ が与えられたとき，まず，△ABC の面積を求めることができる。次に $\cos A$ を求めておくと，余弦定理を用いて BC の長さを求めることができる。さらに，正弦定理を使うと外接円の半径，$\sin B$ などを求めることができる。

例題 50　**10分・20点**

△ABC において，AC=7，BC=9，AB<AC，$\cos B=\frac{2}{3}$ とする。このとき，$\sin B=\frac{\sqrt{\boxed{ア}}}{\boxed{イ}}$，AB=$\boxed{ウ}$ である。△ABC の外接円の半径は $\frac{\boxed{エオ}\sqrt{\boxed{カ}}}{\boxed{キク}}$ であり，$\sin A=\frac{\boxed{ケ}\sqrt{\boxed{コ}}}{\boxed{サ}}$，$\cos A=\frac{\boxed{シス}}{\boxed{セ}}$ である。また，△ABC の面積は $\boxed{ソ}\sqrt{\boxed{タ}}$ である。

解答

$$\sin B=\sqrt{1-\cos^2 B}=\sqrt{\frac{5}{9}}=\frac{\sqrt{5}}{3}$$

AB$=x$ とおくと，余弦定理より

$$7^2=x^2+9^2-2\cdot x\cdot 9\cdot\cos B$$

$$\therefore\quad x^2-12x+32=0$$

$$\therefore\quad (x-4)(x-8)=0$$

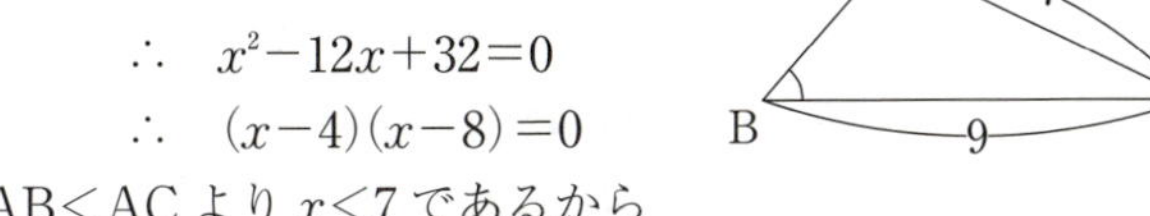

AB<AC より $x<7$ であるから

$$AB=x=\mathbf{4}$$

外接円の半径を R とすると，正弦定理より

$$R=\frac{7}{2\sin B}=\frac{21}{2\sqrt{5}}=\frac{\mathbf{21\sqrt{5}}}{\mathbf{10}}$$

さらに，正弦定理より

$$\frac{9}{\sin A}=2\cdot\frac{21\sqrt{5}}{10}$$

$$\therefore\quad \sin A=\frac{\mathbf{3\sqrt{5}}}{\mathbf{7}}$$

余弦定理より

$$\cos A=\frac{4^2+7^2-9^2}{2\cdot 4\cdot 7}=-\frac{\mathbf{2}}{\mathbf{7}}$$

また，△ABC の面積は

$$\frac{1}{2}\cdot 4\cdot 9\cdot\sin B=\mathbf{6\sqrt{5}}$$

⬅ $\sin B=\sqrt{1-\cos^2 B}$

⬅ 余弦定理で2次方程式を作る。

⬅ 外接円の半径は正弦定理。

⬅ 先に $\cos A$ を求めてから
$\sin A=\sqrt{1-\cos^2 A}$
で求めてもよい。

⬅ $\cos A=\pm\sqrt{1-\sin^2 A}$
$=\pm\frac{2}{7}$
$AB^2+AC^2=65$
$<81=BC^2$ より
$90^\circ<A<180^\circ$ から
$\cos A<0$
$\therefore\quad \cos A=-\frac{2}{7}$
としてもよい。

§4 2

STAGE 2　31　円と三角形

51　円の性質

(1)

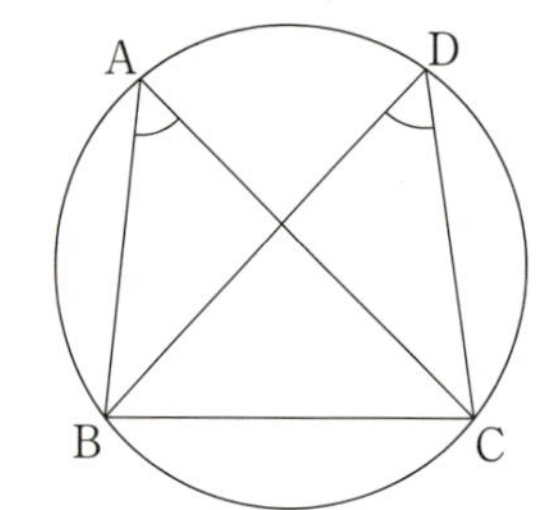

同じ弧 $\overset{\frown}{BC}$ に対する円周角の大きさは等しい。

$$\angle BAC = \angle BDC$$

(2)

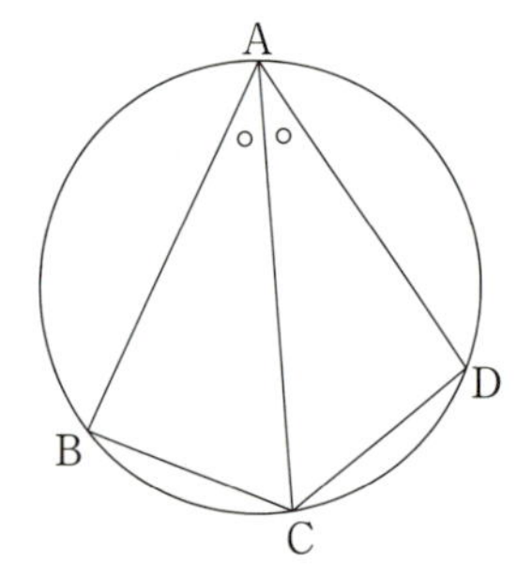

等しい円周角に対する弧および弦の長さは等しい。

$\angle BAC = \angle DAC$ のとき

$$\overset{\frown}{BC} = \overset{\frown}{DC},\ BC = DC$$

(3)

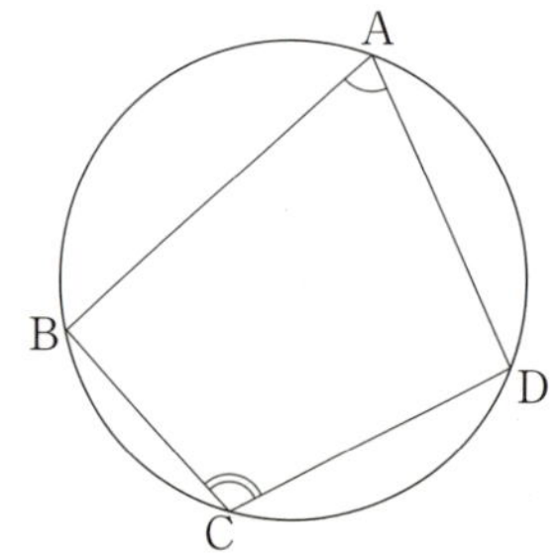

円に内接する四角形において，向かい合う内角の和は 180°。

$$\angle BAD + \angle BCD = 180^\circ$$

例題 51　10分・15点

△ABCは鋭角三角形であり，AB=6，AC=$3\sqrt{5}$，∠C=60° とする。△ABCの外接円Oの半径は $\boxed{ア}\sqrt{\boxed{イ}}$ である。外接円Oの点Bを含まない弧AC上に点Dがあるとき

$$\sin\angle ADC=\frac{\sqrt{\boxed{ウエ}}}{\boxed{オ}},\quad \cos\angle ADC=\frac{\boxed{カキ}}{\boxed{ク}}$$

である。さらに，AD=CD とすると AD=$\boxed{ケ}\sqrt{\boxed{コ}}$ であり，△ADCの面積は $\dfrac{\boxed{サ}\sqrt{\boxed{シス}}}{\boxed{セ}}$ である。

解答

外接円の半径を R とすると，正弦定理より

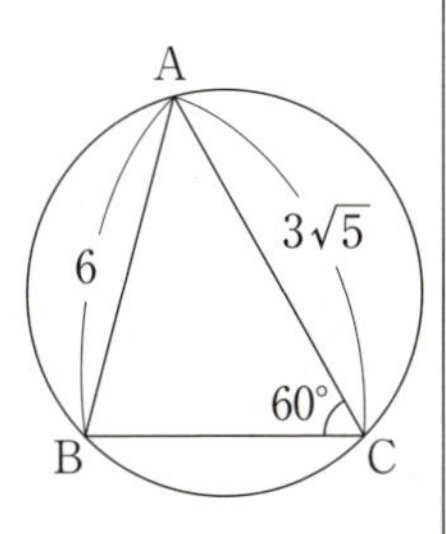

$$R=\frac{6}{2\sin 60^\circ}=\frac{6}{\sqrt{3}}=\mathbf{2\sqrt{3}}$$

△ACDの外接円の半径も $2\sqrt{3}$ であるから，△ACDに正弦定理を用いて

← 円Oは△ACDの外接円でもある。

$$\frac{3\sqrt{5}}{\sin\angle ADC}=2\cdot 2\sqrt{3}$$

$$\therefore\quad \sin\angle ADC=\frac{3\sqrt{5}}{4\sqrt{3}}=\frac{\mathbf{\sqrt{15}}}{\mathbf{4}}$$

∠ABC<90° より　∠ADC>90°

← ∠ABC+∠ADC=180°

よって

$$\cos\angle ADC=-\sqrt{1-\left(\frac{\sqrt{15}}{4}\right)^2}=\mathbf{-\frac{1}{4}}$$

AD=CD=x とおくと，余弦定理より

$$x^2+x^2-2\cdot x\cdot x\cdot\cos\angle ADC=(3\sqrt{5})^2$$

$$\therefore\quad \frac{5}{2}x^2=45 \qquad \therefore\quad x^2=18$$

$x>0$ より

$$x=3\sqrt{2} \qquad \therefore\quad AD=\mathbf{3\sqrt{2}}$$

△ADCの面積は

$$\frac{1}{2}\cdot(3\sqrt{2})^2\sin\angle ADC=\frac{\mathbf{9\sqrt{15}}}{\mathbf{4}}$$

STAGE 2　32　内接円

■52　内接円■

△ABC の内接円の中心を I とする。

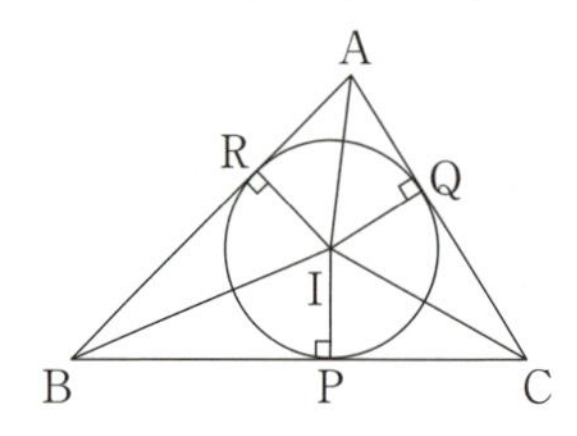

P，Q，R を円との接点とすると

$$\begin{cases} AQ=AR \\ BP=BR \\ CP=CQ \end{cases}$$

が成り立つ。

∠C＝90° のとき

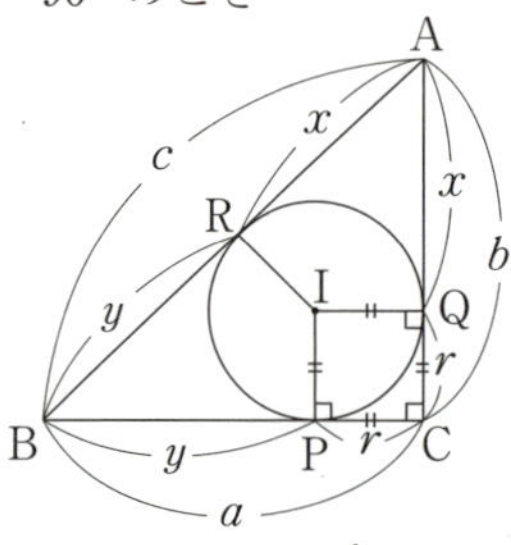

CP＝CQ＝r（内接円の半径）となり

$$\begin{cases} r+y=a \\ r+x=b \\ x+y=c \end{cases} \quad \text{から} \quad r=\frac{1}{2}(a+b-c)$$

内心 I は 3 つの内角の二等分線の交点である。

$$\begin{cases} \angle BAD=\angle CAD \\ \angle CBE=\angle ABE \\ \angle ACF=\angle BCF \end{cases}$$

角の二等分線の性質から

BD：DC＝AB：AC

右図において，△API と△AQI は合同な三角形である。したがって，AP＝AQ，∠PAI＝∠QAI となる。

また，内接円の中心(内心 I)が角の二等分線であることに注目すると，右図のような定理(■**102** 参照)を使うこともできる。

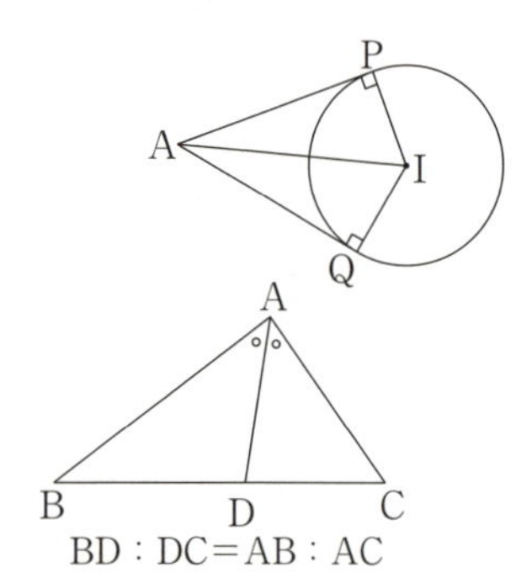

例題 52　**6 分・9 点**

△ABC を AB＝3，BC＝4，CA＝5 である直角三角形とする。△ABC の内接円の中心を O とし，円 O が 3 辺 BC，CA，AB と接する点をそれぞれ P，Q，R とする。このとき，OP＝OR＝［ア］である。

また，QR＝$\dfrac{[イ]\sqrt{[ウ]}}{[エ]}$ であり，sin∠QPR＝$\dfrac{[オ]\sqrt{[カ]}}{[キ]}$ である。

解答

四角形 ORBP は正方形になる。
内接円の半径を r とすると

$BP=BR=r$

より　$AQ=AR=3-r$

$CQ=CP=4-r$

AC＝AQ＋CQ より

$(3-r)+(4-r)=5$

$\therefore\ r=1 \qquad \therefore\ OP=OR=\mathbf{1}$

△ABC に注目して

$$\cos A=\frac{AB}{AC}=\frac{3}{5}$$

AQ＝AR＝2 より，△AQR に余弦定理を用いて

$$QR^2=2^2+2^2-2\cdot2\cdot2\cos A=\frac{16}{5}$$

$$\therefore\ QR=\frac{4}{\sqrt5}=\frac{\mathbf{4\sqrt5}}{\mathbf{5}}$$

△PQR に正弦定理を用いると

$$2\cdot1=\frac{QR}{\sin\angle QPR}$$

$$\therefore\ \sin\angle QPR=\frac{QR}{2}=\frac{\frac{4}{5}\sqrt5}{2}=\frac{\mathbf{2\sqrt5}}{\mathbf{5}}$$

⬅ ∠B＝∠OPB＝∠ORB＝90°
OP＝ORより四角形OPBRは正方形。

⬅ △ABC の面積を利用して
$\frac{1}{2}(3+4+5)r=\frac{1}{2}\cdot3\cdot4$
から $r=1$ としてもよい。

⬅ 円Oは△PQRの外接円。

§4
2

STAGE 2　33　空間図形の解法

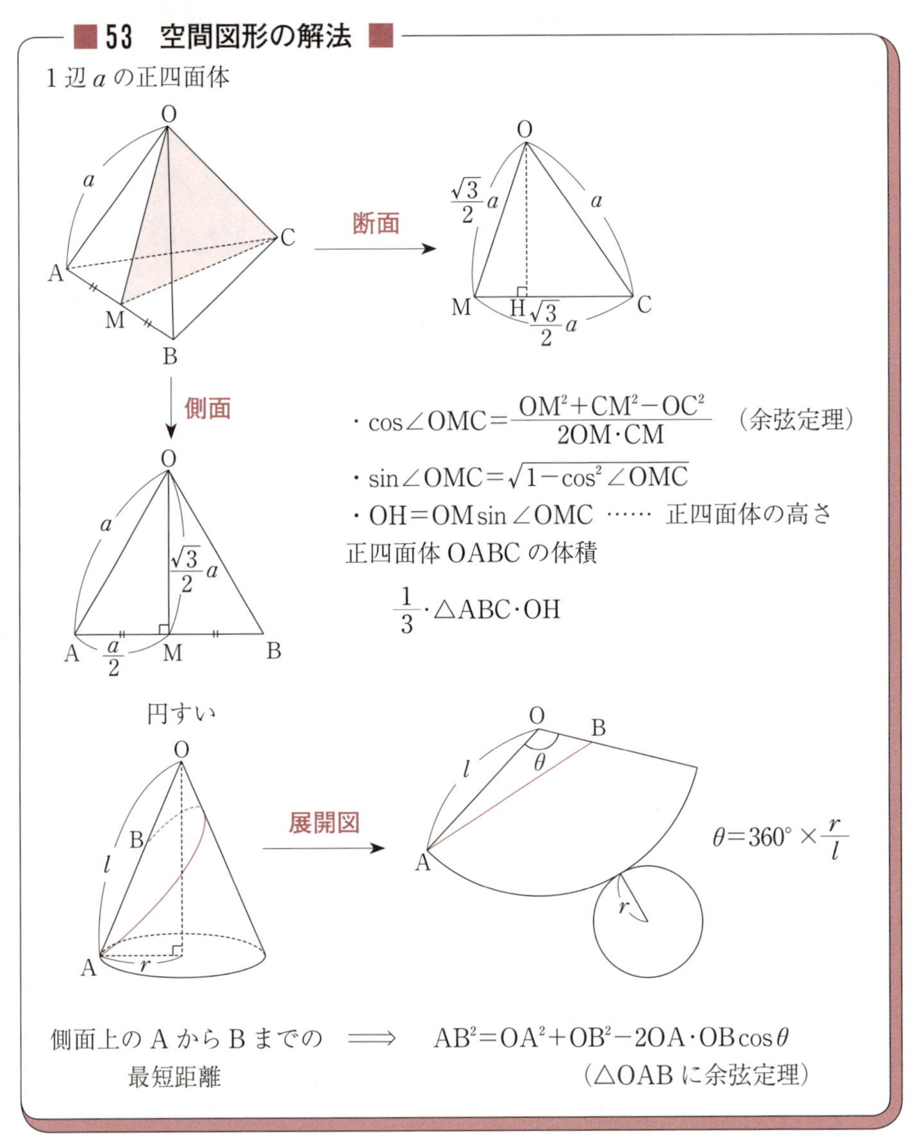

空間図形において，線分の長さ，体積，表面上の距離などを求める場合，側面や底面，または，断面や展開図などを描いて平面図形で考えることになる。

例題 53　**10 分・15 点**

△ABC において，AB＝4，BC＝5，CA＝$\sqrt{21}$ とする。このとき，∠ABC＝［アイ］° であり，△ABC の面積は ［ウ］$\sqrt{［エ］}$ である。

△ABC の外接円の中心を O とすると，円 O の半径は $\sqrt{［オ］}$ である。△ABC を底面とする三角錐 PABC において，PO は点 P から底面 ABC に下ろした垂線であるとする。tan∠PAO＝3 であるとき，PO＝［カ］$\sqrt{［キ］}$ であり，三角錐 PABC の体積は ［ク］$\sqrt{［ケコ］}$，△PAB の面積は ［サ］$\sqrt{［シス］}$ である。

解答

余弦定理より

$$\cos\angle ABC=\frac{4^2+5^2-(\sqrt{21})^2}{2\cdot4\cdot5}$$

$$=\frac{1}{2}$$

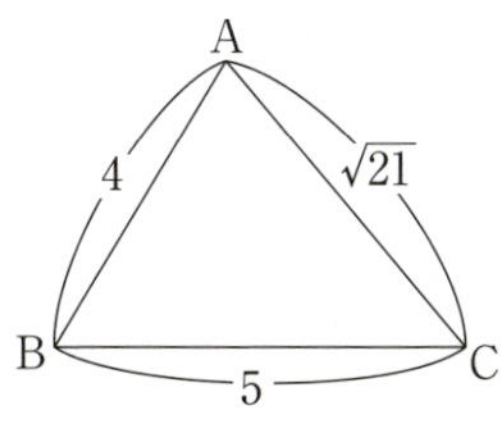

← $\cos B=\dfrac{c^2+a^2-b^2}{2ca}$

∴　∠ABC＝**60°**

△ABC の面積は　$\frac{1}{2}\cdot4\cdot5\cdot\sin60^\circ=\mathbf{5\sqrt{3}}$

← $\begin{cases}\cos60^\circ=\dfrac{1}{2}\\ \sin60^\circ=\dfrac{\sqrt{3}}{2}\end{cases}$

外接円の半径を R とすると，正弦定理より

$$R=\frac{\sqrt{21}}{2\sin60^\circ}=\frac{\sqrt{21}}{\sqrt{3}}=\mathbf{\sqrt{7}}$$

△PAO は∠POA＝90° の直角三角形より

PO＝AO tan∠PAO＝$\mathbf{3\sqrt{7}}$

← AO＝R

よって，三角錐 PABC の体積は

$$\frac{1}{3}\cdot5\sqrt{3}\cdot3\sqrt{7}=\mathbf{5\sqrt{21}}$$

← $\frac{1}{3}$・△ABC・PO

△PBO と△PAO は合同であり

← PO共通
∠POA＝∠POB(＝90°)
OA＝OB(＝R)

$$PA=PB=\sqrt{(\sqrt{7})^2+(3\sqrt{7})^2}=\sqrt{70}$$

であるから，P から AB に下ろした垂線を PH とすると，三平方の定理より

$$PH=\sqrt{(\sqrt{70})^2-2^2}=\sqrt{66}$$

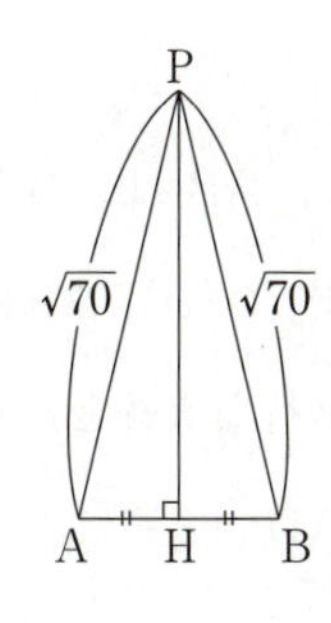

← H は辺 AB の中点。

よって，△PAB の面積は

$$\frac{1}{2}\cdot4\cdot\sqrt{66}=\mathbf{2\sqrt{66}}$$

§4 2

STAGE 2　類　題

類題 49　　(8分・15点)

$\triangle$ABC において，AB=8，BC=10，CA=12 とする。このとき

$$\cos\angle ABC=\frac{\boxed{\text{ア}}}{\boxed{\text{イ}}},\quad \sin\angle ABC=\frac{\boxed{\text{ウ}}\sqrt{\boxed{\text{エ}}}}{\boxed{\text{オ}}}$$

であり，$\triangle$ABC の外接円の半径は $\dfrac{\boxed{\text{カキ}}\sqrt{\boxed{\text{ク}}}}{\boxed{\text{ケ}}}$ である。

また，$\triangle$ABC の面積は $\boxed{\text{コサ}}\sqrt{\boxed{\text{シ}}}$ であるから，内接円の半径は $\sqrt{\boxed{\text{ス}}}$ である。

類題 50　　(6分・12点)

$\triangle$ABC が，AB=$2\sqrt{3}$，AC=3，$\sin C=\dfrac{1}{\sqrt{3}}$，AC<BC を満たすとする。このとき，$\triangle$ABC の外接円の半径は $\boxed{\text{ア}}$ であり，$\angle ABC=\boxed{\text{イウ}}^\circ$ である。

また，BC=$\boxed{\text{エ}}+\sqrt{\boxed{\text{オ}}}$ であり，$\triangle$ABC の面積は

$$\frac{\boxed{\text{カ}}\sqrt{3}+\boxed{\text{キ}}\sqrt{\boxed{\text{ク}}}}{2}$$

である。

類題 51　　(10分・12点)

$\triangle$ABC において，AB=5，BC=$2\sqrt{3}$，CA=$4+\sqrt{3}$ とする。このとき，$\cos\angle BAC=\dfrac{\boxed{\text{ア}}}{\boxed{\text{イ}}}$ であり，$\triangle$ABC の面積は $\dfrac{\boxed{\text{ウエ}}+\boxed{\text{オ}}\sqrt{\boxed{\text{カ}}}}{2}$ である。

B を通り CA に平行な直線と$\triangle$ABC の外接円との交点のうち，B と異なる点を D とするとき，AD=$\boxed{\text{キ}}\sqrt{\boxed{\text{ク}}}$，$\cos\angle ABD=\dfrac{\boxed{\text{ケ}}}{\boxed{\text{コ}}}$ であるから，BD=$\boxed{\text{サ}}-\sqrt{\boxed{\text{シ}}}$ である。

類題　52　（8分・12点）

△ABCにおいて，AB=AC=5，BC=6とする。△ABCの内接円をOとし，円Oが3辺AB，BC，CAと接する点をそれぞれP，Q，Rとする。このとき，

BP=［ア］，$\cos\angle PBQ=\dfrac{［イ］}{［ウ］}$であるから，$PQ=\dfrac{［エ］\sqrt{［オ］}}{［カ］}$である。

また，$\sin\angle QPR=\dfrac{［キ］\sqrt{［ク］}}{［ケ］}$である。

類題　53　（8分・10点）

右図のような直円錐があり，線分BCは底面の直径であり，AB=AC=6，BC=4である。

母線AB上にAD=2となる点Dをとり，点Bから点Dまで円錐の側面に沿って糸を1回転させて巻きつける。ただし，糸の長さは最短になるようにする。

このとき，糸の長さは［ア］$\sqrt{［イウ］}$である。円すいの側面において，糸で分けられる2つの部分のうち，点Aを含む側の面積は［エ］$\sqrt{［オ］}$である。また，糸と母線ACとの交点をEとすると，

$AE=\dfrac{［カ］}{［キ］}$である。

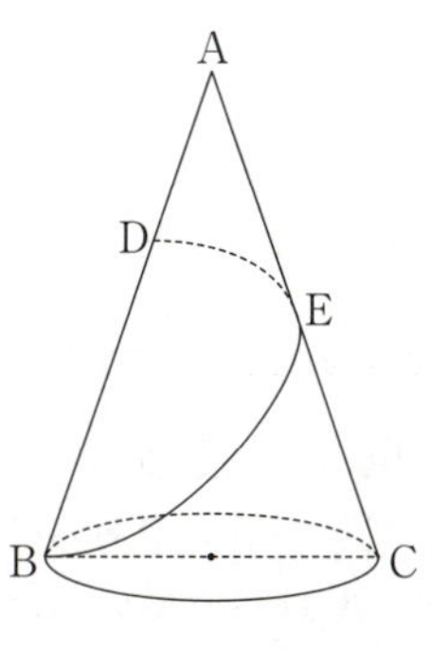

STAGE 1　34　代表値

■54　平均値，中央値■

n 個のデータ x_1，x_2，……，x_n の**平均値** $\overline{x}$ は　$\overline{x}=\dfrac{1}{n}(x_1+x_2+\cdots\cdots+x_n)$

データを値の大きさの順に並べたとき，中央の位置にくる値を**中央値（メジアン）**という。データが偶数個の場合は，中央の2つの値の平均値をいう。

［5人のテストの成績］

データ：40，64，38，72，62　　**平均値**：$\dfrac{40+64+38+72+62}{5}=55.2$

⇓ 大きさの順に並べる

38，40，62，64，72

↑ 中央値（メジアン）

［6人のテストの成績］

データ：68，42，71，48，68，66　　**平均値**：$\dfrac{68+42+71+48+68+66}{6}$

⇓ 大きさの順に並べる　　$=60.5$

42，48，66，68，68，71

$\dfrac{66+68}{2}=67$ …… **中央値**

■55　度数分布表，最頻値■

度数が最大であるデータの値を**最頻値（モード）**という。データが度数分布表に整理されているときは，度数が最大である階級の階級値をいう。

［30人の通学時間］

階級（分）以上～未満	階級値（分）	度数（人）
0～10	5	1
10～20	15	4
20～30	25	6
30～40	35	8
40～50	45	7
50～60	55	4
合計		30

［ヒストグラム］

最頻値（モード） …… 35分

例題 54　2分・4点

次のデータは，学生10人の20点満点の単語テストの結果である。

10，6，8，20，15，17，12，20，16，a

平均値が14点であるとき $a=$ アイ である。また，中央値が14点のとき $a=$ ウエ である。

解答

平均値が14点であるから

$$\frac{1}{10}(10+6+8+20+15+17+12+20+16+a)=14$$

$\therefore\ \ a=\mathbf{16}$

また，15点以上が5人いることから，中央値が14点であるとき $12<a<15$ であって

$$\frac{a+15}{2}=14 \qquad \therefore\ \ a=\mathbf{13}$$

⬅ 平均点からの差を計算してもよい。

⬅ データを大きさの順に並べると
6，8，10，12，a，15，16，17，20，20

例題 55　3分・6点

次の表は20人があるゲームをしたときの得点と人数をまとめたものである。

得点（点）	0	2	4	6	8	10	計
人数（人）	1	x	3	5	y	2	20

得点の平均値が5.8点のとき，$x=$ ア ，$y=$ イ である。このとき，中央値は ウ であり，最頻値は エ である。

解答

$$1+x+3+5+y+2=20 \text{ より } x+y=9 \quad \cdots\cdots①$$

平均値は $\dfrac{0\cdot1+2x+4\cdot3+6\cdot5+8y+10\cdot2}{20}=5.8$

$$\therefore\ \ x+4y=27 \quad \cdots\cdots②$$

①，②より　$\mathbf{x=3}$，$\mathbf{y=6}$

よって，得点の低い方から10番目と11番目はともに6点であるから

中央値は　**6**

最頻値は　**8**

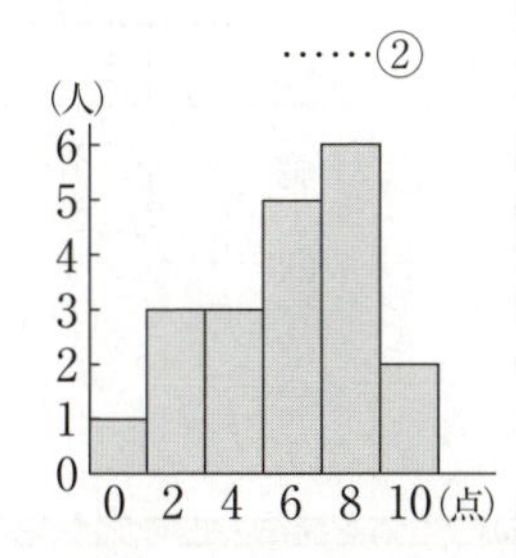

⬅ 中央値は得点の低い方から10番目と11番目の平均値。

STAGE 1　35　四分位数と箱ひげ図

■56　四分位数■

データを値の大きさの順に並べたとき，4等分する位置にくる値を**四分位数**という。値の小さい方から，**第1四分位数(Q_1)**，**第2四分位数(Q_2)**，**第3四分位数(Q_3)**という。第2四分位数は**中央値**である。

(例)　9個のデータ 10，14，5，21，19，8，13，14，18 の場合

データを小さい方から順に並べる。

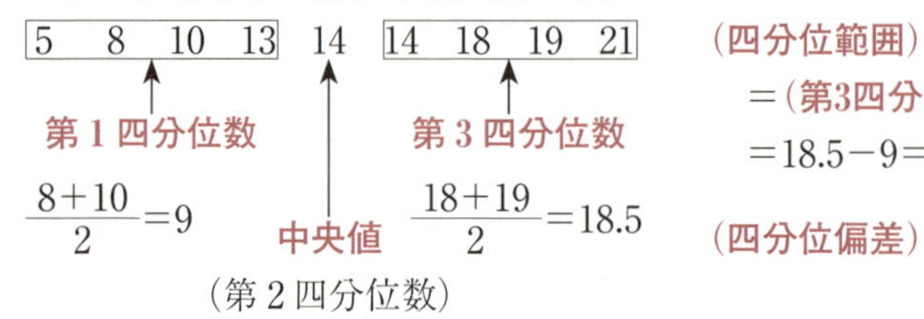

$\dfrac{8+10}{2}=9$　　$\dfrac{18+19}{2}=18.5$

(四分位範囲)

$=$**(第3四分位数)－(第1四分位数)**

$=18.5-9=9.5$

(四分位偏差)$=\dfrac{1}{2}$**(四分位範囲)**

$=4.75$

(例)　6個のデータ 11，14，5，13，8，10 の場合

データを小さい方から順に並べる。

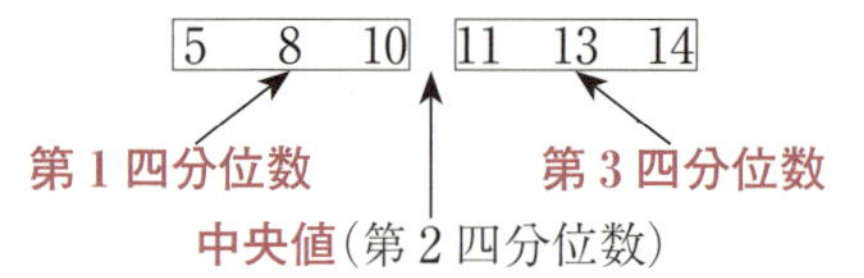

$\dfrac{10+11}{2}=10.5$

(四分位範囲)$=13-8=5$

(四分位偏差)$=\dfrac{5}{2}=2.5$

■57　箱ひげ図■

データの最小値，第1四分位数，中央値，第3四分位数，最大値を，箱と線(ひげ)で表したものを箱ひげ図という。

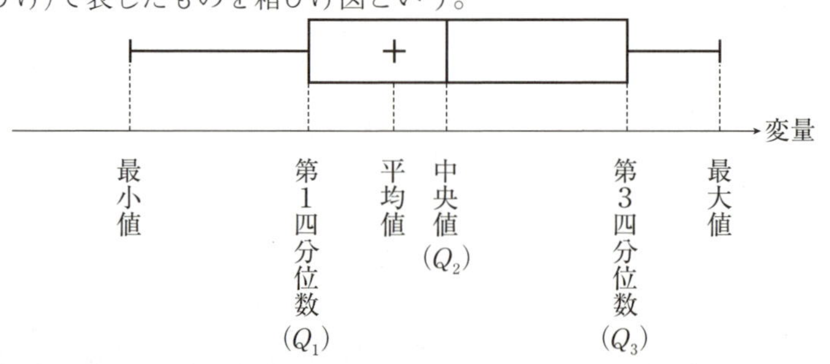

平均値を書き入れない場合もある。

例題 56　3分・6点

大きさの順に並べられた10個のデータ

$$12,\ 15,\ a,\ 24,\ b,\ 29,\ 32,\ 36,\ c,\ 41$$

がある。平均値が27.5，中央値が28，四分位範囲が16であるとき

$a=$ アイ，　$b=$ ウエ，　$c=$ オカ

である。

解答

データの個数が10個であるから，左から5番目と6番目のデータの平均値が中央値であり

$$\frac{b+29}{2}=28 \qquad \therefore \quad b=\mathbf{27}$$

第1四分位数は a，第3四分位数は36であり，

四分位範囲が16であるから　$36-a=16$　　$\therefore$　$a=\mathbf{20}$

平均値が27.5であるから

$$\frac{1}{10}(12+15+20+24+27+29+32+36+c+41)$$

$$=27.5 \qquad \therefore \quad c=\mathbf{39}$$

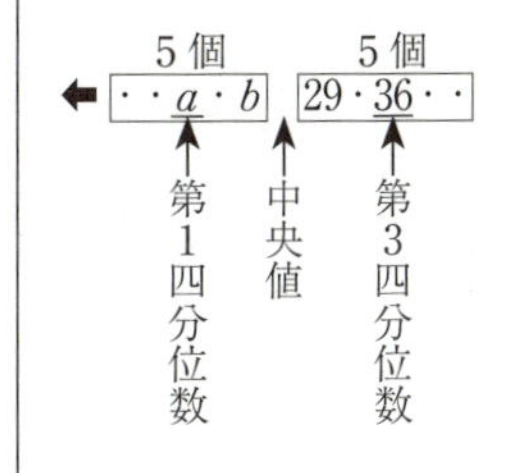

§5
1

例題 57　4分・8点

11個のデータ x_1，x_2，……，x_{11} はすべて異なる整数であり，

$x_1<x_2<\cdots\cdots<x_{11}$ である。

この11個のデータの箱ひげ図が下図のようになったとする。

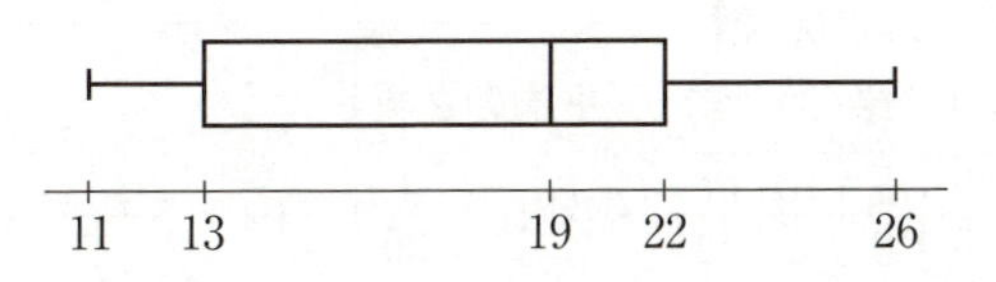

このとき，$x_1=$ アイ，$x_3=$ ウエ，$x_6=$ オカ，$x_9=$ キク，$x_{11}=$ ケコ

であり，x_{10} のとり得る値の最大値は サシ，最小値は スセ である。

解答

x_1 は最小値　**11，**　　x_3 は第1四分位数　**13**

x_6 は中央値　**19，**　　x_9 は第3四分位数　**22**

x_{11} は最大値　**26**

$x_9<x_{10}<x_{11}$ より　x_{10} の最大値は **25**，最小値は **23**

⬅ $x_2=12$

$14 \leqq x_4 < x_5 \leqq 18$

$x_7=20$

$x_8=21$

STAGE 1　36　分散と標準偏差

■ 58　分散と標準偏差 ■

n 個のデータ：x_1，x_2，……，x_n について

平均値：$\overline{x}=\frac{1}{n}(x_1+x_2+\cdots\cdots+x_n)$

偏差：$x_1-\overline{x}$，$x_2-\overline{x}$，……，$x_n-\overline{x}$

分散：$s^2=\frac{1}{n}\{(x_1-\overline{x})^2+(x_2-\overline{x})^2+\cdots\cdots+(x_n-\overline{x})^2\}$ …… (偏差)^2 の平均

$=\frac{1}{n}(x_1{}^2+x_2{}^2+\cdots\cdots+x_n{}^2)-(\overline{x})^2$ …… (2 乗の平均)－(平均の 2 乗)

標準偏差：$s=\sqrt{\frac{1}{n}\{(x_1-\overline{x})^2+(x_2-\overline{x})^2+\cdots\cdots+(x_n-\overline{x})^2\}}$ …… $\sqrt{(分散)}$

(例)

得点	2	4	6	8	10	計
人数	1	5	9	3	2	20

(平均)$=\frac{1}{20}(2\cdot1+4\cdot5+6\cdot9+8\cdot3+10\cdot2)=6$

⇓

偏差	－4	－2	0	2	4
(偏差)^2	16	4	0	4	16
人数	1	5	9	3	2

⇐得点－平均

(分散)$=\frac{1}{20}(16\cdot1+4\cdot5+0\cdot9+4\cdot3+16\cdot2)=4$

(標準偏差)$=\sqrt{4}=2$

分散や標準偏差はデータの散らばりの度合いを表す。

■ 59　平均と分散 ■

(例)　(分散)＝(２乗の平均)－(平均の２乗)

得点	2	4	6	8	10	計
人数	1	5	9	3	2	20

(平均)$=\frac{1}{20}(2\cdot1+4\cdot5+6\cdot9+8\cdot3+10\cdot2)$
$=6$

⇓

(得点)^2	4	16	36	64	100
人数	1	5	9	3	2

(2 乗の平均)$=\frac{1}{20}(4\cdot1+16\cdot5+36\cdot9+64\cdot3+100\cdot2)$
$=40$

(分散)$=40-6^2=4$

(標準偏差)$=\sqrt{4}=2$

例題 58　3分・6点

次のデータは，学生6人のテストの結果である。

11，18，14，12，20，9

平均値は［アイ］であり，分散は［ウエ］である。その後，採点にミスがあることがわかり，18点は17点，9点は10点であった。このとき，標準偏差はミスがわかる前と比較すると［オ］。［オ］に当てはまるものを，次の⓪～②のうちから一つ選べ。

⓪ 増加する　　① 減少する　　② 変化しない

解答

平均値は　$\frac{1}{6}(11+18+14+12+20+9)=\mathbf{14}$

偏差は -3，4，0，-2，6，-5 であるから

← 平均点を引く。

分散は　$\frac{1}{6}(9+16+0+4+36+25)=\mathbf{15}$

18点が17点，9点が10点になるとデータの散らばりは小さくなるから，標準偏差は減少する（**①**）。

← 標準偏差はミスがわかる前が $\sqrt{15}$
わかった後は
$\sqrt{\frac{37}{3}}\ (<\sqrt{15})$

例題 59　3分・6点

右の度数分布表は10人のテストの結果である。

点数の平均値が3.4であるとき，$a=$［ア］，$b=$［イ］であり，標準偏差は［ウ］.［エ］である。

点数	0	2	4	6
人数	1	a	b	2

解答

人数は10人であるから　$1+a+b+2=10$　　$\therefore\ a+b=7$

平均値が3.4であるから　$0\cdot1+2a+4b+6\cdot2=3.4\cdot10$

$\therefore\ a+2b=11$

よって　$a=\mathbf{3}$，$b=\mathbf{4}$

点数の2乗の平均は　$\frac{1}{10}(0^2+2^2\cdot3+4^2\cdot4+6^2\cdot2)=14.8$

よって，標準偏差は

$\sqrt{14.8-3.4^2}=\sqrt{3.24}=\mathbf{1.8}$

← $\sqrt{(2乗の平均)-(平均)^2}$

STAGE 1　37　散布図と相関係数

■60　散布図■

2つの変量の間の関係を見やすくするために座標上の点で表した図。

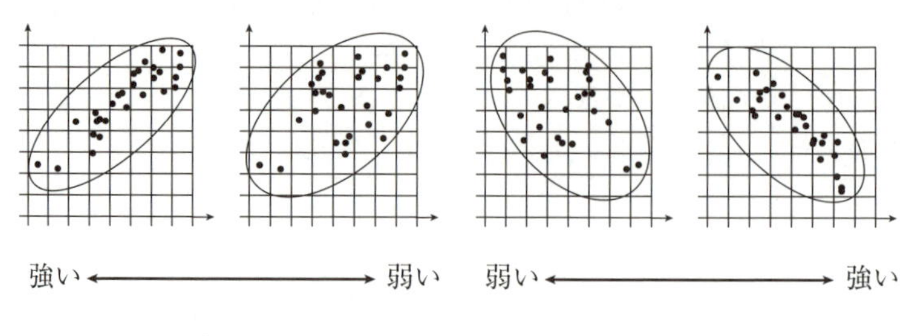

■61　相関係数■

2つの変量 x, y のデータを $(x_1,\ y_1)$, $(x_2,\ y_2)$, ……, $(x_n,\ y_n)$ とする。
x, y の平均値を $\overline{x}$, $\overline{y}$ として

共分散　$s_{xy}=\dfrac{1}{n}\{(x_1-\overline{x})(y_1-\overline{y})+(x_2-\overline{x})(y_2-\overline{y})+\cdots\cdots+(x_n-\overline{x})(y_n-\overline{y})\}$ …… 偏差の積の平均値

x, y の標準偏差 s_x, s_y とすると

$$s_x=\sqrt{\frac{1}{n}\{(x_1-\overline{x})^2+(x_2-\overline{x})^2+\cdots\cdots+(x_n-\overline{x})^2\}}$$

$$s_y=\sqrt{\frac{1}{n}\{(y_1-\overline{y})^2+(y_2-\overline{y})^2+\cdots\cdots+(y_n-\overline{y})^2\}}$$

相関係数　$r=\dfrac{s_{xy}}{s_x s_y}$

$-1\leqq r\leqq 1$ であり

r が1に近い　…… 強い正の相関関係がある。
r が-1に近い …… 強い負の相関関係がある。

相関係数の計算において，分子，分母を n 倍して

$$r=\frac{(x_1-\overline{x})(y_1-\overline{y})+(x_2-\overline{x})(y_2-\overline{y})+\cdots\cdots+(x_n-\overline{x})(y_n-\overline{y})}{\sqrt{(x_1-\overline{x})^2+(x_2-\overline{x})^2+\cdots\cdots+(x_n-\overline{x})^2}\sqrt{(y_1-\overline{y})^2+(y_2-\overline{y})^2+\cdots\cdots+(y_n-\overline{y})^2}}$$

で求めることもできる。

例題 60　3分・6点

右の表は同じ種類の5本の木の太さ x(cm)と高さ y(m)を測定した結果と散布図である。

$a=$ アイ ，$b=$ ウエ

であり，変量 x と変量 y の間には オ の相関関係がある。オ に当てはまるものを，次の⓪～③のうちから一つ選べ。

⓪　強い正　　①　弱い正
②　強い負　　③　弱い負

x	31	29	25	34	26
y	16	a	10	b	12

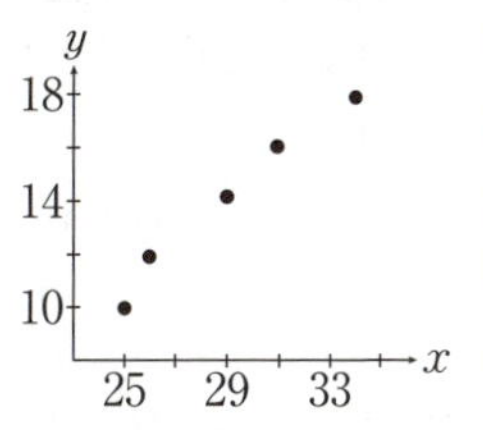

解答

散布図から

$a=\mathbf{14}$，$b=\mathbf{18}$

x と y の間には，強い正の相関関係がある(⓪)。

← 各点の x，y の値は，左下から
(25，10)，(26，12)，(29，14)，(31，16)，(34，18)
$r=0.98\cdots$
となる。

§5 1

例題 61　4分・6点

次の表は2つの変量 x，y のデータと平均 $\overline{x}$，$\overline{y}$ についてまとめたものである。

番号	x	y	$x-\overline{x}$	$y-\overline{y}$	$(x-\overline{x})^2$	$(y-\overline{y})^2$	$(x-\overline{x})(y-\overline{y})$
1	2	2	−2	0	4	0	0
2	7	1	3	−1	9	1	−3
3	4	3	0	1	0	1	0
4	5	1	1	−1	1	1	−1
5	2	3	−2	1	4	1	−2
平均値	4	2	0	0	3.6	0.8	A

共分散Aの値は アイ . ウ である。また，相関係数 r を小数第1位まで求めると $r=$ エオ . カ である。

解答

共分散Aの値は　$\dfrac{1}{5}(0-3+0-1-2)=\mathbf{-1.2}$

相関係数は　$\dfrac{-1.2}{\sqrt{3.6}\sqrt{0.8}}=\dfrac{-1.2}{1.2\sqrt{2}}$

$=-\dfrac{1}{\sqrt{2}}=-\dfrac{\sqrt{2}}{2}=-\dfrac{1.414\cdots}{2}\fallingdotseq\mathbf{-0.7}$

← 共分散 s_{xy} は偏差の積の平均。

← 相関係数

$r=\dfrac{s_{xy}}{s_x s_y}$

STAGE 1　38　変量の変換

■62　平均値・分散・標準偏差 ■

変量 x のデータの平均値を $\overline{x}$，分散を $s_x{}^2$，標準偏差を s_x とする。
変量 y を

$$y=ax+b \quad (a \neq 0) \qquad \cdots\cdots(*)$$

で定め，y のデータの平均値を $\overline{y}$，分散を $s_y{}^2$，標準偏差を s_y とすると

$$\overline{y}=a\overline{x}+b,\quad s_y{}^2=a^2s_x{}^2,\quad s_y=|a|s_x$$

変量 x，y の n 個のデータを

$$y_1=ax_1+b,\quad y_2=ax_2+b,\quad \cdots\cdots,\quad y_n=ax_n+b$$

とすると

$$\overline{y}=\frac{1}{n}(y_1+y_2+\cdots\cdots+y_n)=\frac{1}{n}\{a(x_1+x_2+\cdots\cdots+x_n)+nb\}=a\overline{x}+b$$

$$s_y{}^2=\frac{1}{n}\{(y_1-\overline{y})^2+(y_2-\overline{y})^2+\cdots\cdots+(y_n-\overline{y})^2\}$$

$$=\frac{1}{n}\{(ax_1-a\overline{x})^2+(ax_2-a\overline{x})^2+\cdots\cdots+(ax_n-a\overline{x})^2\}=a^2s_x{}^2$$

■63　共分散・相関係数 ■

変量 x と z の共分散を s_{xz}，相関係数を r_{xz} とする。
変量 y を(＊)で定めるとき

y と z の共分散　$s_{yz}=as_{xz}$

y と z の相関係数　$r_{yz}=\dfrac{a}{|a|}r_{xz}$

変数 x，z のデータを

$$(x_1,\ z_1),\ (x_2,\ z_2),\ \cdots\cdots,\ (x_n,\ z_n)$$

とする。

$$s_{yz}=\frac{1}{n}\{(y_1-\overline{y})(z_1-\overline{z})+(y_2-\overline{y})(z_2-\overline{z})+\cdots\cdots+(y_n-\overline{y})(z_n-\overline{z})\}$$

$$=\frac{1}{n}\cdot a\{(x_1-\overline{x})(z_1-\overline{z})+(x_2-\overline{x})(z_2-\overline{z})+\cdots\cdots+(x_n-\overline{x})(z_n-\overline{z})\}=as_{xz}$$

$$r_{yz}=\frac{s_{yz}}{s_ys_z}=\frac{as_{xz}}{|a|s_xs_z}=\frac{a}{|a|}\cdot\frac{s_{xz}}{s_xs_z}=\frac{a}{|a|}r_{xz}$$

例題 62　2 分・6 点

ある都市の最高気温のデータがある。この都市では，温度の単位として摂氏(℃)と華氏(°F)が使われている。華氏での温度は摂氏での温度を $\frac{9}{5}$ 倍し，32 を加えると得られる。

この都市の最高気温について，摂氏での平均値を X，華氏での平均値を Y とすると，$Y=$ ア $X+$ イ である。摂氏での標準偏差を U，華氏での標準偏差を V とすると，$V=$ ウ U である。ア，イ，ウ に当てはまるものを，次の⓪～⑤のうちから一つずつ選べ。ただし，同じものを繰り返し選んでもよい。

⓪　32　①　64　②　$\frac{5}{9}$　③　$\frac{9}{5}$　④　$\frac{25}{81}$　⑤　$\frac{81}{25}$

解答　摂氏，華氏を単位とする最高気温を，それぞれ x，y とすると $y=\frac{9}{5}x+32$ であるから

平均値について　……　$Y=\frac{9}{5}X+32$　(③，⓪)

標準偏差について　……　$V=\frac{9}{5}U$　(③)

例題 63　2 分・6 点

スキージャンプは，飛距離 D(m)から得点 X が決まり，空中姿勢から得点 Y が決まる。得点 X は，飛距離 D から次の計算式によって算出される。

$X=1.80\times(D-125.0)+60.0$

次の ア，イ，ウ に当てはまるものを，下の⓪～⑥のうちから一つずつ選べ。ただし，同じものを繰り返し選んでもよい。

・X の分散は，D の分散の ア 倍である。
・X と Y の共分散は，D と Y の共分散の イ 倍である。
・X と Y の相関係数は，D と Y の相関係数の ウ 倍である。

⓪　-125　①　-1.80　②　1　③　1.80
④　3.24　⑤　3.60　⑥　60.0

解答　X の分散は，D の分散の $1.80^2=3.24$ 倍になる。(④)

X と Y の共分散は，D と Y の共分散の 1.80 倍になる。(③)

X と Y の相関係数は，D と Y の相関係数に等しい。(②)

STAGE 1 類　題  

類題 54 (4分・8点)

次のデータは, 10人の10点満点のテストの結果であり, 平均値は7点であった。

10, 4, 8, 6, 8, 5, 9, 7, 6, a

$a=$ [ア] であり, 中央値は [イ] . [ウ] 点である。

さらに後から別の5人が同じテストを受け, 次の結果を得た。

6, 9, 6, 3, 5

合計15人の平均値は [エ] . [オ] 点であり, 中央値は [カ] . [キ] 点である。

類題 55 (4分・10点)

次の表は, 生徒40人の10点満点のテストの結果をまとめたものである。

得点（点）	5	6	7	8	9	10	計
人数（人）	x	3	5	10	y	8	40

(1) 得点の最頻値が9点のみであるとき, xが取り得る最も大きい値は $x=$ [ア] であり, このとき $y=$ [イウ] であるから, 中央値は [エ] . [オ] 点である。

(2) 得点の中央値が8.5点であるとき $x=$ [カ], $y=$ [キク] であり, このとき, 平均値は [ケ] . [コ] 点である。

類題　56　　(3分・6点)

大きさの順に並べた9個のデータがある。

20, 25, a, 32, b, 40, c, 51, 56

平均値と中央値がともに37, 四分位偏差が10のとき

a=[アイ], b=[ウエ], c=[オカ]

である。

類題　57　　(4分・8点)

下の表は，ある年の三つの都市の各月の平均気温のデータである。

月	1	2	3	4	5	6	7	8	9	10	11	12	平均値
東京　(℃)	4.7	5.4	8.4	13.9	18.4	21.5	25.2	26.7	22.9	17.3	12.3	7.4	15.3
ロンドン(℃)	3.6	4.1	5.6	7.9	11.1	14.3	16.1	15.9	13.7	10.7	6.4	4.4	9.5
シドニー(℃)	22.3	22.4	21.5	18.9	15.6	13.4	12.4	13.4	15.3	17.7	19.6	21.5	17.8

東京の第1四分位数は [ア].[イ] ℃，中央値は [ウエ].[オ] ℃，第3四分位数は [カキ].[ク] ℃ である。

上の三つのデータの箱ひげ図は次のようになった。東京の箱ひげ図は，次の⓪～②のうち [ケ] である。

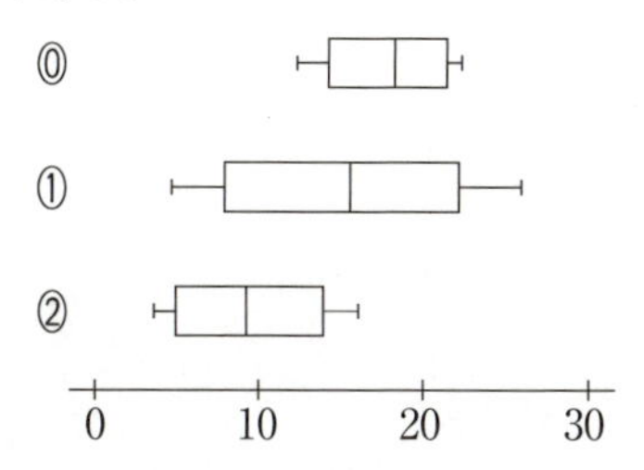

この三つの都市のうち，中央値が一番大きいのは [コ] であり，四分位範囲が最も大きいのは [サ]，中央値が平均値より小さいのは [シ] である。

[コ]，[サ]，[シ] に当てはまるものを，次の⓪～②のうちから一つずつ選べ。ただし，同じものを繰り返し選んでもよい。

⓪　東京　　①　ロンドン　　②　シドニー

§5 1

類題　58　(3分・6点)

次のデータは，ある商品の5日間の販売数(個)である。

1日目	2日目	3日目	4日目	5日目
50	70	40	30	10

平均値は［アイ］，分散は［ウエオ］である。この5日間の次の日に40個の販売があった。このとき，次の日を加えた6日間の標準偏差は最初の5日間の標準偏差と比べて［カ］。［カ］に当てはまるものを，次の⓪～②のうちから一つ選べ。

⓪　増加する　　①　減少する　　②　変化しない

類題　59　(4分・8点)

右の表は，学生10人の単語テストの得点をまとめたものである。表のf，xfの合計から

$a=$［ア］，$b=$［イ］

である。よって，$c=$［ウエオ］となるから，平均値は［カ］.［キ］であり，標準偏差は［ク］.［ケ］である。

点 (x)	人数 (f)	xf	x^2f
2	a		
4	3	12	48
6	b		
8	2	16	128
計	10	54	c

類題 60　　(2分・6点)

下のデータは，10人の英語と数学のテストの結果である。

	1	2	3	4	5	6	7	8	9	10
英語	40	68	72	40	82	70	55	72	58	60
数学	36	52	63	58	80	48	70	42	76	42

散布図として適切なものは ア である。 ア に当てはまるものを，次の⓪～③のうちから一つ選べ。

⓪

数学

英語

①

数学

英語

②

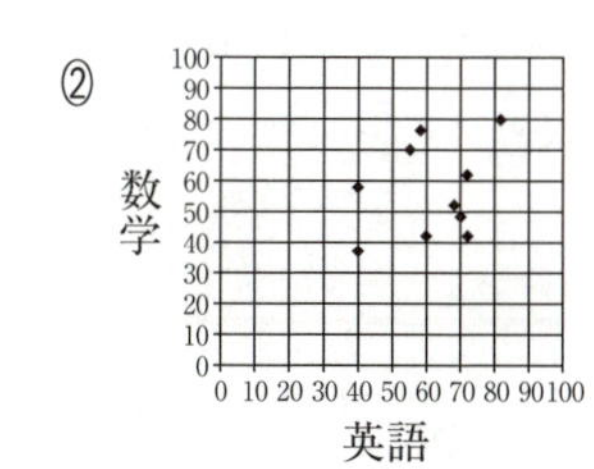

③

数学

英語

このとき，英語と数学の得点の相関係数として適当なものは イ である。 イ に当てはまるものを，次の⓪～④のうちから一つ選べ。

⓪　−0.9　　①　−0.3　　②　0　　③　0.3　　④　0.9

類題 61　(4分・12点)

次の表は，8人の2回のテストの結果 x，y と，平均値 $\overline{x}$，$\overline{y}$ についてまとめたものである。

	x	y	$x-\overline{x}$	$y-\overline{y}$	$(x-\overline{x})^2$	$(y-\overline{y})^2$	$(x-\overline{x})(y-\overline{y})$
1	38	34	5	−2	25	4	−10
2	18	32	−15	−4	225	16	60
3	38	44	5	8	25	64	40
4	32	36	−1	0	1	0	0
5	26	30	−7	−6	49	36	42
6	42	44	9	8	81	64	72
7	28	32	−5	−4	25	16	20
8	42	36	9	0	81	0	0
合計	264	288	0	0	512	200	224

x の平均値 $\overline{x}$ は［アイ］，y の平均値 $\overline{y}$ は［ウエ］であり，x の標準偏差 s_x は［オ］，y の標準偏差 s_y は［カ］，x と y の共分散 s_{xy} は［キク］である。

したがって，x と y の相関係数 r は

$$r=\frac{s_{xy}}{s_x s_y}=\boxed{ケ}.\boxed{コ}$$

である。

類題 62　　(2分・6点)

n 個の数値 x_1，x_2，……，x_n $(n \geqq 2)$ からなるデータ X の平均値を $\overline{x}$，分散を s^2 $(s>0)$，標準偏差を s とする。各 x_i に対して

$$x_i' = \frac{x_i - \overline{x}}{s} \quad (i=1,\ 2,\ \cdots\cdots,\ n)$$

と変換した x_1'，x_2'，……，x_n' をデータ X' とする。

次の [ア]，[イ]，[ウ] に当てはまるものを，下の⓪～⑧のうちから一つずつ選べ。ただし，同じものを繰り返し選んでもよい。

・X の偏差 $x_1-\overline{x}$，$x_2-\overline{x}$，……，$x_n-\overline{x}$ の平均値は [ア] である。

・X' の平均値は [イ] である。

・X' の標準偏差は [ウ] である。

⓪ 0　① 1　② -1　③ $\overline{x}$　④ s

⑤ $\dfrac{1}{s}$　⑥ s^2　⑦ $\dfrac{1}{s^2}$　⑧ $\dfrac{\overline{x}}{s}$

§5 1

類題 63　　(2分・4点)

変量 X，Y から X'，Y' を次の式によって定義する。

$$X' = aX + b,\quad Y' = cY + d$$

ただし，a，b，c，d は定数であり，$ac \fallingdotseq 0$ とする。

次の [ア]，[イ] に当てはまるものを，下の⓪～⑧のうちから一つずつ選べ。

・X' と Y' の共分散は，X と Y の共分散の [ア] 倍である。

・X' と Y' の相関係数は，X と Y の相関係数の [イ] 倍である。

⓪ 1　① a　② a^2　③ ac　④ $\dfrac{ac}{|ac|}$

⑤ b　⑥ b^2　⑦ bd　⑧ $|bd|$

STAGE 2　39　ヒストグラムと箱ひげ図 

■64　ヒストグラムと箱ひげ図■

ヒストグラムの山の位置と，箱ひげ図の箱の位置がほぼ対応している。
ヒストグラムの山のすその部分が，箱ひげ図のひげに対応している。

(1)　データが右に偏っている場合

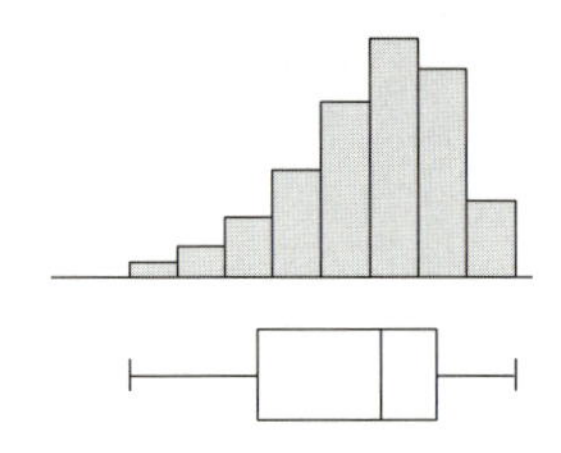

(平均値)＜(中央値)

(2)　データが左に偏っている場合

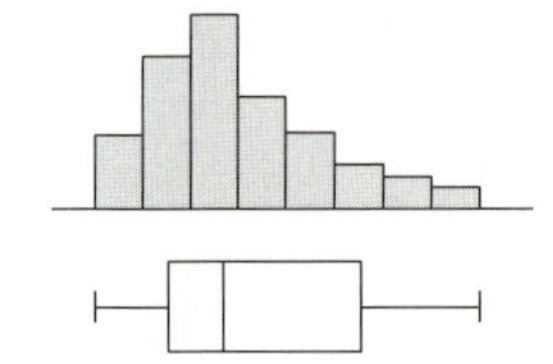

(平均値)＞(中央値)

(3)　データが偏っていない場合

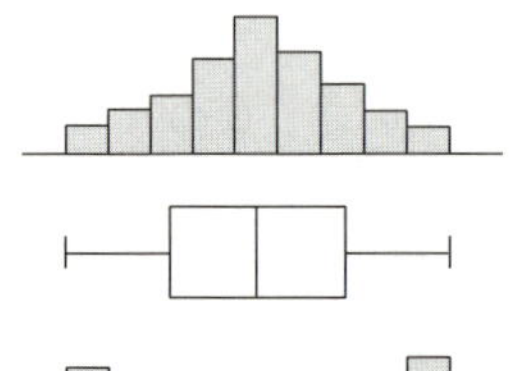

最頻値が中央値と近い場合

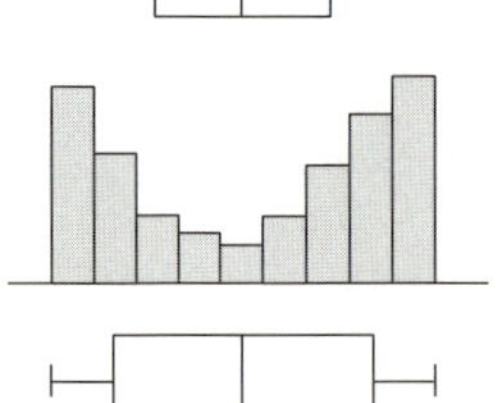

最頻値が中央値と遠い場合
四分位範囲は広くなる。

(注)　ヒストグラムの形状が対称であれば，箱ひげ図も中央値を中心に対称になる。ヒストグラムが偏っていれば，偏っている方向とは逆方向にひげが長くなる。

例題 64 3分・6点

四つの組で100点満点のテストを行い，各組の成績は次のようになった。

組	人数	平均値	中央値	標準偏差
A	20	54.0	49.0	20.0
B	30	64.0	70.0	15.0
C	30	70.0	72.0	10.0
D	20	60.0	63.0	24.0

各組の点数に基づいたヒストグラム，箱ひげ図は次のいずれかになった。
C組のヒストグラムは［ア］，箱ひげ図は［イ］であり，
D組のヒストグラムは［ウ］，箱ひげ図は［エ］である。
［ア］～［エ］に当てはまるものを，次の⓪～⑦のうちから一つずつ選べ。

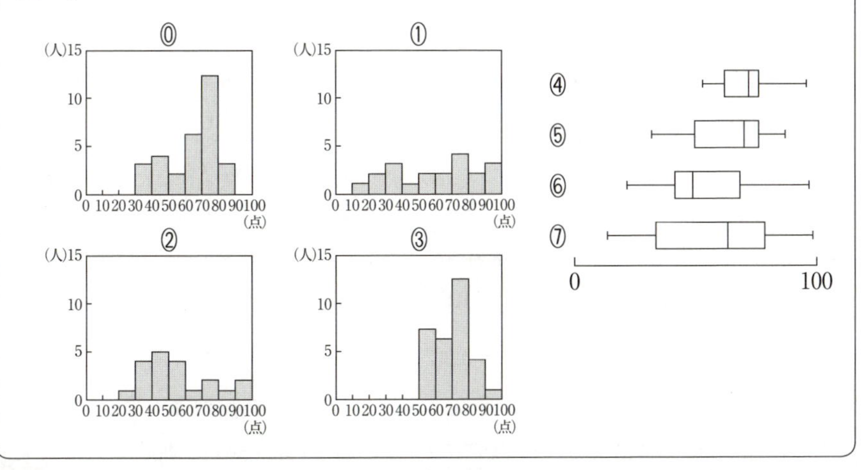

解答

ヒストグラムについて

人数　20人 …… ①，②　　30人 …… ⓪，③

⓪と③では平均値，中央値ともに③の方が大きく，データの散らばりが小さい。

①と②では平均値，中央値ともに①の方が大きい。

箱ひげ図について

中央値の小さい方から　⑥，⑦，⑤，④

C組のヒストグラム　③　　箱ひげ図　④

D組のヒストグラム　①　　箱ひげ図　⑦

←

	ヒストグラム	箱ひげ図
A	②	⑥
B	⓪	⑤

§5 2

STAGE 2 40 データの相関

■65 分散，標準偏差，共分散，相関係数の求め方■

(例) 2つの変量 x，y のデータが与えられる。

$(x,\ y)=(36,\ 48),\ (51,\ 46),\ (57,\ 71),\ (32,\ 65),\ (34,\ 50)$

⇓ 表にまとめる

番号	x	y	$x-\overline{x}$	$(x-\overline{x})^2$	$y-\overline{y}$	$(y-\overline{y})^2$	$(x-\overline{x})(y-\overline{y})$
1	36	48	−6	36	−8	64	48
2	51	46	9	81	−10	100	−90
3	57	71	15	225	15	225	225
4	32	65	−10	100	9	81	−90
5	34	50	−8	64	−6	36	48
合計	210	280	0	506	0	506	141
平均値	42	56	0	101.2	0	101.2	28.2

↑ $\overline{x}$　↑ $\overline{y}$　↑ x の分散(s_x)　↑ y の分散(s_y)　↑ x と y の共分散(s_{xy})

相関係数 r は

$$r=\frac{s_{xy}}{\sqrt{s_x}\sqrt{s_y}}=\frac{28.2}{\sqrt{101.2}\sqrt{101.2}}=\frac{28.2}{101.2}$$

$$=0.278\cdots\fallingdotseq 0.28 \Longleftarrow \frac{141}{\sqrt{506}\sqrt{506}}$$ で求めてもよい。

上のデータにもう一つのデータ $(x,\ y)=(42,\ 56)$ を加えると（平均値と同じ値）

番号	x	y	$x-\overline{x}$	$(x-\overline{x})^2$	$y-\overline{y}$	$(y-\overline{y})^2$	$(x-\overline{x})(y-\overline{y})$
⋮	⋮	⋮	⋮	⋮	⋮	⋮	⋮
6	42	56	0	0	0	0	0
合計	252	336	0	506	0	506	141
平均値	42	56	0	84.3⋯	0	84.3⋯	23.5

$\overline{x}$，$\overline{y}$ は変化しない　分散は減少する　共分散は減少する

相関係数は $\dfrac{23.5}{\sqrt{84.3\cdots}\sqrt{84.3\cdots}}=\dfrac{141}{\sqrt{506}\sqrt{506}}=0.278\cdots\fallingdotseq 0.28$ で変化しない。

例題 65　**6 分・8 点**

右の表はあるクラス10人について行われた漢字の「読み」と「書き取り」の得点である。「読み」の得点の標準偏差Aの値は［アイ］.［ウ］点,「書き取り」の得点の標準偏差Bの値は［エ］.［オ］点であり,「読み」の得点と「書き取り」の得点の相関係数rの値は［カ］を満たす。［カ］に当てはまるものを次の⓪～③のうちから一つ選べ。

⓪　$-0.8 \leqq r \leqq -0.6$

①　$-0.3 \leqq r \leqq -0.1$

②　$0.1 \leqq r \leqq 0.3$

③　$0.6 \leqq r \leqq 0.8$

番号	読み(点)	書き取り(点)
1	67	72
2	42	62
3	59	64
4	68	76
5	49	60
6	53	65
7	77	64
8	48	52
9	77	70
10	40	55
平均値	58.0	64.0
標準偏差	A	B

解答

読みの得点をx,書き取りの得点をy,その平均値をそれぞれ$\overline{x}$,$\overline{y}$とすると

番号	x	y	$x-\overline{x}$	$(x-\overline{x})^2$	$y-\overline{y}$	$(y-\overline{y})^2$	$(x-\overline{x})(y-\overline{y})$
1	67	72	9	81	8	64	72
2	42	62	−16	256	−2	4	32
3	59	64	1	1	0	0	0
4	68	76	10	100	12	144	120
5	49	60	−9	81	−4	16	36
6	53	65	−5	25	1	1	−5
7	77	64	19	361	0	0	0
8	48	52	−10	100	−12	144	120
9	77	70	19	361	6	36	114
10	40	55	−18	324	−9	81	162
合計	580	640	0	1690	0	490	651
平均値	58.0	64.0	0	169	0	49	65.1

Aの値は　$\sqrt{169}=\mathbf{13.0}$　　Bの値は　$\sqrt{49}=\mathbf{7.0}$

$r=\dfrac{65.1}{13 \cdot 7}=0.715\cdots$ より,$0.6 \leqq r \leqq 0.8$　(③)

← 偏差$x-\overline{x}$,$y-\overline{y}$が同じ符号になっているものが多いからやや強い正の相関関係があることがわかる。

← 散布図は

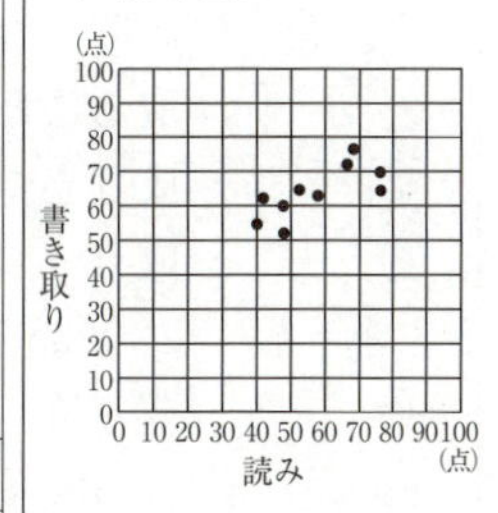

STAGE 2　41　正誤問題

■66　正誤問題■

データの分析で用いられる用語の意味，およびヒストグラム，箱ひげ図，散布図などから読み取ることができる内容について，正誤を判定する。

(例)　99個の観測値からなるデータがある。四分位数について述べた記述で，どのようなデータでも成り立つものを，次の⓪～⑤のうちから二つ選べ。

⓪　平均値は第1四分位数と第3四分位数の間にある。

①　四分位範囲は標準偏差より大きい。

②　中央値より小さい観測値の個数は49個である。

③　最大値に等しい観測値を1個削除しても第1四分位数は変わらない。

④　第1四分位数より小さい観測値と，第3四分位数より大きい観測値とをすべて削除すると，残りの観測値の個数は51個である。

⑤　第1四分位数より小さい観測値と，第3四分位数より大きい観測値とをすべて削除すると，残りの観測値からなるデータの範囲はもとのデータの四分位範囲に等しい。

99個のデータを小さい(大きくない)ものから順に並べると，四分位数は次のようになる。

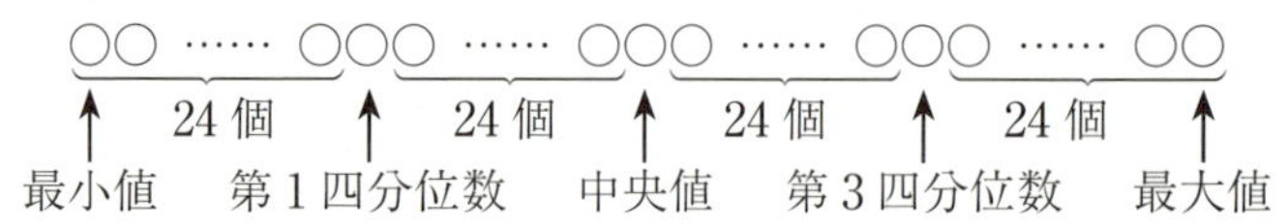

⓪，①……成り立つとはいえない。平均値と標準偏差は，四分位数から読み取ることはできない。

②………成り立つとはいえない。49番目の値が中央値と等しいこともある。

③………成り立つ。98個のデータにおいて，第1四分位数は小さいものから25番目の値である。

④………成り立つとはいえない。24番目の値が第1四分位数に等しいこともある。また，大きいものから24番目の値が第3四分位数に等しいこともある。

⑤………成り立つ。データの範囲と四分位範囲の求め方は，次のとおり。

(範囲)＝(最大値)－(最小値)

(四分位範囲)＝(第3四分位数)－(第1四分位数)

したがって，成り立つものは　③，⑤

例題 66　3分・5点

生徒100人に対し，100点満点のテストを2回行った。

次の表1は，1回目のテストの得点と2回目のテストの得点の標準偏差と共分散の値であり，図1は，この2つのテストの得点の散布図と箱ひげ図である。また，図1の散布図の点は重なっていることもある。

表　1

	標準偏差	共分散
1回目の得点	8.4	25.0
2回目の得点	5.2	

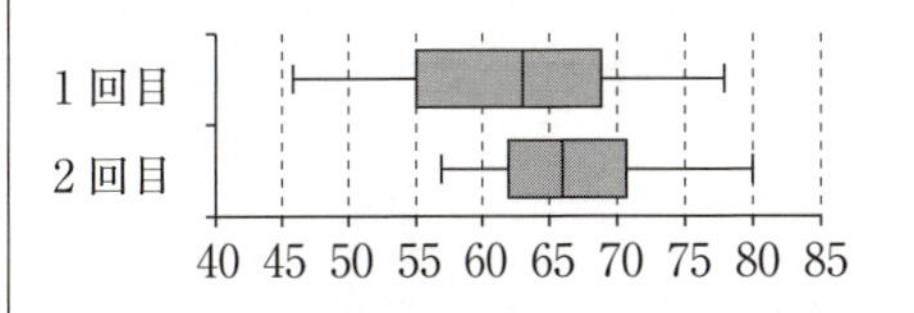

図　1

次の⓪～④のうち，表1および図1の散布図と箱ひげ図について述べた文として**誤っているもの**は，［ア］，［イ］である。

⓪　四分位範囲は，2回目の得点のほうが小さい。

①　表1から1回目の得点と2回目の得点の相関係数を計算すると，0.65以上になる。

②　1回目の得点が55点未満であった生徒は全員，1回目の得点より2回目の得点のほうが高い。

③　2回目の得点が70点以上であった生徒は，25人以上いる。

④　2回目の得点が1回目の得点より10点以上高い生徒は全員，1回目の得点が55点未満である。

解答

⓪ …… 箱ひげ図から，正しい。

① …… 誤っている。相関係数は0.57…＜0.65

← $\dfrac{25.0}{8.4\cdot5.2}=0.57\cdots$

② …… 散布図から，正しい。

③ …… 散布図から，正しい。

④ …… 誤っている。散布図から $y \geqq x+10$ を満たす点は22個あるが，このうち $x<55$ である点は17個である。

← 1回目の得点を x，2回目の得点を y とする。

よって，誤っているのは　①，④

§5 2

STAGE 2   

類題 64　　　　　　　　　　　　　　　　　　　　　　　　　（4分・8点）

次の四つのヒストグラムに対応する箱ひげ図を，下の⓪～③のうちから一つずつ選べ。

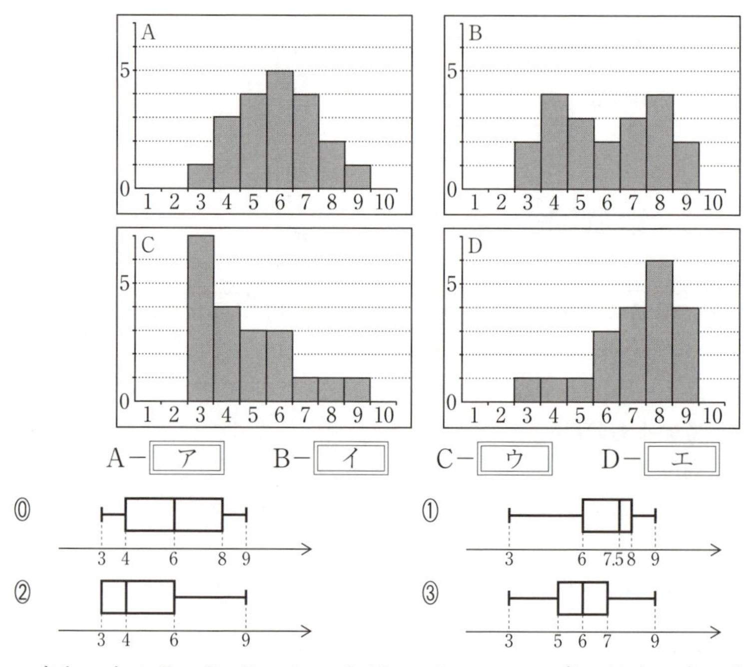

また，上のB，C，Dのヒストグラムについて，当てはまるものを，次の⓪～③のうちから一つずつ選べ。ただし，同じものを繰り返し選んでもよい。

B－ オ　　C－ カ　　D－ キ

⓪　(中央値)＞(平均値)　　　① (中央値)＜(平均値)

②　(中央値)＝(平均値)　　　③ 中央値と平均値の大小はわからない

類題 65 (8分・8点)

次の表は，高校のあるクラブに入部した10人の生徒について，右手と左手の握力(単位kg)を測定した結果である。測定は5人ずつの二つのグループについて行われた。ただし，表中の数値はすべて正確な値であり，四捨五入されていないものとする。

第1グループ

番号	右手(kg)	左手(kg)
1	32	34
2	31	34
3	48	40
4	44	40
5	50	42
平均値	41.0	38.0

第2グループ

番号	右手(kg)	左手(kg)
6	49	50
7	40	34
8	43	45
9	42	38
10	51	43
平均値	45.0	42.0

10人全員について，右手の握力の平均値は［アイ］.［ウ］kg，分散は［エオ］.［カ］，左手の握力の平均値は［キク］.［ケ］kg，分散は［コサ］.［シ］である。右手の握力と左手の握力の共分散は，［スセ］.［ソ］であるから，相関係数rは［タ］を満たす。［タ］に当てはまるものを，次の⓪～④のうちから一つ選べ。

⓪ $-0.9 \leqq r \leqq 0.7$　① $-0.6 \leqq r \leqq -0.3$　② $-0.2 \leqq r \leqq 0.2$

③ $0.3 \leqq r \leqq 0.6$　④ $0.7 \leqq r \leqq 0.9$

類題 66　　（4分・8点）

ある変量 u について，467 日の期間 A と 284 日の期間 B におけるデータがある。これを U のデータと呼ぶ。図 1 および図 2 は，期間 A，期間 B における U のデータのヒストグラムおよび箱ひげ図である。期間 A における中央値は 0.0584 であり，期間 B における中央値は 0.0252 であった。

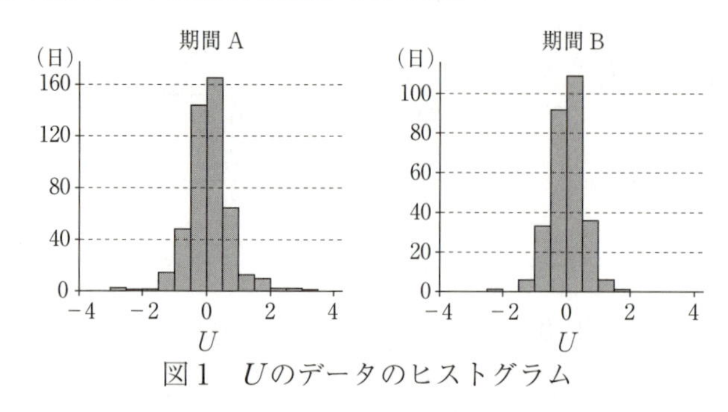

図 1　Uのデータのヒストグラム

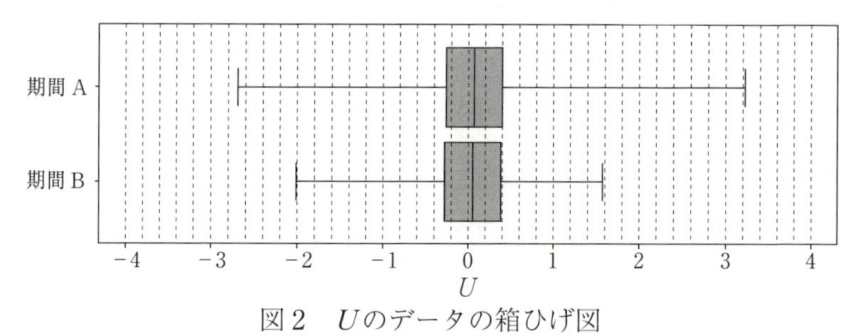

図 2　Uのデータの箱ひげ図

次の⓪～⑥のうち，図 1 および図 2 から U のデータについて読み取れることとして正しいものは，［ア］，［イ］である。

⓪　期間 A における最大値は，期間 B における最大値より小さい。
①　期間 A における第 1 四分位数は，期間 B における第 1 四分位数より小さい。
②　期間 A における四分位範囲と期間 B における四分位範囲の差は 0.2 より大きい。
③　期間 A における範囲は，期間 B における範囲より小さい。
④　期間 A，期間 B の両方において，四分位範囲は中央値の絶対値の 8 倍より大きい。
⑤　期間 A において，第 3 四分位数は度数が最大の階級に入っている。
⑥　期間 B において，第 1 四分位数は度数が最大の階級に入っている。

大学入学共通テスト・解答上の注意

空所□に入らない数字

$\frac{\boxed{\text{ア}}}{\boxed{\text{イ}}}$ という空所に対して，$\frac{4}{6}$ などの既約分数でない分数を入れることはありません。そのことは，問題冊子に「解答上の注意」として記入されています。解答上の注意には記入されていないものでも空所に入れることがない数字があります。そのようなものを挙げてみましょう。

1　多項式の係数

例えば多項式 $2x^3-x$ を表す場合，$2x^3-0x^2-1x+0$ というような表し方は，普通しません。したがって，共通テストの場合，$2x^3-x$ の係数を答えさせるには，$\boxed{\text{ア}}x^3-x$ となり，x^3 の係数 2 を答えるだけで x の係数 -1 は与えられることになります。すなわち，多項式の係数が空所になっている場合，0 や 1 は入らないことになります。計算して 0 や 1 になるなら計算ミスがあるはずです。ただし，x^2+px+q のように係数が文字で表されていて，$p=\boxed{\text{アイ}}$，$q=\boxed{\text{ウ}}$ となっている場合は，$p=\boxed{-1}$，$q=\boxed{0}$ となる可能性はあります。

2　根号 $\sqrt{\ }$ の中

根号 $\sqrt{\boxed{}}$ の中の数字を答える場合，$\sqrt{\boxed{}}$ の中が 1 桁の整数であるなら，2，3，5，6，7 のいずれかになります。その他の数字は，

$$\sqrt{1}=1 \qquad \sqrt{4}=2 \qquad \sqrt{8}=2\sqrt{2} \qquad \sqrt{9}=3$$

となるので，$\sqrt{\boxed{}}$ の中に 1，4，8，9 のいずれかを入れることはありません。また，$\boxed{\text{ア}}\sqrt{\boxed{\text{イ}}}$，$\boxed{\text{ウ}}\sqrt{\boxed{\text{エオ}}}$ のような空所に対して，例えば $2\sqrt{8}$，$2\sqrt{52}$ などとは答えないようにしましょう。

$$2\sqrt{8}=4\sqrt{2} \qquad 2\sqrt{52}=4\sqrt{13}$$

となるので，空所には入りますが，根号 $\sqrt{\ }$ の中はできるだけ簡単にしなければなりません。

STAGE 1　42　場合の数

■ 67　要素の個数 ■

(1)　和集合の要素の個数

(i)　$n(A\cup B)=n(A)+n(B)-n(A\cap B)$

(ii)　$n(A\cup B\cup C)=n(A)+n(B)+n(C)$
$\quad -n(A\cap B)-n(B\cap C)-n(C\cap A)$
$\quad +n(A\cap B\cap C)$

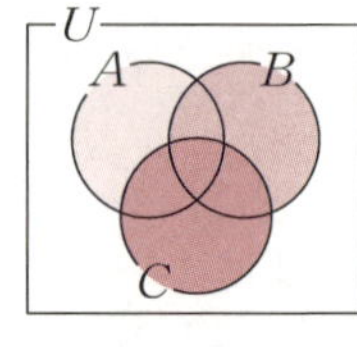

(2)　補集合の要素の個数

$n(\overline{A})=n(U)-n(A)$

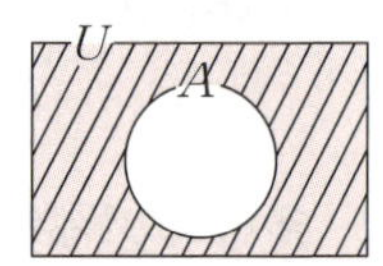

$n(A)$ は集合 A に含まれる要素の個数のこと。

■ 68　和の法則，積の法則 ■

(1)　和の法則

事柄 A の起こり方が a 通り，事柄 B の起こり方が b 通りある。A と B は同時には起こらないとき，A，B のいずれかが起こる場合の数は，$a+b$ 通りある。

(2)　積の法則

事柄 A の起こり方が a 通りあり，そのおのおのの場合について，事柄 B の起こり方が b 通りあるとすると，A，B がともに起こる場合の数は ab 通りある。

(例)　1，2，3，4 の 4 つの数字から 3 つを選んで並べてできる 3 桁の数の中で 320 より大きい数字の総数は

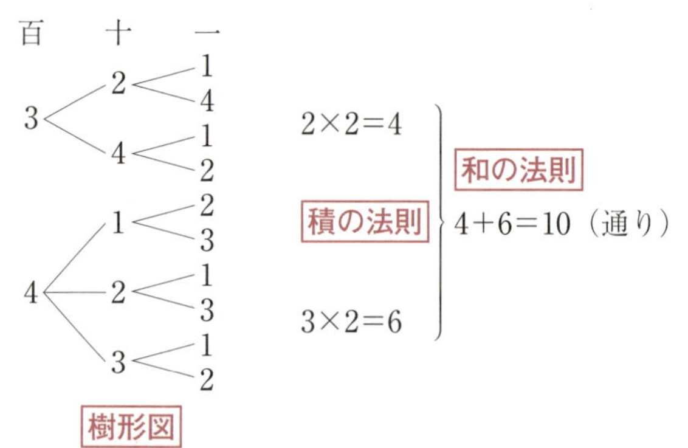

例題 67　4 分・6 点

540 以下の自然数のうち，2 でも 3 でも割り切れないものは [アイウ] 個ある。さらに，540 との最大公約数が 1 であるものは [エオカ] 個ある。

解答　2 の倍数は　$540\div2=270$（個）
3 の倍数は　$540\div3=180$（個）
6 の倍数は　$540\div6=90$（個）

よって，2 でも 3 でも割り切れないものは
$540-(270+180-90)=\mathbf{180}$（個）

$540=2^2\cdot3^3\cdot5$ より，540 との最大公約数が 1 であるものは，2 でも 3 でも 5 でも割り切れないもの。

5 の倍数は　$540\div5=108$（個）
10 の倍数は　$540\div10=54$（個）
15 の倍数は　$540\div15=36$（個）
30 の倍数は　$540\div30=18$（個）

よって
$540-(270+180+108-90-54-36+18)=\mathbf{144}$（個）

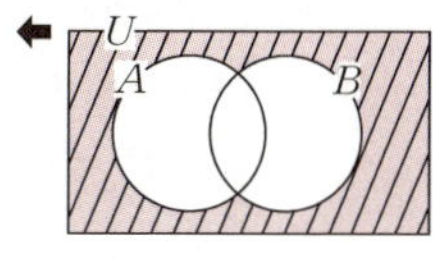

$U=\{1,\ 2,\ \cdots,\ 540\}$
A：2 の倍数
B：3 の倍数
$A\cap B$：6 の倍数

C：5 の倍数
$A\cap C$：10 の倍数
$B\cap C$：15 の倍数
$A\cap B\cap C$：30 の倍数

例題 68　3 分・6 点

A，B，B，C，C，D，D の 7 文字の中から 3 文字選んで並べるとき，A を含むような並べ方は [アイ] 通りある。また，並べ方は全部で [ウエ] 通りある。

解答

左端が A の場合，$3\cdot3=9$（通り）ある。
中央が A の場合も右端が A の場合も同じであるから
$9\cdot3=\mathbf{27}$（通り）

A を含まない場合，左端が B のときは，8 通りある。
左端が C のときも，D のときも同じであるから
$8\cdot3=24$（通り）

A を含む場合と合わせて
$27+24=\mathbf{51}$（通り）

← A の位置で分ける。
A □ □
$3\times3=9$
（積の法則）

← B─B─C, D；B─C─B, C, D；B─D─B, C, D
和の法則

STAGE 1　43　順　列

■69　順　列■

異なる n 個のものを並べるとき

(1)　**すべてを1列に並べる並べ方**

$${}_{n}P_{n}=n!=n\cdot(n-1)\cdots\cdots2\cdot1 \text{（通り）}$$

(2)　**r 個を選んで1列に並べる並べ方**

$${}_{n}P_{r}=\underbrace{n\cdot(n-1)\cdots\cdots(n-r+1)}_{r\text{個}} \text{（通り）}$$

(3)　**同じものを使うことを許して r 個を1列に並べる並べ方（重複順列）**

n^{r}（通り）

順列は，1つずつ順に並べるときに1番目が何通り，2番目が何通り，……と順に考えていき，それらをかけあわせて（積の法則）求めることになる。

$${}_{n}P_{r}=\frac{n!}{(n-r)!}$$

である。

■70　同じものを含む順列■

$$\overbrace{\underbrace{a\cdots\cdots a}_{p\text{個}},\ \underbrace{b\cdots\cdots b}_{q\text{個}},\ \underbrace{c\cdots\cdots c}_{r\text{個}}}^{\text{全体で}n\text{個}\implies n!\text{通り}} \text{の順列}$$

p 個 ⇓ $p!$ 通り，q 個 ⇓ $q!$ 通り，r 個 ⇓ $r!$ 通り

$$\frac{n!}{p!q!r!} \text{（通り）} \quad (p+q+r=n)$$

同じものを含む場合の順列は，すべてを異なるものと考えた順列の総数の中で同じものを並び替えたものを1通りに換算するため同じものの順列で割ることになる。

例題 69　3分・6点

1，2，3，4，5，6 の6つの数字を用いてできる4桁の数は，各桁に同じ数字を用いてもよい場合は［アイウエ］通りあり，同じ数字を用いない場合は［オカキ］通りある。また同じ数字を用いない場合で，4000以上の偶数は［クケ］通りある。

解答

6つの数字を用いてできる4桁の数は
同じ数字を使ってもよい場合は　$6^4=\mathbf{1296}$（通り）
同じ数字を使わない場合は　${}_6P_4=6\cdot5\cdot4\cdot3=\mathbf{360}$（通り）
また，4000以上の偶数は一の位が偶数であるから，千の位が4か6の場合は，一の位は2通りあり，千の位が5の場合，一の位は3通りある。百，十の位は残りの数字を用いればよいから

$$(2\cdot2+1\cdot3)\cdot4\cdot3=\mathbf{84}\text{（通り）}$$

⬅重複順列
⬅順列
⬅千の位が偶数か奇数かで分ける。

例題 70　3分・6点

Aが3個，Bが2個，Cが2個の合計7文字を1列に並べる並べ方は［アイウ］通りあり，このうち，B 2個が隣り合う並べ方は［エオ］通りある。
また，7文字から6文字を選んで1列に並べる並べ方は［カキク］通りある。

解答

すべての並び方は　$\dfrac{7!}{3!2!2!}=\mathbf{210}$（通り）
このうちB 2個が隣り合うものは，2個のBを1つと考えて

$$\frac{6!}{3!2!}=\mathbf{60}\text{（通り）}$$

また，7文字から6文字選ぶ場合は，A，B，Cの各個数が(3，2，1)，(3，1，2)，(2，2，2)の場合があるから

$$\frac{6!}{3!2!}+\frac{6!}{3!2!}+\frac{6!}{2!2!2!}=60+60+90$$
$$=\mathbf{210}\text{（通り）}$$

⬅同じものを含む順列。
⬅A，A，A，(BB)，C，C
⬅A，B，Cをいくつずつ使うかで分ける。
AAABBC
AAABCC
AABBCC

STAGE 1　44　組合せ

■71　組合せ■

異なる n 個のものから r 個を選ぶとき，その選び方は

$${}_n\mathrm{C}_r=\frac{{}_n\mathrm{P}_r}{r!}=\frac{n(n-1)\cdots\cdots(n-r+1)}{r(r-1)\cdots\cdots1}$$（通り）

${}_n\mathrm{C}_r$ については

$${}_n\mathrm{C}_r={}_n\mathrm{C}_{n-r},\quad {}_n\mathrm{C}_0={}_n\mathrm{C}_n=1$$

が成り立つ。

異なる n 個のものから r 個とる順列が ${}_n\mathrm{P}_r$ 通りであり，組合せが ${}_n\mathrm{C}_r$ 通りである。1つの組合せについて $r!$ 通りの順列があるから　${}_n\mathrm{C}_r\times r!={}_n\mathrm{P}_r$

異なる n 個のものから r 個選ぶとき，r が $n-r$ より大きい数なら，残りの $n-r$ 個を選ぶと考えて，${}_n\mathrm{C}_{n-r}$ で計算すればよい。

■72　図形への応用■

(1)　円周上の6個の点を結んでできる

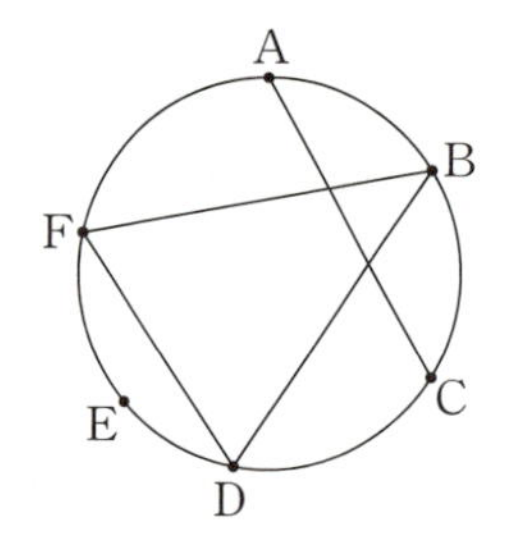

線分の本数　……　${}_6\mathrm{C}_2=\frac{6\cdot5}{2\cdot1}=15$（本）

三角形の個数　……　${}_6\mathrm{C}_3=\frac{6\cdot5\cdot4}{3\cdot2\cdot1}=20$（個）

(2)　3本と4本の2組の平行線でできる平行四辺形の個数

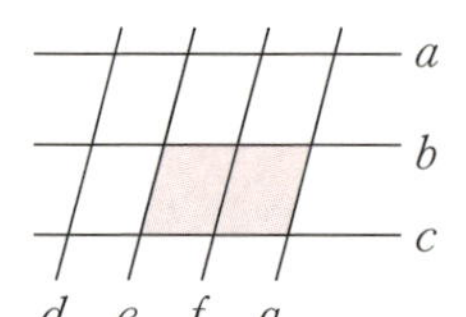

${}_3\mathrm{C}_2\ \times\ {}_4\mathrm{C}_2={}_3\mathrm{C}_1\cdot{}_4\mathrm{C}_2=3\cdot\frac{4\cdot3}{2\cdot1}=18$（個）

（a，b，c から2つ選ぶ）（d～g から2つ選ぶ）

点や直線を選ぶことで図形の個数を数えることができる。

例題 71　3分・6点

1から9までの数字が1つずつ書いてあるカードが，それぞれ1枚ずつ合計9枚ある。この中から3枚のカードを取り出す方法は アイ 通りあり，このうち，2枚が偶数，1枚が奇数であるような取り出し方は ウエ 通りあり，少なくとも1枚が偶数である取り出し方は オカ 通りある。

解答

9枚から3枚を選ぶ方法は　${}_9C_3=\frac{9\cdot8\cdot7}{3\cdot2\cdot1}=\mathbf{84}$（通り）

4枚の偶数から2枚，5枚の奇数から1枚選ぶ方法は

$${}_4C_2\cdot{}_5C_1=\frac{4\cdot3}{2\cdot1}\cdot5=\mathbf{30}\text{（通り）}$$

奇数3枚を選ぶ方法は　${}_5C_3={}_5C_2=\frac{5\cdot4}{2\cdot1}=10$（通り）

であるから，少なくとも1枚が偶数である取り出し方は

$$84-10=\mathbf{74}\text{（通り）}$$

← 偶数2，4，6，8
　奇数1，3，5，7，9

← ${}_nC_r={}_nC_{n-r}$

例題 72　3分・6点

(1)　正八角形の対角線の本数は アイ であり，正八角形の頂点を結んでできる三角形は ウエ 個ある。

(2)　4本の平行線が他の5本の平行線と交わるとき，その中に平行四辺形は オカ 個ある。

解答

(1)　8個の頂点から2個を選ぶ方法は　${}_8C_2=28$（通り）
このうち，正八角形の辺となる8通りを除いて，対角線の本数は

$$28-8=\mathbf{20}\text{（本）}$$

また，三角形は8個の頂点から3個を選ぶと1つ定まるから

$${}_8C_3=\mathbf{56}\text{（個）}$$

(2)　4本の中から2本，5本の中から2本選ぶと平行四辺形が1つ定まるから

$${}_4C_2\cdot{}_5C_2=6\cdot10=\mathbf{60}\text{（個）}$$

← 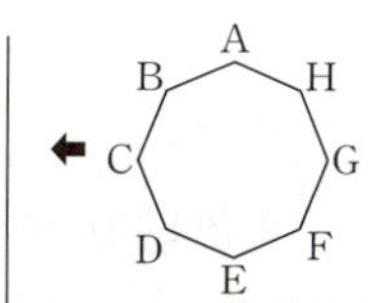

A～H（8文字）から2つまたは3つ選ぶ。

← 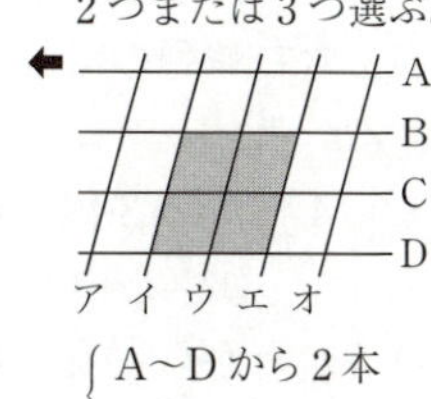

{A～Dから2本
ア～オから2本
選ぶ。

STAGE 1　45　場合の数の応用

■73　組分け■

6人をグループ分けする。

(1)　A，B　2組に分ける分け方　$\Longrightarrow$　2^6-2（通り）

(2)　3人ずつA，Bの2組に分ける分け方　$\Longrightarrow$　${}_6C_3$（通り）

(3)　3人ずつ2組に分ける分け方　$\Longrightarrow$　$\dfrac{{}_6C_3}{2}$（通り）

(4)　2人ずつA，B，Cの3組に分ける分け方　$\Longrightarrow$　${}_6C_2 \cdot {}_4C_2$（通り）

(5)　2人ずつ3組に分ける分け方　$\Longrightarrow$　$\dfrac{{}_6C_2 \cdot {}_4C_2}{3!}$（通り）

(1)は人数の決まっていない2組に分ける場合であり，各人がAかBかの2通りを選び，一方に片寄る2通りを除く。

(2)，(3)はまず6人からAに入る3人を選ぶと残り3人はBに入る。A，Bの区別がないと，同じ3人ずつの組分けは同じ分け方と考える。

(4)，(5)も(2)，(3)と同様。

■74　最短経路■

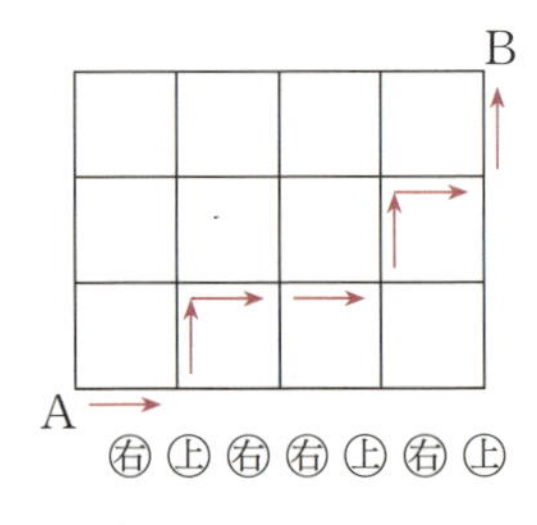

AからBへの最短経路の本数

$\Longrightarrow$　**2種類の文字の並び方に対応**

→を㊨，↑を㊤とすると

㊨4個，㊤3個の並び方

$$\frac{7!}{4!3!}=35\text{（通り）}$$

1つの最短経路を2種類の文字の並び方に対応させることができるので，同じ文字を含む順列の計算で場合の数を求めればよい。また，次のように求めることもできる。

㊨4個，㊤3個の並び方を

①　②　③　④　⑤　⑥　⑦

の7か所から㊨を入れる4か所，または㊤を入れる3か所を選ぶと考えて

$${}_7C_4={}_7C_3=\frac{7\cdot6\cdot5}{3\cdot2\cdot1}=35\text{（通り）}$$

例題 73　3分・6点

4組の夫婦，合計8名の男女がいる。この8名を4名ずつの二つのグループに分ける分け方は アイ 通りある。このとき，どの夫婦も別のグループに分かれる分け方は ウ 通りある。また，この8名を，それぞれ2名以上の二つのグループに分ける分け方は全部で エオカ 通りある。

解答

4名ずつ2組に分ける分け方は $\dfrac{{}_8C_4}{2}=\mathbf{35}$（通り）

各夫婦を（A, a），（B, b），（C, c），（D, d）とすると，Aと同じ組に入る人の選び方が 2^3 通りあるから，**8** 通り

また，8名を2組に分けるとき

2名，6名に分ける場合　${}_8C_2=28$（通り）

3名，5名に分ける場合　${}_8C_3=56$（通り）あるから

$35+28+56=\mathbf{119}$（通り）

⬅8人を2組に分ける分け方。

⬅（A, ○, ○, ○）
↑B か b　↑C か c　↑D か d

⬅各組の人数で分ける。

例題 74　3分・6点

右図のような格子状の道がある。AからBへ行く最短経路は アイ 通りである。このうち，Cを通る経路は ウエ 通りあり，CまたはDを通る経路は オカ 通りある。

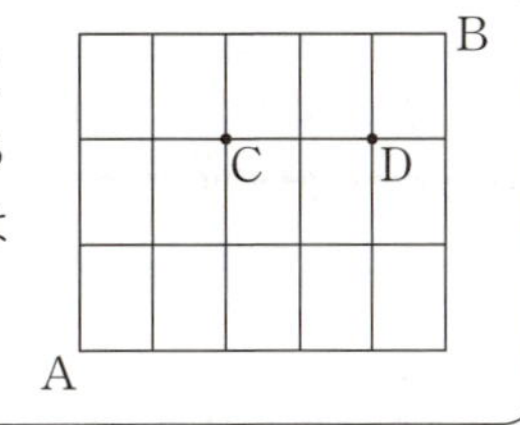

解答

㊨5個と㊤3個の並び方の総数を求めて

$$\frac{8!}{5!3!}=\mathbf{56}\text{（通り）}$$

このうち，Cを通る経路は㊨2個と㊤2個に続いて，㊨3個と㊤1個を並べる並び方の総数を求めて

$$\frac{4!}{2!2!}\cdot\frac{4!}{3!}=\mathbf{24}\text{（通り）}$$

Dを通る経路および，CとDの両方とも通る経路は，

それぞれ $\dfrac{6!}{2!4!}\cdot 2=30$（通り），$\dfrac{4!}{2!2!}\cdot 2=12$（通り）

よって，CまたはDを通る経路は

$24+30-12=\mathbf{42}$（通り）

⬅2種類の文字の並び方に対応。

⬅
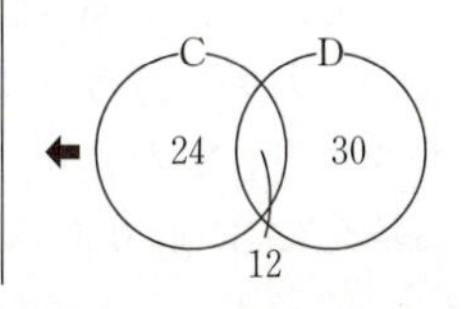

§6
1

STAGE 1　46　サイコロの確率

■ 確率

事象 A の確率　$P(A)=\dfrac{n(A)}{n(U)}=\dfrac{\text{事象 }A\text{ の起こる場合の数}}{\text{起こりうるすべての場合の数}}$　(Uは全事象)

和事象の確率　$P(A\cup B)=P(A)+P(B)-P(A\cap B)$　(加法定理)

とくに，A，B が排反事象のとき(A，B が同時に起こらないとき)

$$P(A\cup B)=P(A)+P(B)$$

余事象の確率　$P(\overline{A})=1-P(A)$

■75　サイコロ 2 個の確率 ■

サイコロ 2 個を投げるときの確率

$\Longrightarrow$　右のような**表を作る**。

確率は　$\dfrac{\text{該当するマス目の個数}}{36}$

	1	2	3	4	5	6
1						
2						
3						
4						
5						
6						

サイコロはすべて異なるものと考える。サイコロ 2 個を投げる場合，すべての場合の数は $6^2=36$ (通り)である。この中で，ある事象が起こる場合の数は，表を書いて該当する所を数えるのが視覚的でかつ堅実。

■76　サイコロ 3 個の確率 ■

サイコロ 3 個を投げるときの確率

$\Longrightarrow$　**(1)　積の法則で計算**

(2)　余事象から計算

(3)　組合せの書き出しから計算

組合せ　$(a,\ a,\ a)$ …… 1 通り

$(a,\ a,\ b)$ …… 3 通り

$(a,\ b,\ c)$ …… $3!=6$ 通り

サイコロ 3 個ではすべての場合の数 $6^3=216$ (通り)を表に書くことはできない。そこで，考える事象によって，上の(1)，(2)，(3)のような計算方法で求める。

(3)において，サイコロはすべて区別するので，1 の目が 3 つ出る場合は 1 通りしかないが，1 の目が 2 つ，2 の目が 1 つ出る場合は 3 通りあり，1，2，3 の目が出る場合は $3!$ 通りある。

例題 75　3分・6点

2個のサイコロを振って出る目の数の積について，一の位の数を n とする。

$n=5$ となる確率は $\frac{\boxed{ア}}{\boxed{イウ}}$，$n=8$ となる確率は $\frac{\boxed{エ}}{\boxed{オ}}$ であり，

$n=\boxed{カ}$ となる確率は0である。

解答　2つの数字の積を表に記入すると

	1	2	3	4	5	6
1	1	2	3	4	⑤	6
2	2	4	6	8(△)	10	12
3	3	6	9	12	⑮	18(△)
4	4	8(△)	12	16	20	24
5	⑤	10	⑮	20	㉕	30
6	6	12	18(△)	24	30	36

← 表を書く。

$n=5$ になるのは，表の○の5通りで　$\mathbf{\frac{5}{36}}$

← 5と奇数の積。

$n=8$ になるのは，表の△の4通りで　$\frac{4}{36}=\mathbf{\frac{1}{9}}$

← 2と4，3と6の積。

n として表に現れないのは　$n=\mathbf{7}$

例題 76　6分・9点

3個のサイコロを投げて，すべての目が異なる確率は $\frac{\boxed{ア}}{\boxed{イ}}$，目の積が3で割り切れる確率は $\frac{\boxed{ウエ}}{\boxed{オカ}}$，目の積が24となる確率は $\frac{\boxed{キ}}{\boxed{クケ}}$ である。

解答　すべての目が異なる確率は　$\frac{6\cdot5\cdot4}{6^3}=\mathbf{\frac{5}{9}}$

← 分子・分母それぞれ積の法則。

目の積が3で割り切れる確率は，少なくとも1つの目が3か6より　$1-\frac{4^3}{6^3}=1-\left(\frac{2}{3}\right)^3=\mathbf{\frac{19}{27}}$

← 余事象を考える。

目の積が24になる目の組合せは，(1, 4, 6)，(2, 3, 4)，(2, 2, 6)。このうち (1, 4, 6)，(2, 3, 4) は6通り，(2, 2, 6) は3通りあるから　$\frac{2\cdot6+1\cdot3}{6^3}=\mathbf{\frac{5}{72}}$

← 組合せを書き出す。

STAGE 1　47　取り出しの確率

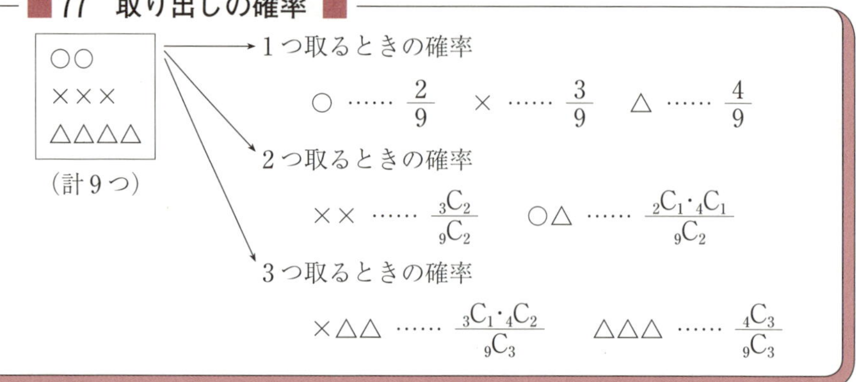

1つ取るときは確率は個数の割合，2つ以上取るときは分子，分母とも ${}_nC_r$ を用いて計算すればよい。

■78　複数の取り出し■

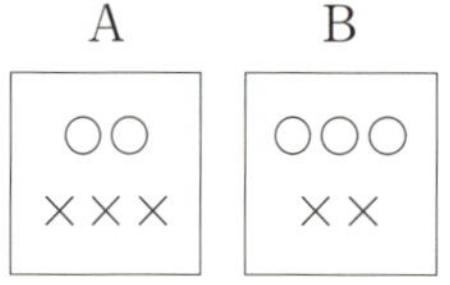

から2つずつ取り出すとき，
合計で○2個，×2個を取り出す確率は，A，Bそれぞれから○，×いくつずつ取るかで分ける。

A	○○	○×	××
B	××	○×	○○
確率	$\frac{{}_2C_2}{{}_5C_2} \cdot \frac{{}_2C_2}{{}_5C_2}$	$\frac{{}_2C_1 \cdot {}_3C_1}{{}_5C_2} \cdot \frac{{}_3C_1 \cdot {}_2C_1}{{}_5C_2}$	$\frac{{}_3C_2}{{}_5C_2} \cdot \frac{{}_3C_2}{{}_5C_2}$

←この3つの値の和が求める確率

2つの試行 T_1，T_2 において，それぞれの結果の起こり方が互いに影響を与えないとき，T_1 と T_2 は独立であるという，このとき，T_1 で事象 A が起こり，T_2 で事象 B が起こる確率は

$$P(A) \cdot P(B)$$

例題 77　3分・6点

1から9までの数字が一つずつ書いてあるカードが，それぞれ1枚ずつ，合計9枚ある。この中から3枚のカードを取り出し，書かれた数字の小さい方から順に X，Y，Z とする。このとき，X，Y，Z がすべて偶数である確率は $\dfrac{\boxed{ア}}{\boxed{イウ}}$ である。また，$X=4$ である確率は $\dfrac{\boxed{エ}}{\boxed{オカ}}$ である。

解答　偶数は4枚あるから，X，Y，Z がすべて偶数である確率は

$$\frac{{}_4C_3}{{}_9C_3}=\frac{{}_4C_1}{{}_9C_3}=\frac{4}{84}=\mathbf{\frac{1}{21}}$$

また，$X=4$ になる場合は，4を取り出し，5から9までの5つの数字から2枚取り出すときであるから

$$\frac{{}_5C_2}{{}_9C_3}=\frac{10}{84}=\mathbf{\frac{5}{42}}$$

⬅ $A=\{2,\ 4,\ 6,\ 8\}$
$B=\{1,\ 3,\ 5,\ 7,\ 9\}$
とするとAから3枚取る確率。

⬅ $C=\{5,\ 6,\ 7,\ 8,\ 9\}$
4を1つ取り，C から2枚取る確率。

例題 78　3分・6点

A，Bの二人がそれぞれ袋をもっている。Aの袋には黒球が3個と白球が2個，Bの袋には黒球が2個と白球が3個入っている。A，Bがそれぞれ自分の袋から1個ずつ球を取り出すとき，同じ色の球を取り出す確率は，$\dfrac{\boxed{アイ}}{\boxed{ウエ}}$ である。また，A，Bがそれぞれ自分の袋から同時に2個ずつ取り出すとき，取り出した4個の球がすべて黒球である確率は $\dfrac{\boxed{オ}}{\boxed{カキク}}$ である。

解答　A，Bがともに黒球を取り出す場合と，ともに白球を取り出す場合があるから

$$\frac{3}{5}\cdot\frac{2}{5}+\frac{2}{5}\cdot\frac{3}{5}=\mathbf{\frac{12}{25}}$$

A，Bがともに2個の黒球を取り出す確率は

$$\frac{{}_3C_2}{{}_5C_2}\cdot\frac{{}_2C_2}{{}_5C_2}=\frac{3}{10}\cdot\frac{1}{10}$$

$$=\mathbf{\frac{3}{100}}$$

⬅
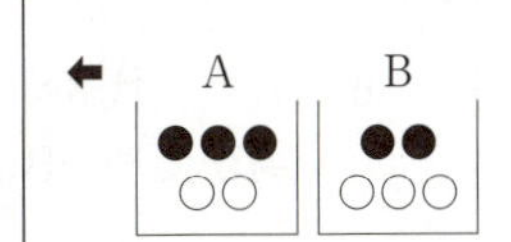

STAGE 1　48　反復試行の確率

■79　反復試行の確率■

1回の試行で事象Aが起こる確率をpとする。この試行をn回繰り返すとき，事象Aがちょうどr回起こる確率は，$q=1-p$として

$${}_nC_r p^r q^{n-r}$$

（例）

5回サイコロを投げて，1の目が2回出る確率 …… ${}_5C_2\left(\frac{1}{6}\right)^2\left(\frac{5}{6}\right)^3$

6回コインを投げて，表が4回出る確率 …………… ${}_6C_4\left(\frac{1}{2}\right)^4\left(\frac{1}{2}\right)^2$

5回サイコロを投げて，1回目と2回目に1が出て，3～5回目に1が出ない確率は $\left(\frac{1}{6}\right)^2\left(\frac{5}{6}\right)^3$，1回目と3回目に1が出て，他の回に1が出ない確率も同じ。5回中2回1が出るなら，その出る回の選び方が${}_5C_2$通りある。したがって，5回中2回1が出る確率は ${}_5C_2\left(\frac{1}{6}\right)^2\left(\frac{5}{6}\right)^3$ となる。

■80　ゲームの確率■

A，B 2人がゲームを行い，先に4勝した方を優勝とする。どちらも勝つ確率が $\frac{1}{2}$ であるとき

6試合目にAが優勝する確率は

①②③④⑤ ⑥

Aの3勝2敗　A勝ち …… ${}_5C_2\left(\frac{1}{2}\right)^3\left(\frac{1}{2}\right)^2\cdot\frac{1}{2}=\frac{5}{32}$

6試合目に優勝が決まる確率は

Aが優勝　Bが優勝

$$\frac{5}{32}+\frac{5}{32}=\frac{5}{16}$$

6試合目にAが優勝するのは，5試合目まででAは3勝2敗であり，6試合目にAが勝つときであって，6試合でAの4勝2敗の場合ではないことに注意する。

例題 79　3 分・6 点

1 枚の硬貨を 4 回投げるとき，表が 1 回だけ出る確率は $\frac{\boxed{ア}}{\boxed{イ}}$，表が少なくとも 1 回出る確率は $\frac{\boxed{ウエ}}{\boxed{オカ}}$，表が 3 回以上出る確率は $\frac{\boxed{キ}}{\boxed{クケ}}$ である。

解答

4 回投げて表が 1 回出る確率は　${}_4C_1\left(\frac{1}{2}\right)\left(\frac{1}{2}\right)^3=\mathbf{\frac{1}{4}}$

表が少なくとも 1 回出る確率は　$1-\left(\frac{1}{2}\right)^4=\mathbf{\frac{15}{16}}$

表が 3 回以上出る確率は，表が 3 回出る確率と 4 回出る確率の和であるから

$${}_4C_3\left(\frac{1}{2}\right)^3\left(\frac{1}{2}\right)+\left(\frac{1}{2}\right)^4=\mathbf{\frac{5}{16}}$$

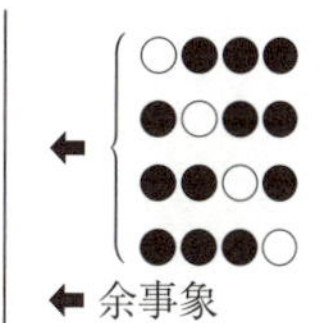

← 余事象

例題 80　3 分・6 点

A，B の 2 人が試合を行う。A が勝つ確率は $\frac{2}{3}$ であり，引き分けはないものとする。先に 3 勝した方を優勝とするとき，4 試合目で A が優勝する確率は $\frac{\boxed{ア}}{\boxed{イウ}}$ であり，5 試合目で優勝が決まる確率は $\frac{\boxed{エ}}{\boxed{オカ}}$ である。

解答

4 試合目で A が優勝する確率は

$${}_3C_1\left(\frac{2}{3}\right)^2\cdot\frac{1}{3}\cdot\frac{2}{3}=\mathbf{\frac{8}{27}}$$

← ①②③　④
A　2 勝　A 勝ち
B　1 勝

5 試合目で優勝が決まる確率は，A が優勝する場合と B が優勝する場合があるから

$${}_4C_2\left(\frac{2}{3}\right)^2\left(\frac{1}{3}\right)^2\cdot\left(\frac{2}{3}+\frac{1}{3}\right)=\mathbf{\frac{8}{27}}$$

← ①②③④　⑤
A　2 勝　A 勝ち
B　2 敗　または
　　　　B 勝ち

§6
1

STAGE 1　49　条件付き確率と乗法定理

■81　条件付き確率■

事象Aが起こったときに，事象Bが起こる確率を条件付き確率といい，$P_A(B)$で表す。

$$P_A(B)=\frac{n(A\cap B)}{n(A)}=\frac{P(A\cap B)}{P(A)}$$

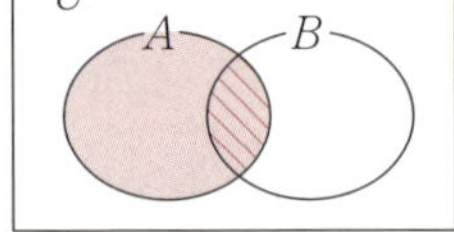

Uは全事象

(例)

①①②
1 1 2 2

→1つ取る

	確率		確率
A：○を取る ……	$\frac{3}{7}$	B：□を取る ……	$\frac{4}{7}$
C：1を取る ……	$\frac{4}{7}$		

①①②

○を取ったときに1を取る条件付き確率

$P_A(C)=\frac{2}{3}$ …… 3個の○のうち①を取る確率

1 1 2 2

□を取ったときに1を取る条件付き確率

$P_B(C)=\frac{2}{4}=\frac{1}{2}$ …… 4個の□のうち1を取る確率

$$P(A)=\frac{3}{7},\ P(A\cap C)=\frac{2}{7}\ \text{より}\ P_A(C)=\frac{\frac{2}{7}}{\frac{3}{7}}=\frac{2}{3}$$

■82　乗法定理■

2つの事象A，Bがともに起こる確率$P(A\cap B)$は

$P(A\cap B)=P(A)P_A(B)$　（乗法定理）

(例)　1つ取って，戻さずにもう1つ取る

A：1回目に○を取る　　B：2回目に○をとる

（$\overline{B}$：2回目に×をとる）

○○×××××

○を取る $P(A)=\frac{2}{7}$ → ○×××××

$P_A(B)=\frac{1}{6}$ → $P(A\cap B)=P(A)\cdot P_A(B)=\frac{2}{7}\cdot\frac{1}{6}$

$P_A(\overline{B})=\frac{5}{6}$ → $P(A\cap\overline{B})=P(A)\cdot P_A(\overline{B})=\frac{2}{7}\cdot\frac{5}{6}$

例題 81 2分・4点

5個の赤球と4個の白球があり，赤球，白球ともに2個ずつ印がついている。この9個の球が入った袋から1個の球を取り出す。取り出した球が赤球であるとき，印がついた球である条件付き確率は $\frac{\boxed{ア}}{\boxed{イ}}$ であり，取り出した球が印のついた球であるとき，その球が赤球である条件付き確率は $\frac{\boxed{ウ}}{\boxed{エ}}$ である。

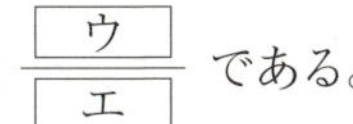

解答 赤球は5個あり，このうち2個に印がついているから，取り出した球が赤球であるとき，印のついた球である条件付き確率は $\mathbf{\frac{2}{5}}$

印のついた球は4個あり，このうち2個が赤球であるから，取り出した球が印のついた球であるとき，その球が赤球である条件付き確率は $\frac{2}{4}=\mathbf{\frac{1}{2}}$

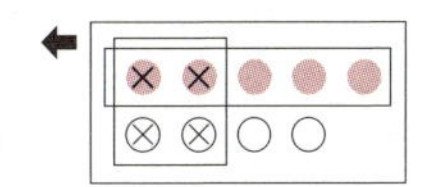

A：赤球を取る
B：印のついた球を取る

$P_A(B)=\frac{2}{5}$

$P_B(A)=\frac{2}{4}$

例題 82 3分・6点

5個の赤球と4個の白球が入った袋から1個の球を取り出し，戻さずにもう2個の球を取り出す。このとき，取り出した3個の球がすべて赤球である確率は $\frac{\boxed{ア}}{\boxed{イウ}}$ であり，後に取り出した2個の球がともに赤球である確率は $\frac{\boxed{エ}}{\boxed{オカ}}$ である。

解答

赤球を1個取り出し，次に赤球を2個取り出す確率は

$$\frac{5}{9}\cdot\frac{{}_4C_2}{{}_8C_2}=\frac{5}{9}\cdot\frac{3}{14}=\mathbf{\frac{5}{42}}$$

白球を1個取り出し，次に赤球を2個取り出す確率は

$$\frac{4}{9}\cdot\frac{{}_5C_2}{{}_8C_2}=\frac{4}{9}\cdot\frac{5}{14}=\frac{10}{63}$$

よって，後に取り出した2個の球がともに赤球である確率は

$$\frac{5}{42}+\frac{10}{63}=\frac{35}{126}=\mathbf{\frac{5}{18}}$$

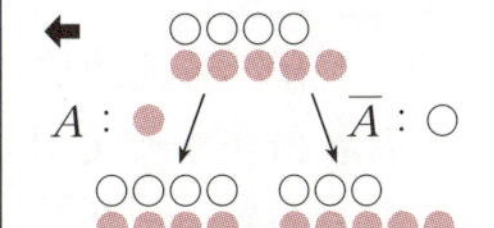

B：後に取り出した2個の球がともに赤球である

$P(B)=$
$P_A(B)+P_{\overline{A}}(B)$

STAGE 1　類　題

類題 67　（4分・6点）

300以下の自然数のうち，2でも3でも割り切れないものは［アイウ］個ある。さらに，300との最大公約数が1であるものは［エオ］個ある。

類題 68　（4分・6点）

右図のような1から7までの区画を赤，青，黄，茶の4色で塗り分けたい。1に赤，2に青，3に黄を塗るとき，4から7の区画の塗り方は［ア］通りある。1，2，3の3つの区画の塗り方は［イウ］通りあるから，すべての塗り方は［エオカ］通りある。ただし，隣接している区画には異なる色を塗るものとする。

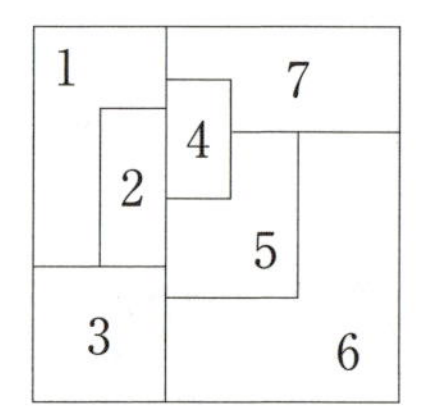

類題 69　（3分・6点）

4桁の暗証番号で各桁がすべて奇数であるものは［アイウ］通りある。このうち各桁がすべて異なる奇数であるものは［エオカ］通りあり，また，数字1を含むものは［キクケ］通りある。

類題　70　　（3分・6点）

a, a, b, b, c, d, eの7文字を一列に並べる並べ方は［アイウエ］通りあり，このうち，2個のaが隣り合う並べ方は［オカキ］通りある。また，c, d, eのどの2つも隣り合わないような並べ方は［クケコ］通りある。

類題　71　　（3分・6点）

1から20までの数字から異なる3個の数字を選ぶとき，3個とも奇数を選ぶ選び方は［アイウ］通りある。また，奇数と偶数の両方が含まれるような選び方は［エオカ］通りある。さらに，3個の数字の和が奇数になるような選び方は［キクケ］通りある。

類題　72　　（3分・6点）

平面上に10個の点があり，このうち，4点は同じ直線上にあり，他のどの3点も同じ直線上にないとする。このとき，2点を結んでできる直線は［アイ］本あり，3点を結んでできる三角形は［ウエオ］個ある。

類題　73　　（3分・6点）

大人3人，子供6人の合計9人を3人ずつの3組に分ける。どの組も大人1人，子供2人に分ける分け方は [アイ] 通りある。また，大人3人，子供3人ずつに分ける分け方は [ウエ] 通りある。

類題　74　　（3分・6点）

右図のような格子状の道がある。AからBへ行く最短経路は [アイ] 通りある。このうち，Pを通る経路は [ウエ] 通りある。また，PとQのどちらも通らない経路は [オカ] 通りある。

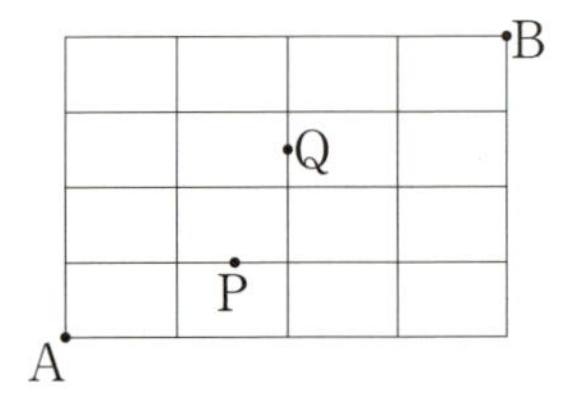

類題　75　　（3分・6点）

2個のサイコロを振って出る目の数の和が7以下になる確率は $\frac{\boxed{ア}}{\boxed{イウ}}$ であり，目の数の和が4の倍数になる確率は $\frac{\boxed{エ}}{\boxed{オ}}$ である。また，一方の目が他方の目の約数になる確率は $\frac{\boxed{カキ}}{\boxed{クケ}}$ である。

類題 76 （6分・9点）

3個のサイコロを振って出る目がすべて4以下である確率は $\dfrac{\boxed{ア}}{\boxed{イウ}}$ であり，出る目の中で最大の目が4である確率は $\dfrac{\boxed{エオ}}{\boxed{カキク}}$ である。また，出る目の和が5以下である確率は $\dfrac{\boxed{ケ}}{\boxed{コサシ}}$ である。

類題 77 （5分・9点）

赤球2個，白球3個，青球3個入った袋から同時に3個取り出すとき，3個がすべて同じ色である確率は $\dfrac{\boxed{ア}}{\boxed{イウ}}$ である。また，3個がすべて異なる色である確率は $\dfrac{\boxed{エ}}{\boxed{オカ}}$ である。さらに，少なくとも1個赤球を取り出す確率は $\dfrac{\boxed{キ}}{\boxed{クケ}}$ である。

類題 78 （6分・9点）

二つの箱A，Bがある。Aの箱には，0，1，2 の数字が書かれたカードがそれぞれ，1，2，3 枚ずつ入っていて，Bの箱には，0，1，2 の数字が書かれたカードがそれぞれ 3，2，1 枚ずつ入っている。Aの箱から1枚，Bの箱から2枚の合計3枚を取り出すとき

(1)　3枚のカードに書かれた数字がすべて0である確率は $\dfrac{\boxed{ア}}{\boxed{イウ}}$ である。

(2)　3枚のカードに書かれた数字の積が0である確率は $\dfrac{\boxed{エ}}{\boxed{オ}}$ である。

(3)　3枚のカードに書かれた数字の積が2である確率は $\dfrac{\boxed{カ}}{\boxed{キク}}$ である。

類題 79　(6分・9点)

サイコロを5回投げるとき，2以下の目が3回出る確率は $\dfrac{\boxed{アイ}}{\boxed{ウエオ}}$ であり，2以下の目が少なくとも2回出る確率は $\dfrac{\boxed{カキク}}{\boxed{ケコサ}}$ である。また，2以下の目が連続して3回以上出る確率は $\dfrac{\boxed{シ}}{\boxed{スセ}}$ である。

類題 80　(6分・10点)

A，B 2人がジャンケンをする。1回のジャンケンにおいてAが勝つ確率は $\dfrac{\boxed{ア}}{\boxed{イ}}$，Bが勝つ確率は $\dfrac{\boxed{ウ}}{\boxed{エ}}$ である。

2人のうちどちらか一方が3回勝つまでジャンケンをすることにした。4回で終わる確率は $\dfrac{\boxed{オ}}{\boxed{カキ}}$ であり，5回で終わる確率は $\dfrac{\boxed{クケ}}{\boxed{コサ}}$ である。

類題 81　　(3分・6点)

1から5までの数字が1つずつ記入された赤球5個と，6から9までの数字が1つずつ記入された白球4個がある。この9個の球が入った袋から1個の球を取り出す。取り出した球が赤球であるとき，偶数が記入されている条件付き確率は $\dfrac{\boxed{\text{ア}}}{\boxed{\text{イ}}}$ であり，取り出した球が白球であるとき，偶数が記入されている条件付き確率は $\dfrac{\boxed{\text{ウ}}}{\boxed{\text{エ}}}$ である。また，取り出した球に偶数が記入されているとき，その球が赤球である条件付き確率は $\dfrac{\boxed{\text{オ}}}{\boxed{\text{カ}}}$ である。

類題 82　　(4分・9点)

12本のくじの中に3本の当たりくじが入っている。A，B，Cの3人がこの順に1本ずつくじを引く。ただし，引いたくじはもとに戻さないものとする。このとき，A，B，Cの3人がともに当たる確率は $\dfrac{\boxed{\text{ア}}}{\boxed{\text{イウエ}}}$ であり，Aがはずれ，B，Cの2人が当たる確率は $\dfrac{\boxed{\text{オ}}}{\boxed{\text{カキク}}}$ である。また，BとCが当たる確率は $\dfrac{\boxed{\text{ケ}}}{\boxed{\text{コサ}}}$ である。

STAGE 2　50　取り出すときの確率の応用 

■83　対象のグループ化■

① ② ③ ④

1 2 3 4

△1 △2 △3 △4

(計 12 個)

⟹　3 つ取り出す場合の数は ${}_{12}C_3$ 通り

求める確率によって，グループ分けを考える。

(1)　●を 2 つ取り出す確率は

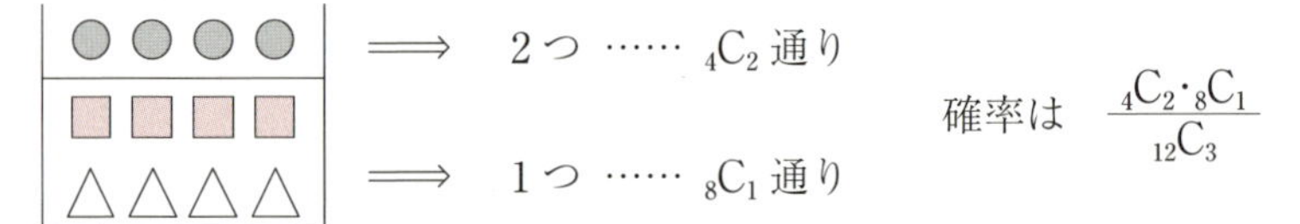

⟹　2 つ …… ${}_4C_2$ 通り

⟹　1 つ …… ${}_8C_1$ 通り

確率は　$\dfrac{{}_4C_2 \cdot {}_8C_1}{{}_{12}C_3}$

(2)　3 つの数の積が偶数となる確率は

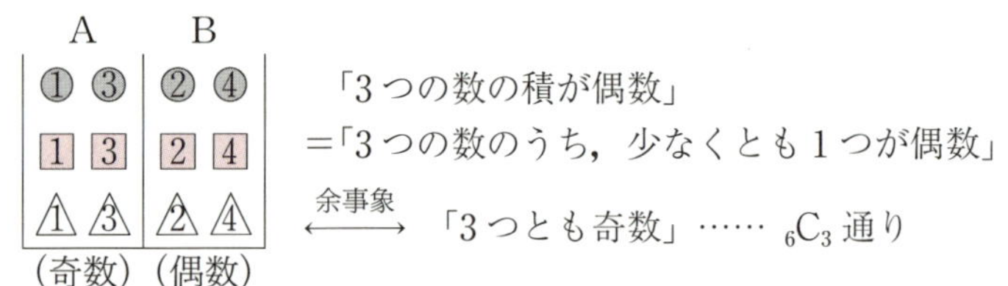

「3 つの数の積が偶数」

=「3 つの数のうち，少なくとも 1 つが偶数」

$\xleftrightarrow{\text{余事象}}$　「3 つとも奇数」…… ${}_6C_3$ 通り

確率は　$1-\dfrac{{}_6C_3}{{}_{12}C_3}$

上の例のように，●を 2 つ取り出す確率では，■と△は区別する必要がなく，● 4 つから 2 つ取り出し，■と△合わせて 8 つから 1 つ取り出す場合の数を考えればよい。3 つの数の積が偶数となる確率では，数字を偶数か奇数かで分けて，奇数 6 つから 3 つ取り出す場合を考えればよい。このように求める確率に応じて対象をグループ分けして，それぞれからいくつ取り出すかを ${}_nC_r$ で計算すればよい。

例題 83　**4分・8点**

1から9までの数字が一つずつ書かれた9枚のカードから5枚のカードを同時に取り出す。取り出した5枚のカードの中に5と書かれたカードが小さい方から k 番目にある確率を P_k とする。取り出した5枚のカードの中に5と書かれたカードがない場合は $k=0$ とする。

$$P_0=\frac{\boxed{\text{ア}}}{\boxed{\text{イ}}},\ P_1=\frac{\boxed{\text{ウ}}}{\boxed{\text{エオカ}}},\ P_2=\frac{\boxed{\text{キ}}}{\boxed{\text{クケ}}},\ P_3=\frac{\boxed{\text{コ}}}{\boxed{\text{サ}}}$$

である。

解答

すべての取り出し方は

$${}_9C_5={}_9C_4=126\text{（通り）}$$

A＝{1，2，3，4}

B＝{6，7，8，9}

とする。

A：1 2 3 4　5　B：6 7 8 9

←5より小さいカードと大きいカードに分ける。

・$k=0$ となるのは，A∪B から5枚を取り出すときであるから

$${}_8C_5={}_8C_3=56\text{（通り）}$$

よって　$P_0=\frac{56}{126}=\mathbf{\frac{4}{9}}$

・$k=1$ となるのは，5と，Bから4枚を取り出すときであるから

←6789を取り出す。

$${}_4C_4=1\text{（通り）}$$

よって　$P_1=\mathbf{\frac{1}{126}}$

・$k=2$ となるのは，5と，Aから1枚，Bから3枚を取り出すときであるから

←□5□□□（Aから，Bから）

$${}_4C_1\cdot{}_4C_3=16\text{（通り）}$$

よって　$P_2=\frac{16}{126}=\mathbf{\frac{8}{63}}$

・$k=3$ となるのは，5と，Aから2枚，Bから2枚を取り出すときであるから

←□□5□□（Aから，Bから）

$${}_4C_2\cdot{}_4C_2=36\text{（通り）}$$

よって　$P_3=\frac{36}{126}=\mathbf{\frac{2}{7}}$

STAGE 2　51　条件付き確率と表の活用

■ 84　表の活用 ■

2つの数字が現れるような確率 ⟹ 表を書く

(例)　サイコロ2個を投げたとき出た目の差 X

⟹ 数字を書き込む

X	1	2	3	4	5	6
1	0	1	2	3	④	5
2	1	0	1	2	③	4
3	2	1	0	1	2	3
4	3	2	1	0	1	2
5	④	③	2	1	0	1
6	5	4	3	2	1	0

アミ目 ……　$X \geqq 3$
○ ……　$X \geqq 3$ でかつ一方の目が5

すべての場合の数 ……　マスの総数

上の例では　$6 \cdot 6 = 36$（通り）

確率 ……　$\dfrac{\text{該当するマスの個数}}{\text{マスの総数}}$

上の例で，$X \geqq 3$ となる確率はアミ目の12マス

$$\frac{12}{36} = \frac{1}{3}$$

条件付き確率 ……　$\dfrac{\text{条件を満たすマスの中で該当するマスの個数}}{\text{条件を満たすマスの総数}}$

$X \geqq 3$ のとき一方の目が5である条件付き確率

$$\frac{4}{12} = \frac{1}{3}$$

例題 84　**8分・14点**

A，Bの二人が球の入った袋を持っている。Aの袋には，1，3，5，7，9の数字が一つずつ書かれた5個の球が入っており，Bの袋には，2，4，6，8の数字が一つずつ書かれた4個の球が入っている。

AとBが各自の袋から球を1個取り出し，書かれた数が大きい方の人を勝ちとする。このとき，Aが勝つ確率は $\frac{\boxed{ア}}{\boxed{イ}}$，Bが勝つ確率は $\frac{\boxed{ウ}}{\boxed{エ}}$ である。また，Aが勝ったとき，Aが9の数字が書かれた球を取り出している条件付き確率は $\frac{\boxed{オ}}{\boxed{カ}}$ であり，Aが7または9の数字の書かれた球を取り出したとき，Bが勝つ条件付き確率は $\frac{\boxed{キ}}{\boxed{ク}}$ である。

解答　A，Bそれぞれが出した数に対してA，Bのどちらが勝つかを表にまとめると

A＼B	2	4	6	8
1	B	B	B	B
3	A	B	B	B
5	A	A	B	B
7	A	A	A	B
9	A	A	A	A

Aが勝つ確率は

$$\frac{10}{20}=\frac{1}{2}$$

Bが勝つ確率は

$$1-\frac{1}{2}=\frac{1}{2}$$

⬅ 各マスは等確率で起こるから，Aが勝つ確率は

$$\frac{(\text{Aの数})}{(\text{マスの数})}$$

Aが勝ったとき，Aが9の数字が書かれた球を取り出している条件付き確率は

$$\frac{4}{10}=\frac{2}{5}$$

3	A			
5	A	A		
7	A	A	A	
9	Ⓐ	Ⓐ	Ⓐ	Ⓐ

Aが7または9の数字が書かれた球を取り出したとき，Bが勝つ条件付き確率は

$$\frac{1}{8}$$

7	A	A	A	Ⓑ
9	A	A	A	A

§6
2

STAGE 2　52　取り出すときの確率，条件付き確率

■ 85　2回取り出すときの条件付き確率 ■

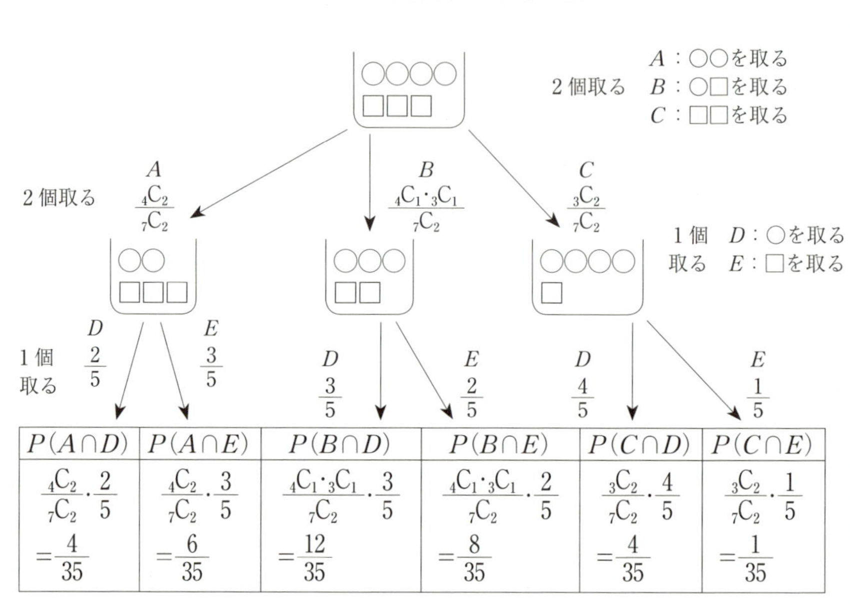

$P(A\cap D)$	$P(A\cap E)$	$P(B\cap D)$	$P(B\cap E)$	$P(C\cap D)$	$P(C\cap E)$
$\frac{{}_4C_2}{{}_7C_2}\cdot\frac{2}{5}$ $=\frac{4}{35}$	$\frac{{}_4C_2}{{}_7C_2}\cdot\frac{3}{5}$ $=\frac{6}{35}$	$\frac{{}_4C_1\cdot{}_3C_1}{{}_7C_2}\cdot\frac{3}{5}$ $=\frac{12}{35}$	$\frac{{}_4C_1\cdot{}_3C_1}{{}_7C_2}\cdot\frac{2}{5}$ $=\frac{8}{35}$	$\frac{{}_3C_2}{{}_7C_2}\cdot\frac{4}{5}$ $=\frac{4}{35}$	$\frac{{}_3C_2}{{}_7C_2}\cdot\frac{1}{5}$ $=\frac{1}{35}$

2回目に○を取り出す確率

$$P(D)=P(A\cap D)+P(B\cap D)+P(C\cap D)$$

$$=\frac{4}{35}+\frac{12}{35}+\frac{4}{35}=\frac{20}{35}=\frac{4}{7}$$

2回目に○を取り出したとき，1回目に○○を取り出す条件付き確率

$$P_D(A)=\frac{P(A\cap D)}{P(D)}=\frac{\frac{4}{35}}{\frac{4}{7}}=\frac{1}{5}$$

例題 85　8分・10点

赤球が3個，白球が4個入った袋がある。この袋から同時に2個の球を取り出す。このとき，赤球を2個取り出す確率は $\dfrac{\boxed{ア}}{\boxed{イ}}$，赤球1個と白球1個を取り出す確率は $\dfrac{\boxed{ウ}}{\boxed{エ}}$ である。取り出した2個の球のうち赤球は袋に戻し，白球は戻さないものとする。この後，袋からもう1個球を取り出したとき，赤球である確率は $\dfrac{\boxed{オカキ}}{\boxed{クケコ}}$ である。2回目に取り出した球が赤球であったとき，1回目に取り出した2個の球が2個とも赤球である条件付き確率は $\dfrac{\boxed{サシ}}{\boxed{スセソ}}$ である。

解答

赤球2個を取り出す(A)確率は

$$\frac{{}_3\mathrm{C}_2}{{}_7\mathrm{C}_2}=\frac{3}{21}=\mathbf{\frac{1}{7}}$$

赤球1個，白球1個を取り出す(B)確率は

$$\frac{{}_3\mathrm{C}_1\cdot{}_4\mathrm{C}_1}{{}_7\mathrm{C}_2}=\frac{3\cdot4}{21}=\mathbf{\frac{4}{7}}$$

白球2個を取り出す(C)確率は

$$\frac{{}_4\mathrm{C}_2}{{}_7\mathrm{C}_2}=\frac{6}{21}=\frac{2}{7}$$

A　B　C

← 赤球は袋に戻し，白球は戻さない。

上の A，B，C それぞれに続いて，次の1個で赤球を取り出す確率を順に P_1，P_2，P_3 とすると

$$P_1=\frac{1}{7}\cdot\frac{3}{7}=\frac{3}{49},\ P_2=\frac{4}{7}\cdot\frac{3}{6}=\frac{2}{7},\ P_3=\frac{2}{7}\cdot\frac{3}{5}=\frac{6}{35}$$

よって，2回目に取り出した球が赤球である確率は

← 互いに排反。

$$P_1+P_2+P_3=\mathbf{\frac{127}{245}}$$

このとき，1回目に取り出した球が赤球2個である条件付き確率は

$$\frac{P_1}{P_1+P_2+P_3}=\frac{\frac{3}{49}}{\frac{127}{245}}=\mathbf{\frac{15}{127}}$$

STAGE 2 53 点の移動の確率

■ 86 計算のポイント ■

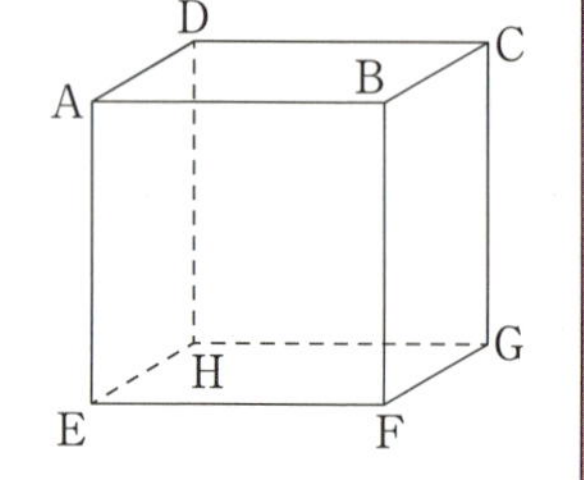

右図のような立方体があり，隣り合う頂点間を移動する点Pがあるとする。Pはどの頂点にあっても隣り合う3つの頂点に確率 $\frac{1}{3}$ で移るとする。

Pは最初点Aにあるとすると，

(1) 2回の移動でPがCにある確率は

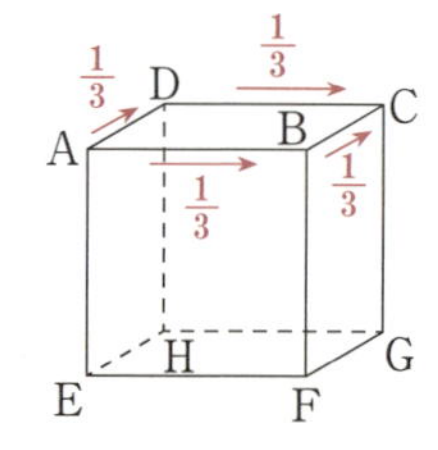

$$\left(\frac{1}{3}\cdot\frac{1}{3}\right)\cdot 2=\frac{2}{9}$$

2回の移動でPがFにある確率も，Hにある確率も同じ $\frac{2}{9}$

各移動の確率が同じで，同じ位置関係にある場合 ⟹ 確率も同じ

(2) 3回の移動でPがGにある確率は

1回前の位置に注目する …… Gの1つ前は，C，F，Hのいずれか

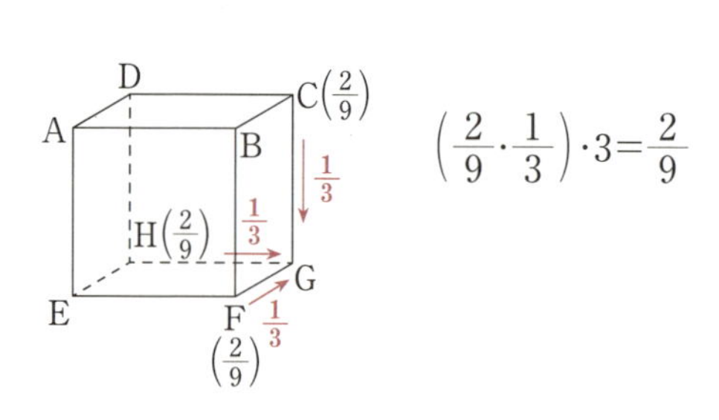

$$\left(\frac{2}{9}\cdot\frac{1}{3}\right)\cdot 3=\frac{2}{9}$$

点の移動の確率では，**(1)のように対称性に注目して計算**したり，**(2)のように1つ前の位置に注目して計算**すると要領よく確率を求めることができる場合がある。

例題 86　10 分・16 点

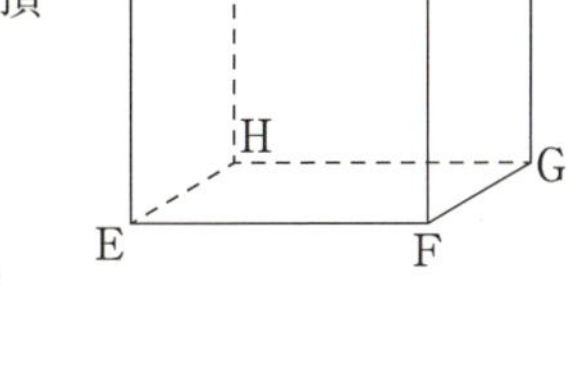

図のような一辺の長さが1の立方体があり，辺上を独立に動く点PとQがある。P，Qはいずれも1秒ごとに立方体の頂点の一つから隣り合う三つの頂点のいずれかへ等確率で動くものとする。

PとQが同時に頂点Aから出発するとき

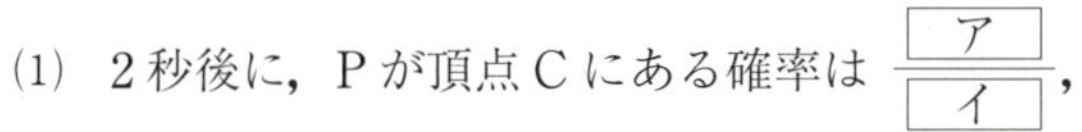

(1)　2秒後に，Pが頂点Cにある確率は $\frac{\boxed{ア}}{\boxed{イ}}$，

A，P，Qが三角形をなす確率は $\frac{\boxed{ウ}}{\boxed{エオ}}$ である。

(2)　3秒後に，Pが頂点Gにある確率は $\frac{\boxed{カ}}{\boxed{キ}}$，Pが頂点Bにある確率は $\frac{\boxed{ク}}{\boxed{ケコ}}$，A，P，Qが面積 $\frac{\sqrt{2}}{2}$ の三角形をなす確率は $\frac{\boxed{サシ}}{\boxed{スセ}}$ である。

解答　(1)　2秒後にPがCにある確率は

$$\left(\frac{1}{3}\cdot\frac{1}{3}\right)\cdot 2=\mathbf{\frac{2}{9}}$$

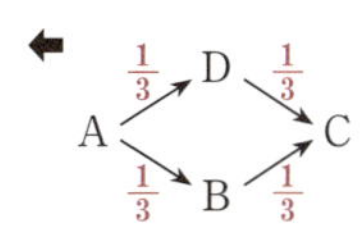

A，P，Qが三角形をなすのは，P，QがC，F，Hの異なる2点にある場合であるから，確率は

$$\left(\frac{2}{9}\right)^2\cdot {}_3\mathrm{P}_2=\mathbf{\frac{8}{27}}$$

← P，Qのある位置が ${}_3\mathrm{P}_2$ 通り。

(2)　3秒後にPがGにあるのは，2秒後にC，F，Hのいずれかにあり，そこからGに移動するときであるから

$$\left(\frac{2}{9}\cdot\frac{1}{3}\right)\cdot 3=\mathbf{\frac{2}{9}}$$

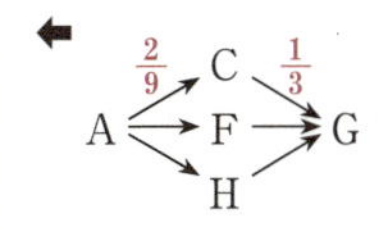

3秒後にPがBにあるのは，2秒後にC，F，Aのいずれかにあり，そこからBに移動するときであるから

$$\left(\frac{2}{9}+\frac{2}{9}+\frac{1}{3}\cdot\frac{1}{3}\cdot 3\right)\cdot\frac{1}{3}=\mathbf{\frac{7}{27}}$$

← 2秒後にAにあるのは

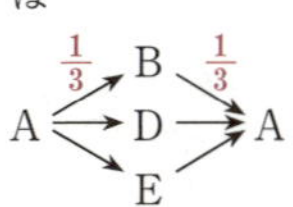

$\triangle\mathrm{APQ}=\frac{\sqrt{2}}{2}$ になるのは，P，Qの一方がGにあり，他方がB，D，Eのいずれかにあるときであるから

$$\left(\frac{2}{9}\cdot\frac{7}{27}\right)\cdot 2\cdot 3=\mathbf{\frac{28}{81}}$$

← Gにある点がP，Qの2通り。残りの点はB，D，Eの3通り。

STAGE 2　類　題

類題 83　　(6分・10点)

1から15までの番号が付けられた同じ大きさの円が，図のように上から順に5段に描かれている。一方，1から15までの番号のくじがある。この中から3本のくじを引いて出た番号の円3個を選ぶ。

(1)　3個の円がともに同じ段にある確率は $\frac{\boxed{\text{ア}}}{\boxed{\text{イウ}}}$ である。

(2)　3個の円のうち，少なくとも1個が第5段にある確率は $\frac{\boxed{\text{エオ}}}{\boxed{\text{カキ}}}$ である。

(3)　3個の円がすべて接している確率は $\frac{\boxed{\text{クケ}}}{\boxed{\text{コサシ}}}$ である。

類題 84　　(8分・12点)

三つの面が1の目，二つの面が2の目，一つの面が3の目のサイコロAと，二つの面が1の目，三つの面が2の目，一つの面が3の目のサイコロBがある。A，B二つのサイコロを投げるとき

(1)　出る目の和が4になる確率は $\frac{\boxed{\text{アイ}}}{\boxed{\text{ウエ}}}$ であり，出る目の和が偶数である確率は $\frac{\boxed{\text{オ}}}{\boxed{\text{カ}}}$ である。

(2)　出た目の和が偶数であるとき，目の和が4である条件付き確率は $\frac{\boxed{\text{キク}}}{\boxed{\text{ケコ}}}$ である。また，出た目の和が4であるとき，Bの目が3である条件付き確率は $\frac{\boxed{\text{サ}}}{\boxed{\text{シス}}}$ である。

類題 85　(10分・12点)

1から9までのカードがそれぞれ1枚ずつある。この中から2枚のカードを取り出し，元に戻さずに，また2枚のカードを取り出す。

このとき，最初に取り出した2枚のカードがともに偶数である確率は $\frac{\boxed{ア}}{\boxed{イ}}$ であり，2枚とも奇数である確率は $\frac{\boxed{ウ}}{\boxed{エオ}}$ である。

また，最初に取り出した2枚のカードが2枚とも偶数であり，次に取り出した2枚のカードが2枚とも奇数である確率は $\frac{\boxed{カ}}{\boxed{キク}}$ である。

先に取り出した2枚のカードが2枚とも偶数であるとき，後に取り出した2枚のカードが2枚とも奇数である条件付き確率は $\frac{\boxed{ケコ}}{\boxed{サシ}}$ であり，後に取り出した2枚のカードがともに奇数であったとき，先に取り出した2枚のカードが2枚とも偶数である条件付き確率は $\frac{\boxed{ス}}{\boxed{セ}}$ である。

類題 86　(10分・14点)

図1のような経路がある。Aを出発点として，サイコロを振るたびに，隣の点に点Pを移動させる。ただし，その向きは出た目に応じて図2に示された向きとする。

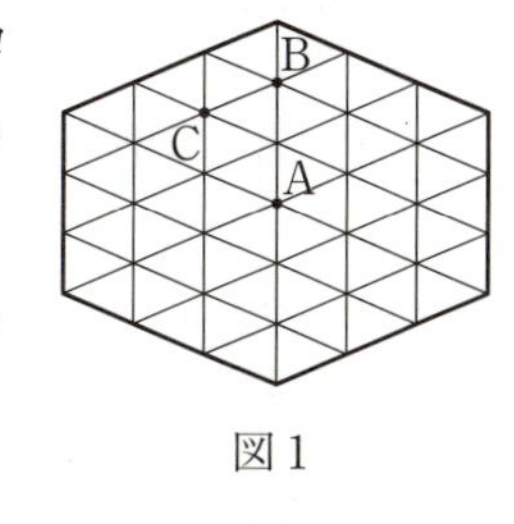

図1

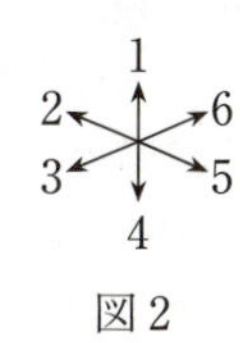

図2

(1)　2回の移動でPがBに移る確率は $\frac{\boxed{ア}}{\boxed{イウ}}$ であり，Cに移る確率は $\frac{\boxed{エ}}{\boxed{オカ}}$ である。

(2)　3回の移動でPがAに戻る確率は $\frac{\boxed{キ}}{\boxed{クケ}}$ である。

(3)　3回の移動でPが外周(太線)上にある点に移動する確率は $\frac{\boxed{コ}}{\boxed{サシ}}$ である。

STAGE 1　54　約数と倍数

■ 87　約数と倍数 ■

整数 a, b において

b が a で割り切れる，つまり $b=ak$ （k は整数）と表されるとき

a は b の約数，b は a の倍数という。

（例）　18 の正の約数は　1，2，3，6，9，18

4 の倍数は　0，±4，±8，±12，……

・倍数の判定法

2 の倍数 …… 一の位が 0，2，4，6，8

5 の倍数 …… 一の位が 0，5

4 の倍数 …… 下 2 桁が 4 の倍数

8 の倍数 …… 下 3 桁が 8 の倍数

3 の倍数 …… 各位の数の和が 3 の倍数

9 の倍数 …… 各位の数の和が 9 の倍数

（注）　0 はすべての整数の倍数である。

■ 88　素因数分解と約数の個数 ■

素数 …… 2 以上の自然数で，1 とその数以外に約数をもたない数

2，3，5，7，11，13，17，19，……

素因数分解 …… 素数でない数（合成数）を素数の積の形に表すこと

（例）　$60=2^2\cdot3\cdot5$

$504=2^3\cdot3^2\cdot7$

$$\begin{array}{r|l} 2 & 60 \\ \hline 2 & 30 \\ \hline 3 & 15 \\ \hline & 5 \end{array} \qquad \begin{array}{r|l} 2 & 504 \\ \hline 2 & 252 \\ \hline 2 & 126 \\ \hline 3 & 63 \\ \hline 3 & 21 \\ \hline & 7 \end{array}$$

約数の個数

自然数 N の素因数分解を

$N=p^{\ell}q^{m}r^{n}\cdots\cdots$ （p, q, r, $\cdots$：素数）

とすると，N の正の約数の個数は

$(\ell+1)(m+1)(n+1)\cdots$ 個

例題 87　3分・5点

a，b を0以上9以下の整数とする。4桁の自然数 $N=6a5b$ が12の倍数になるような(a，b)の組は［ア］組ある。このうち，N の値が最も大きいものは $a=$［イ］，$b=$［ウ］である。

解答

$12=3\cdot4$ から，N は3の倍数かつ4の倍数である。

N が3の倍数のとき

$6+a+5+b=a+b+11$ が3の倍数

つまり　$a+b$ は3で割って1余る数

← 各位の数字の和が3の倍数。

N が4の倍数のとき

$5b$ が4で割り切れるから　$b=2$，6

← 下2桁の数字が4の倍数。つまり，$5b$ は52または56

よって　$(a,\ b)=(2,\ 2)$，$(5,\ 2)$，$(8,\ 2)$，$(1,\ 6)$

$(4,\ 6)$，$(7,\ 6)$

の**6**組あり，N の値が最も大きいのは，a が最大のときであるから　$(a,\ b)=(\mathbf{8},\ \mathbf{2})$

例題 88　4分・8点

720の因数で素数であるものを a，b，c $(a<b<c)$ とすると

$a=$［ア］，$b=$［イ］，$c=$［ウ］

であり，720を素因数分解すると

$720=a^{［エ］}\cdot b^{［オ］}\cdot c$

となる。

720の正の約数は［カキ］個あり，このうち偶数は［クケ］個ある。

解答

$a=\mathbf{2}$，$b=\mathbf{3}$，$c=\mathbf{5}$ であり

$720=2^{\mathbf{4}}\cdot3^{\mathbf{2}}\cdot5$

720の約数は $2^x\cdot3^y\cdot5^z$ の形で，x は0，1，2，3，4の5通り，y は0，1，2の3通り，z は0，1の2通りあるから，約数の個数は　$5\cdot3\cdot2=\mathbf{30}$（個）

偶数の約数は，x は1，2，3，4の4通り，y は3通り，z は2通りあるから　$4\cdot3\cdot2=\mathbf{24}$（個）

← 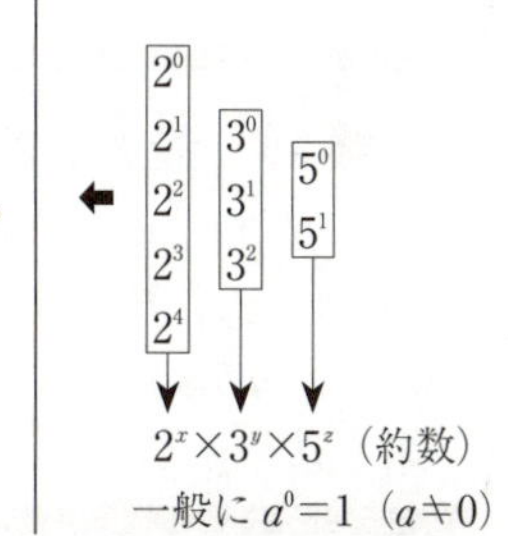

一般に $a^0=1$ $(a\neq0)$

§7 1

STAGE 1　55　最大公約数と最小公倍数

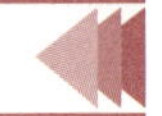

■89　最大公約数・最小公倍数■

・公約数 …… 2つ以上の整数に共通な約数。

・最大公約数(G. C. M.) …… 公約数のうち(正で)最大のもの。

(例)　12の約数：**1**, **2**, **3**, 4, **6**, 12

　　　18の約数：**1**, **2**, **3**, **6**, 9, 18

　　　　公約数：1, 2, 3, 6（最大公約数）

・公倍数 …… 2つ以上の整数に共通な倍数。

・最小公倍数(L. C. M.) …… 公倍数のうち正で最小のもの。

(例)　12の倍数：12, 24, **36**, 48, 60, **72**, …

　　　18の倍数：18, **36**, 54, **72**, 90, **108**, …

　　　　公倍数：36, 72, 108, …（36：最小公倍数）

・互いに素 …… 2つの整数 a, b の最大公約数が1であるとき，a, b は互いに素であるという。

(例)　4と15は互いに素である。

・最大公約数と最小公倍数の求め方

(1)　素因数分解をする

最大公約数

$48=2^4\cdot3$

$54=2\cdot3^3$

$2\cdot3=6$

(指数の小さい方を選ぶ)

最小公倍数

$48=2^4\cdot3$

$54=2\cdot3^3$

$2^4\cdot3^3=432$

(指数の大きい方を選ぶ)

(2)　共通な素因数で割る

最大公約数は　$2\cdot3=6$

最小公倍数は　$2\cdot3\cdot8\cdot9=432$

```
2 ) 48  54
3 ) 24  27
      8   9
```

↑最大公約数（左の 2, 3）　↑最小公倍数（2, 3, 8, 9）

■90　最大公約数と最小公倍数の性質■

2つの自然数 a, b の最大公約数を g，最小公倍数を l とする。

(1)　$a=a'g$, $b=b'g$　(a', b' は互いに素な自然数)

(2)　$l=a'b'g$

(3)　$ab=gl$

例題 89　4分・8点

(1)　二つの数 120，144 の最大公約数は [アイ]，最小公倍数は [ウエオ] である。

(2)　三つの数 36，60，72 の最大公約数は [カキ]，最小公倍数は [クケコ] である。

解答

(1)　$120=2^3\cdot3\cdot5$，$144=2^4\cdot3^2$ から

最大公約数は　$2^3\cdot3=\mathbf{24}$

最小公倍数は　$2^4\cdot3^2\cdot5=\mathbf{720}$

(2)　$36=2^2\cdot3^2$，$60=2^2\cdot3\cdot5$，$72=2^3\cdot3^2$ から

最大公約数は　$2^2\cdot3=\mathbf{12}$

最小公倍数は　$2^3\cdot3^2\cdot5=\mathbf{360}$

⬅ 素因数分解をする。

⬅
$36=2^2\cdot3^2$
$60=2^2\cdot3\cdot5$
$72=2^3\cdot3^2$
G.C.M.　$2^2\cdot3$
L.C.M.　$2^3\cdot3^2\cdot5$

例題 90　4分・8点

最大公約数が 13 で，和が 117 である二つの自然数 a，b $(a<b)$ を求めたい。

$a=13a'$，$b=13b'$　(a'，b' は互いに素な自然数)

とおくと，$a'+b'=$ [ア] であり，この式を満たす (a', b') の組は [イ] 組ある。

求める a，b のうち，a の値が最大であるものは $a=$ [ウエ]，$b=$ [オカ] である。

解答

$a+b=117$ から

$13a'+13b'=117$　　$\therefore$　$a'+b'=\mathbf{9}$

$a'<b'$ より

$(a', b')=(1, 8), (2, 7), (4, 5)$ ……　**3** 組

よって，a が最大のものは

$a=13\cdot4=\mathbf{52}$，$b=13\cdot5=\mathbf{65}$

⬅ $a'=3$ と $b'=6$ は互いに素ではない。

§7 1

STAGE 1　56　整数の割り算

■ 91　商と余り ■

整数 a を正の整数 b で割ったときの商を q，余りを r とすると

$$a=bq+r,\ 0\leqq r<b$$

（例）(1)　37 を 7 で割ると，商は 5，余りは 2

$$37=7\cdot5+2$$

$$\begin{array}{r} 5 \\ 7\overline{)37} \\ 35 \\ \hline 2 \end{array}$$

(2)　-23 を 9 で割ると，商は -3，余りは 4

$$-23=9\cdot(-3)+4$$

（割られる数）＝（割る数）×（商）＋（余り）

■ 92　ユークリッドの互除法 ■

2つの自然数 a，b について，a を b で割ったときの商を q，余りを r とすると

a と b の最大公約数は，b と r の最大公約数に等しい。

この性質を利用して，a と b の最大公約数を求める方法を，**ユークリッドの互除法**という。

手順　(1)　a を b で割ったときの余り r を求める。

(2)　$r>0$ のとき，b の値を a に，r の値を b に置き換えて(1)にもどる。

$r=0$ のとき，(3)に進む。

(3)　このときの b が最大公約数である。

（例）315 と 255 の最大公約数を求める。

$$315=255\cdot1+60$$

$$255=60\cdot4+15$$

$$60=15\cdot4+0$$

よって，最大公約数は　15

例題 91　3分・6点

二つの整数 a, b を5で割ったときの余りは，それぞれ2，4である。このとき $3a$ を5で割ったときの余りは ア ，$a-2b$ を5で割ったときの余りは イ ，ab を5で割ったときの余りは ウ である。

解答

$a=5p+2$, $b=5q+4$（p, q は整数）とおける。

$$3a=3(5p+2)=15p+6=5(3p+1)+1$$

$$a-2b=(5p+2)-2(5q+4)=5p-10q-6$$
$$=5(p-2q-2)+4$$

$$ab=(5p+2)(5q+4)=25pq+20p+10q+8$$
$$=5(5pq+4p+2q+1)+3$$

よって，余りはそれぞれ　**1，4，3**

（注）　a, b を具体的な数字にして求めてもよい。

$a=2$, $b=4$ のとき

$$3a=6=5+1$$
$$a-2b=-6=5\cdot(-2)+4$$
$$ab=8=5\cdot1+3$$

← 余り r は $0\leqq r\leqq4$ の範囲で求める。

例題 92　2分・4点

ユークリッドの互除法を用いると

(1)　759 と 322 の最大公約数は アイ である。

(2)　1505 と 1032 の最大公約数は ウエ である。

解答

(1)

$$759=322\cdot2+115$$
$$322=115\cdot2+92$$
$$115=92\cdot1+23$$
$$92=23\cdot4+0$$

よって，最大公約数は　**23**

← 割り切れて，余りが0になった。

(2)

$$1505=1032\cdot1+473$$
$$1032=473\cdot2+86$$
$$473=86\cdot5+43$$
$$86=43\cdot2+0$$

よって，最大公約数は　**43**

← 割り切れた。

STAGE 1　57　整数の分類

■93　余りによる分類■

すべての整数は，2で割った余りで分類して

$$\begin{cases} 2k & \text{（偶数）} \\ 2k+1 & \text{（奇数）（}2k-1\text{ でもよい）} \end{cases} \quad (k:\text{整数})$$

と表すことができる。

3で割った余りで分類すると

$$\begin{cases} 3k & \text{（3 で割り切れる）} \\ 3k+1 & \text{（3 で割って余りが 1）} \\ 3k+2 & \text{（3 で割って余りが 2）（}3k-1\text{ でもよい）} \end{cases} \quad (k:\text{整数})$$

と表すことができる。

（例）　n を整数とする

(1)　n^2 を4で割ったときの余りは　0か1である。

$n=2k$　のとき　$n^2=4k^2$

$n=2k+1$　のとき　$n^2=4(k^2+k)+1$

(2)　n^2 を3で割ったときの余りは　0か1である。

$n=3k$　のとき　$n^2=3\cdot3k^2$

$n=3k+1$　のとき　$n^2=3(3k^2+2k)+1$

$n=3k+2$　のとき　$n^2=3(3k^2+4k+1)+1$

n^2 を4で割ったときの余りが2または3になることはない。
n^2 を3で割ったときの余りが2になることはない。

■94　連続する整数の積■

連続する2つの整数の積は2の倍数である。
連続する3つの整数の積は6の倍数である。

（例）　n を整数とする。

$n^2+n=n(n+1)$　は2の倍数

$n^2-n=(n-1)n$　は2の倍数

$n^3+3n^2+2n=n(n+1)(n+2)$　は6の倍数

$n^3-n=(n-1)n(n+1)$　は6の倍数

連続する3整数には2の倍数と3の倍数が含まれる。

例題 93　3分・7点

n を5の倍数でない整数とする。このとき，n^2 を5で割った余りは［ア］または［イ］であり，n^4 を5で割った余りは［ウ］である。また，n^5-n を5で割った余りは［エ］である。

解答

n は $n=5k\pm1$，$5k\pm2$（k は整数）とおける。

$$n=5k\pm1 \text{ のとき } n^2=5(5k^2\pm2k)+1$$
$$n=5k\pm2 \text{ のとき } n^2=5(5k^2\pm4k)+4$$
（複号同順）

よって，n^2 を5で割った余りは　**1**　または　**4**

このとき，$n^2=5l+1$，$5l+4$（l は整数）とおけるから

$$n^2=5l+1 \text{ のとき } n^4=5(5l^2+2l)+1$$
$$n^2=5l+4 \text{ のとき } n^4=5(5l^2+8l+3)+1$$

よって，n^4 を5で割った余りは　**1**

したがって，n^4-1 は5で割り切れるから

$n^5-n=n(n^4-1)$ は5で割り切れる。

よって，n^5-n を5で割った余りは　**0**

(注)　$n=\pm1$，±2 とおいて求めてもよい。

⬅ $5k+4$ の代わりに $5k-1$ を，$5k+3$ の代わりに $5k-2$ を用いる。

⬅ $n^2=5l\pm1$ とおいてもよい。

例題 94　2分・4点

次の命題 p，q の真偽を調べよ．

p：奇数の平方から1を引いた数は8の倍数である。

q：n が整数のとき，$2n^3+3n^2+n$ は6の倍数である。

このとき，p は［ア］，q は［イ］である。

⓪　真　　①　偽

解答

奇数を $2k+1$（k は整数）とおくと

$$(2k+1)^2-1=4k(k+1)$$

$k(k+1)$ は連続する2つの整数の積であるから2の倍数である。ゆえに，$4k(k+1)$ は8の倍数である。

よって，p は真（⓪）

$$2n^3+3n^2+n=(n^3-n)+(n^3+3n^2+2n)$$
$$=(n-1)n(n+1)+n(n+1)(n+2)$$

$(n-1)n(n+1)$，$n(n+1)(n+2)$ はそれぞれ連続する3つの整数の積であるから6の倍数である。

よって，q は真（⓪）

⬅ n^3-n と n^3+3n^2+2n を作る。

§7 1

STAGE 1　58　n 進法

■ 95　10 進法と n 進法 ■

・n 進法で表された数を 10 進法で表す方法

(例)　(1)　$1101_{(2)}=1\cdot 2^3+1\cdot 2^2+0\cdot 2+1=13$

(2)　$2012_{(3)}=2\cdot 3^3+0\cdot 3^2+1\cdot 3+2=59$

(3)　$1430_{(5)}=1\cdot 5^3+4\cdot 5^2+3\cdot 5+0=240$

・10 進法で表された数を n 進法で表す方法

(例)　(1)　$13=1101_{(2)}$　　(2)　$59=2012_{(3)}$　　(3)　$240=1430_{(5)}$

$$\begin{array}{rrl} 2) & 13 & \text{余り} \\ 2) & 6 & \cdots 1 \\ 2) & 3 & \cdots 0 \\ & 1 & \cdots 1 \end{array}\qquad \begin{array}{rrl} 3) & 59 & \text{余り} \\ 3) & 19 & \cdots 2 \\ 3) & 6 & \cdots 1 \\ & 2 & \cdots 0 \end{array}\qquad \begin{array}{rrl} 5) & 240 & \text{余り} \\ 5) & 48 & \cdots 0 \\ 5) & 9 & \cdots 3 \\ & 1 & \cdots 4 \end{array}$$

■ 96　n 進法の小数 ■

・n 進法で表された小数を 10 進法で表す方法

(例)　(1)　$0.011_{(2)}=0\cdot\dfrac{1}{2}+1\cdot\dfrac{1}{2^2}+1\cdot\dfrac{1}{2^3}=0.375$

(2)　$0.243_{(5)}=2\cdot\dfrac{1}{5}+4\cdot\dfrac{1}{5^2}+3\cdot\dfrac{1}{5^3}=0.584$

・10 進法で表された小数を n 進法で表す方法

(例)　(1)　$0.375=0.011_{(2)}$　　(2)　$0.584=0.243_{(5)}$

$$\begin{array}{r} 0.375 \\ \times\quad 2 \\ \hline \boxed{0}.750 \\ \times\ 2 \\ \hline \boxed{1}.500 \\ \times\ 2 \\ \hline \boxed{1}.000 \end{array}\qquad\qquad \begin{array}{r} 0.584 \\ \times\quad 5 \\ \hline \boxed{2}.920 \\ \times\ 5 \\ \hline \boxed{4}.600 \\ \times\ 5 \\ \hline \boxed{3}.000 \end{array}$$

例題 95　4分・8点

次の n 進法の数を 10 進法で，10 進法の数を n 進法で表せ。

(1)　$110111_{(2)}=$ アイ　　(2)　$112201_{(3)}=$ ウエオ

(3)　$26=$ カキクケコ $_{(2)}$　　(4)　$219=$ サシスセソ $_{(3)}$

解答

(1)　$1\cdot 2^5+1\cdot 2^4+0\cdot 2^3+1\cdot 2^2+1\cdot 2+1=\mathbf{55}$

(2)　$1\cdot 3^5+1\cdot 3^4+2\cdot 3^3+2\cdot 3^2+0\cdot 3+1=\mathbf{397}$

(3)　$\mathbf{11010}_{(2)}$　　(4)　$\mathbf{22010}_{(3)}$

```
2)26                 3)219
2)13 … 0  ↑          3) 73 … 0  ↑
2) 6 … 1             3) 24 … 1
2) 3 … 0             3)  8 … 0
   1 … 1                 2 … 2
```

例題 96　4分・8点

次の n 進法の小数を 10 進法で，10 進法の小数を n 進法で表せ。

(1)　$0.1101_{(2)}=0.$ アイウエ　　(2)　$0.4132_{(5)}=0.$ オカキク

(3)　$0.6875=0.$ ケコサシ $_{(2)}$　　(4)　$0.2368=0.$ スセソタ $_{(5)}$

解答

(1)　$1\cdot\dfrac{1}{2}+1\cdot\dfrac{1}{2^2}+0\cdot\dfrac{1}{2^3}+1\cdot\dfrac{1}{2^4}=\mathbf{0.8125}$　　⬅ $\dfrac{13}{16}$

(2)　$4\cdot\dfrac{1}{5}+1\cdot\dfrac{1}{5^2}+3\cdot\dfrac{1}{5^3}+2\cdot\dfrac{1}{5^4}=\mathbf{0.8672}$　　⬅ $\dfrac{542}{625}$

(3)　$\mathbf{0.1011}_{(2)}$　　(4)　$\mathbf{0.1043}_{(5)}$

```
    0.6875           0.2368
  ×      2         ×      5
↓  1 .3750       ↓  1 .1840
       × 2              × 5
   0 .7500          0 .9200
       × 2              × 5
   1 .5000          4 .6000
       × 2              × 5
   1 .0000          3 .0000
```

STAGE 1 59 分数と小数

■97 有理数と小数■

・有理数 …… $\dfrac{m}{n}$ (m，n は整数，$n>0$) の形に表される数

・有理数を小数で表すとき

$\begin{cases}\text{有限小数} \cdots\cdots \text{小数第何位かで終わる} \\ \text{循環小数} \cdots\cdots \text{小数部分のある位以下の数字を繰り返す}\end{cases}$

（例） 有限小数 $\dfrac{7}{10}=0.7$， $\dfrac{3}{8}=0.375$

循環小数 $\dfrac{1}{3}=0.333\cdots\cdots=0.\dot{3}$， $\dfrac{2}{11}=0.181818\cdots\cdots=0.\dot{1}\dot{8}$

（注） 有理数が有限小数になるのは，分母の素因数が 2 と 5 だけの場合である。

■98 有理数と n 進法■

有理数を小数で表すとき記数法の底（n 進法の n のこと）によって，有限小数で表されたり，循環小数で表されたりする。

（例） (1) $\dfrac{1}{3}$ を 10 進法の小数で表すと

$$\frac{1}{3}=0.\dot{3}$$

(2) $\dfrac{1}{3}$ を 2 進法の小数で表すと，右の計算から

$$\frac{1}{3}=\frac{1}{11_{(2)}}=0.\dot{0}\dot{1}_{(2)}$$

$$\begin{array}{r} 0.010101\cdots\cdots \\ 11\,\overline{)\,1.00} \\ \underline{11} \\ 100 \\ \underline{11} \\ 100 \end{array}$$

(3) $\dfrac{1}{3}$ を 3 進法の小数で表すと

$$\frac{1}{3}=0+1\cdot\frac{1}{3}=0.1_{(3)}$$

$$\begin{array}{cc} 0+ & 1\cdot\frac{1}{3} \\ \downarrow & \downarrow \\ 0\,. & 1_{(3)} \end{array}$$

例題 97　6 分・8 点

(1)　次の分数を小数で表せ。また，小数を分数で表せ。

$$\frac{15}{11}=\boxed{\text{ア}}.\dot{\boxed{\text{イ}}}\dot{\boxed{\text{ウ}}}$$

$$0.375=\frac{\boxed{\text{エ}}}{\boxed{\text{オ}}},\quad 0.\dot{4}\dot{2}=\frac{\boxed{\text{カキ}}}{\boxed{\text{クケ}}}$$

(2)　$\frac{2}{7}$ を小数で表したとき，小数第 100 位の数字は $\boxed{\text{コ}}$，小数第 200 位の数字は $\boxed{\text{サ}}$ である。

解答

(1)　$\frac{15}{11}=1.3636\cdots\cdots=\mathbf{1.\dot{3}\dot{6}}$，$0.375=\frac{375}{1000}=\mathbf{\frac{3}{8}}$

← 375 と 1000 の最大公約数は 125

$x=0.\dot{4}\dot{2}$ とおくと

$$100x=42.4242\cdots\cdots$$
$$x=\ \ 0.4242\cdots\cdots$$

辺々引くと

$$99x=42 \qquad \therefore\quad x=\frac{42}{99}=\mathbf{\frac{14}{33}}$$

(2)　$\frac{2}{7}=0.\dot{2}8571\dot{4}$ より，小数第 1 位から 285714 の 6 個の数字が繰り返される。

$$100=6\cdot16+4,\quad 200=6\cdot33+2$$

← 循環節の 4 番目，2 番目

小数第 100 位の数字は **7**，小数第 200 位の数字は **8**

例題 98　3 分・6 点

$\frac{1}{5}$ を 10 進法の小数で表すと $0.\boxed{\text{ア}}$，2 進法の小数で表すと $0.\dot{\boxed{\text{イ}}}\boxed{\text{ウ}}\boxed{\text{エ}}\dot{\boxed{\text{オ}}}_{(2)}$，5 進法の小数で表すと $0.\boxed{\text{カ}}_{(5)}$ である。

解答

$$\frac{1}{5}=\mathbf{0.2}$$

$$\frac{1}{5}=\frac{1}{101_{(2)}}=\mathbf{0.\dot{0}01\dot{1}}_{(2)}$$

$$\frac{1}{5}=1\cdot\frac{1}{5}=\mathbf{0.1}_{(5)}$$

```
        0.001100……
101 ) 1000
       101
        110
        101
        1000
```

←

```
 0.2
× 2
 0.4
× 2
 0.8
× 2
 1.6
× 2
 1.2
```

STAGE 1  

類題 87　　　　　　　　　　　　　　　　（3分・5点）

a，bを0以上9以下の整数とする。4桁の自然数 $N=8a2b$ が36の倍数になるような$(a,\ b)$の組は［ア］組あり，このうちNの値が最も小さいものは$a=$［イ］，$b=$［ウ］である。

類題 88　　　　　　　　　　　　　　　　（4分・8点）

3528の因数で素数であるものをa，b，c $(a<b<c)$とすると

$a=$［ア］，$b=$［イ］，$c=$［ウ］

であり，3528を素因数分解すると

$3528=a^{［エ］}\cdot b^{［オ］}\cdot c^{［カ］}$

となる。

3528の正の約数は［キク］個あり，このうち3の倍数は［ケコ］個ある。

類題　89　(4分・8点)

(1)　二つの数 252，630 の最大公約数は アイウ ，最小公倍数は エオカキ である。

(2)　三つの数 198，330，693 の最大公約数は クケ ，最小公倍数は コサシス である。

類題　90　(4分・8点)

最大公約数が 6 で，最小公倍数が 216 である二つの自然数 a，b $(a<b)$ を求めたい。

$$a=6a',\ b=6b'\ (a',\ b' \text{ は互いに素な自然数})$$

とおくと，$a'b'=$ アイ であり，この式を満たす $(a',\ b')$ の組は ウ 組ある。

求める a，b のうち，a の値が最大であるものは $a=$ エオ ，$b=$ カキ である。

類題 91　　(4分・6点)

二つの整数a，bを7で割った余りは，それぞれ3，5である。このとき，$2(a+b)$ を7で割った余りは [ア]，a^2-b^2 を7で割った余りは [イ]，a^2b を7で割った余りは [ウ] である。

類題 92　　(3分・4点)

ユークリッドの互除法を用いると

(1)　2041 と 1729 の最大公約数は [アイ] である。

(2)　8723 と 4235 の最大公約数は [ウエ] である。

類題 93 （5分・7点）

n を7の倍数でない整数とする。このとき，n^2 を7で割った余りは [ア] または [イ] または [ウ] であり，n^6 を7で割った余りは [エ] である。また，n^7+6n を7で割った余りは [オ] である。

類題 94 （2分・4点）

次の命題 p，q の真偽を調べよ。

p：連続する2つの偶数の2乗の差は8の倍数である。

q：n が整数のとき，$4n^3+3n^2-n$ は6の倍数である。

このとき，p は [ア]，q は [イ] である。[ア]，[イ] に当てはまるものを，次の⓪，①から一つずつ選べ。ただし，同じものを繰り返し選んでもよい。

⓪　真　　　①　偽

類題 95 (4分・8点)

次の n 進法の数を10進法で，10進法の数を n 進法で表せ。

(1) $2301_{(4)}=$ アイウ

(2) $1240_{(5)}=$ エオカ

(3) $198=$ キクケコ $_{(4)}$

(4) $422=$ サシスセ $_{(5)}$

類題 96 (4分・8点)

次の n 進法の小数を10進法で，10進法の小数を n 進法で表せ。

(1) $0.232_{(4)}=0.$ アイウエオ

(2) $10.101_{(2)}=$ カ . キクケ

(3) $0.890625=0.$ コサシ $_{(4)}$

(4) $3.25=$ スセ . ソタ $_{(2)}$

類題　97　（6分・10点）

(1)　次の分数を小数で表せ。また，小数を分数で表せ。

$$\frac{16}{37}=0.\dot{\boxed{ア}}\boxed{イ}\dot{\boxed{ウ}},\quad 0.4375=\frac{\boxed{エ}}{\boxed{オカ}}$$

$$0.\dot{2}7\dot{0}=\frac{\boxed{キク}}{\boxed{ケコ}},\quad 0.\dot{3}5\dot{1}=\frac{\boxed{サシ}}{\boxed{スセソ}}$$

(2)　$\frac{3}{14}$ を小数で表したとき，小数第100位の数字は $\boxed{タ}$，小数第200位の数字は $\boxed{チ}$ である。

類題　98　（3分・6点）

$\frac{7}{9}$ を10進法の小数で表すと $0.\dot{\boxed{ア}}$，3進法の小数で表すと $0.\boxed{イウ}_{(3)}$，9進法の小数で表すと $0.\boxed{エ}_{(9)}$ である。

§7
1

STAGE 2　60　素因数分解の応用

■ 99　素因数分解の応用 ■

(1)　21 と互いに素な自然数 n

$21=3\cdot7$ より，n は 3 でも 7 でも割り切れない数

$$n=1, 2, 4, 5, 8, 10, 11, 13, \cdots\cdots$$

自然数
3の倍数
7の倍数

(2)　$\sqrt{12n}$ が整数になるような自然数 n

$12=2^2\cdot3$ より $n=3\cdot$(平方数) で表される数

$$n=3,\ 12,\ 27,\ 48,\ \cdots\cdots$$

(注) ある自然数の 2 乗になる数を平方数，
ある自然数の 3 乗になる数を立方数という。

(3)　$\dfrac{18}{n-5}$ が正の整数になるような整数 n

$n-5$ は 18 の正の約数(1, 2, 3, 6, 9, 18)

$$n=6,\ 7,\ 8,\ 11,\ 14,\ 23$$

(4)　$n^2-20n+91$ が素数であるような整数 n

$n^2-20n+91=(n-7)(n-13)$ から

$$n-7=\pm1 \quad \text{または} \quad n-13=\pm1$$

$$\therefore \quad n=6,\ 8,\ 12,\ 14$$

このうち，$n^2-20n+91$ が素数(>0)になるのは

$$n=6,\ 14$$

(5)　20! が 2^n で割り切れるような最大の整数 n

20! に含まれる素因数 2 の個数を求める。

1～20 の中に

2 の倍数：	2,	4,	6,	8,	10,	12,	14,	16,	18,	20	……	10 個
4 の倍数：		4,		8,		12,		16,		20	……	5 個
8 の倍数：				8,				16,			……	2 個
16 の倍数：								16,			……	1 個

これより

$$20!=2^{10+5+2+1}\cdot(\text{奇数})=2^{18}\cdot(\text{奇数})$$

であるから，$n=18$

例題 99　6分・10点

(1) nを自然数として，$360n$が平方数になるような最小のnは［アイ］であり，$360n$が立方数になるような最小のnは［ウエ］である。また，360以下の自然数のうち，360と互いに素な自然数は［オカ］個ある。

(2) $10!=2^{\boxed{キ}}d$（dは奇数）と表される。また，100!が2^nで割り切れるような最大の整数nは［クケ］である。

解答

(1) $360=2^3\cdot3^2\cdot5$より，$360n$が平方数になるような最小のnは$2\cdot5=\mathbf{10}$，立方数になるような最小のnは

$$3\cdot5^2=\mathbf{75}$$

また，360と互いに素な自然数は，1～360の中から，2の倍数，3の倍数，5の倍数を除いたものである。

⬅ 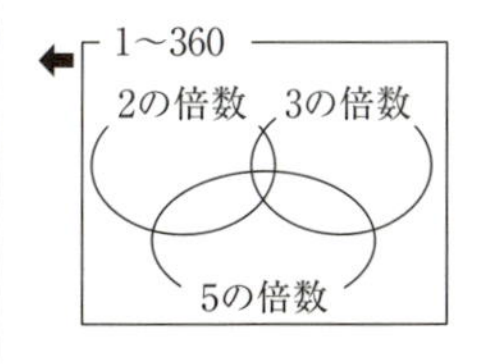

2の倍数は180個，3の倍数は120個，5の倍数は72個，6の倍数は60個，10の倍数は36個，15の倍数は24個，30の倍数は12個あるから

$$360-(180+120+72)+(60+36+24)-12=\mathbf{96}$$

(2) $10!=10\cdot9\cdot8\cdot7\cdot6\cdot5\cdot4\cdot3\cdot2\cdot1$

⬅ $10\cdot9\cdot8\cdot7\cdot6\cdot5\cdot4\cdot3\cdot2\cdot1$
$=10\cdot8\cdot6\cdot4\cdot2\cdot$(奇数)
$=2\cdot2^3\cdot2\cdot2^2\cdot2\cdot$(奇数)

1～10の中に

2の倍数は5個
4の倍数は2個
8の倍数は1個

含まれるから

$$10!=2^{5+2+1}d=2^{\mathbf{8}}d$$

また，1～100の中に

2の倍数は50個
4の倍数は25個
8の倍数は12個
16の倍数は6個
32の倍数は3個
64の倍数は1個

あるから

$$50+25+12+6+3+1=\mathbf{97}$$

⬅ $100!=2^{97}\cdot$(奇数)

STAGE 2　61　不定方程式

100　不定方程式

a，b，c を整数，a，b は互いに素であるとする。x，y の1次方程式

$$ax+by=c \qquad \cdots\cdots(*)$$

の整数解は，$(*)$を満たす1組の解$(x_0,\ y_0)$を用いて

$$x=bk+x_0,\ y=-ak+y_0 \quad (k \text{ は整数})$$

となる。

(例1)　$3x+5y=1$　……①

$x=2$，$y=-1$ は①を満たすから

$$3\cdot2+5(-1)=1 \qquad \cdots\cdots②$$

①−②から

$$3(x-2)+5(y+1)=0$$
$$3(x-2)=-5(y+1)$$

3と5は互いに素であるから，$x-2=5k$ とおくと　$y+1=-3k$

よって，①の整数解は

$$x=5k+2,\ y=-3k-1 \quad (k \text{ は整数})$$

(例2)　$31x-22y=1$　……①

ユークリッドの互除法を用いて，①の1組の整数解を求めると

$31=22\cdot1+9$ から　$9=31-22\cdot1$　……㋐

$22=9\cdot2+4$ から　$4=22-9\cdot2$　……㋑

$9=4\cdot2+1$ から　$1=9-4\cdot2$　……㋒

ゆえに（㋒に㋑を代入，整理する，㋐を代入）

$$1=9-(22-9\cdot2)\cdot2=9\cdot5-22\cdot2=(31-22\cdot1)\cdot5-22\cdot2$$
$$=31\cdot5-22\cdot7$$

これより，$x=5$，$y=7$ は①を満たすから，例1と同様にして

$$31(x-5)-22(y-7)=0$$
$$31(x-5)=22(y-7)$$

31と22は互いに素であるから，$x-5=22k$ とおくと　$y-7=31k$

よって，①の整数解は

$$x=22k+5,\ y=31k+7 \quad (k \text{ は整数})$$

例題 100　**9 分・16 点**

(1)　不定方程式 $13x+3y=1$　……①　の整数解は

$$x=-\boxed{\text{ア}}k+\boxed{\text{イ}},\quad y=\boxed{\text{ウエ}}k-\boxed{\text{オ}}\quad (k\text{ は整数})$$

である。

(2)　78 と 163 について，ユークリッドの互除法を用いると

$$163=78\cdot\boxed{\text{カ}}+\boxed{\text{キ}},\quad 78=\boxed{\text{キ}}\cdot\boxed{\text{クケ}}+1$$

となる。このことを利用して

不定方程式 $78x+163y=1$　……②　の整数解を 1 組求めると

$$x=\boxed{\text{コサ}},\quad y=-\boxed{\text{シス}}$$

である，また，不定方程式 $78x+163y=2$　……③　の整数解は

$$x=\boxed{\text{セソタ}}k+\boxed{\text{チツ}},\quad y=-\boxed{\text{テト}}k-\boxed{\text{ナニ}}\quad (k\text{ は整数})$$

である。

解答

(1)　$x=1,\ y=-4$ は①を満たすから，①は

$$13(x-1)+3(y+4)=0$$
$$13(x-1)=-3(y+4)$$

と変形できる。3 と 13 は互いに素であるから

$$\begin{cases} x-1=-3k \\ y+4=13k \end{cases} \quad \therefore \quad \begin{cases} x=\mathbf{-3}k+\mathbf{1} \\ y=\mathbf{13}k-\mathbf{4} \end{cases} \quad (k\text{ は整数})$$

←
$$\begin{array}{r} 13x+3y=1 \\ -)\ 13\cdot1+3(-4)=1 \\ \hline 13(x-1)+3(y+4)=0 \end{array}$$

(2)　ユークリッドの互除法を用いると

$$163=78\cdot\mathbf{2}+\mathbf{7},\quad 78=7\cdot\mathbf{11}+1$$

これより

$$1=78-7\cdot11=78-(163-78\cdot2)\cdot11$$
$$=78\cdot(1+2\cdot11)-163\cdot11$$
$$=78\cdot23+163\cdot(-11)$$

ゆえに，$x=\mathbf{23},\ y=-\mathbf{11}$ は②を満たす。

これらの値を 2 倍した $x=46,\ y=-22$ は③を満たすから，③は

$$78(x-46)+163(y+22)=0$$
$$78(x-46)=-163(y+22)$$

と変形できる。78 と 163 は互いに素であるから

$$\begin{cases} x-46=163k \\ y+22=-78k \end{cases}$$

$$\therefore \quad \begin{cases} x=\mathbf{163}k+\mathbf{46} \\ y=-\mathbf{78}k-\mathbf{22} \end{cases} \quad (k\text{ は整数})$$

← $78\cdot23+163\cdot(-11)=1$

$78\cdot46+163\cdot(-22)=2$

$$\begin{array}{r} 78x+163y=2 \\ -)\ 78\cdot46+163(-22)=2 \\ \hline 78(x-46)+163(y+22)=0 \end{array}$$

§7
2

STAGE 2　62　n 進法に関する問題

■101　n 進法に関する問題 ■

(1)　**桁数**

n 進法で表すと k 桁になる自然数 N は

$n^{k-1} \leqq N < n^k$

(例)　2 進法で表すと 8 桁になる自然数 N は

$2^7 \leqq N < 2^8$　　$\therefore$　$128 \leqq N < 256$

3 進法で表すと 5 桁になる自然数 N は

$3^4 \leqq N < 3^5$　　$\therefore$　$81 \leqq N < 243$

(2)　**異なる底(n)で表される数**

(例)　自然数 N を 7 進法で表すと $ab_{(7)}$，9 進法で表すと $ba_{(9)}$ になるという。このとき，a，b は 6 以下の自然数であり

$N = ab_{(7)} = 7a + b$

$N = ba_{(9)} = 9b + a$

から

$7a + b = 9b + a$

$\therefore$　$3a = 4b$

これを満たす 6 以下の自然数 a，b は

$a = 4$，$b = 3$

$\therefore$　$N = 7 \cdot 4 + 3 = 31$

(注)　n 進法では，0，1，2，……，$n-1$ の n 個の数字(記号)を用いるため，N を 7 進法で表すとき，a，b は 0 以上 6 以下の整数である。さらに，最高位の数字は 0 でないので，a，b は 1 以上 6 以下の自然数になる。

例題 101　**6 分・12 点**

(1)　2 進法で表すと 100 桁の自然数 N は，4 進法で表すと [アイ] 桁の数になり，8 進法で表すと [ウエ] 桁の数になる。

(2)　自然数 N を 7 進法で表すと $abc_{(7)}$，8 進法で表すと $cba_{(8)}$ になり，いずれも 3 桁の数になるという。このとき，$a=$[オ]，$b=$[カ]，$c=$[キ] であり，$N=$[クケコ] である。

解答

(1)　条件より $2^{99} \leqq N < 2^{100}$ ……①　から

$$2\cdot 4^{49} \leqq N < 4^{50} \qquad \therefore \quad 4^{49} < N < 4^{50}$$

←4^k の形で表す。

よって，N は 4 進法で **50** 桁の数になる。また，①から

$$8^{33} \leqq N < 2\cdot 8^{33} \qquad \therefore \quad 8^{33} \leqq N < 8^{34}$$

←8^k の形で表す。

よって，N は 8 進法で **34** 桁の数になる。

(2)　題意より，a，b，c は

$$1 \leqq a \leqq 6,\ 0 \leqq b \leqq 6,\ 1 \leqq c \leqq 6$$

を満たす整数である。

$$N = abc_{(7)} = a\cdot 7^2 + b\cdot 7 + c$$
$$N = cba_{(8)} = c\cdot 8^2 + b\cdot 8 + a$$

から

$$49a + 7b + c = 64c + 8b + a$$

←$48a - b - 63c = 0$

$$\therefore \quad b = 48a - 63c = 3(16a - 21c) \qquad \cdots\cdots②$$

←b が 3 の倍数になることに注意する。

②より b は 3 の倍数であるから

$$b = 0,\ 3,\ 6$$

・$b=0$ のとき

②から　$16a - 21c = 0$　　$\therefore$　$16a = 21c$

これを満たす a，c は存在しない。

・$b=3$ のとき

②から　$16a - 21c = 1$　　$\therefore$　$16a = 21c + 1$

←$16a$ は偶数であるから，c は奇数。

これより　$a=4$，$c=3$

・$b=6$ のとき

②から　$16a - 21c = 2$　　$\therefore$　$16a = 21c + 2$

←c は偶数。

これを満たす a，c は存在しない。

←$a=8$，$c=6$ は不適。

よって，$a=$**4**，$b=$**3**，$c=$**3** であり

$$N = 4\cdot 7^2 + 3\cdot 7 + 3 = \mathbf{220}$$

STAGE 2　類　題

類題 99　（6分・10点）

(1)　n を自然数として，$756n$ が平方数になるような最小の n は $\boxed{アイ}$ であり，$756n$ が立方数になるような最小の n は $\boxed{ウエ}$ である。また，756 以下の自然数のうち，756 と互いに素な自然数は $\boxed{オカキ}$ 個ある。

(2)　$20!=2^{\boxed{クケ}}d$（d は奇数）と表される。また，$200!$ が 3^n で割り切れるような最大の整数 n は $\boxed{コサ}$ である。

類題 100　（9分・16点）

(1)　不定方程式 $7x+17y=1$ の整数解は

$$x=\boxed{アイ}k+\boxed{ウ},\quad y=-\boxed{エ}k-\boxed{オ}\quad（k は整数）$$

である。

(2)　291 と 71 について，ユークリッドの互除法を用いると

$$291=71\cdot\boxed{カ}+\boxed{キ},\quad 71=\boxed{キ}\cdot\boxed{クケ}+1$$

となる。このことを利用して，不定方程式 $291x+71y=1$ の整数解を1組求めると

$$x=-\boxed{コサ},\quad y=\boxed{シス}$$

である。また，不定方程式 $291x+71y=2$ ……(＊) の整数解は

$$x=-\boxed{セソ}k-\boxed{タチ},\quad y=\boxed{ツテト}k+\boxed{ナニ}\quad（k は整数）$$

である。

類題 101　　(9分・15点)

(1)　4進法で表すと40桁の自然数Nは，2進法で表すと［アイ］桁または［ウエ］桁の数になり，8進法で表すと［オカ］桁の数になる。

(2)　自然数Nを7進法で表すと$abc_{(7)}$，11進法で表すと$cba_{(11)}$になり，いずれも3桁の数になるという。このとき

$a=$［キ］，$b=$［ク］，$c=$［ケ］

または

$a=$［コ］，$b=$［サ］，$c=$［シ］

である。(［キ］<［コ］)

$a=$［キ］のとき$N=$［スセソ］である。

STAGE 1　63　三角形の内心，外心，重心 

102　角の二等分線

(1)　内角の二等分線

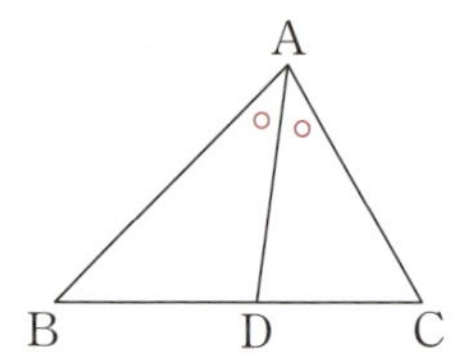

Dは辺BCをAB：ACの比に内分する

BD：DC＝AB：AC

(2)　外角の二等分線

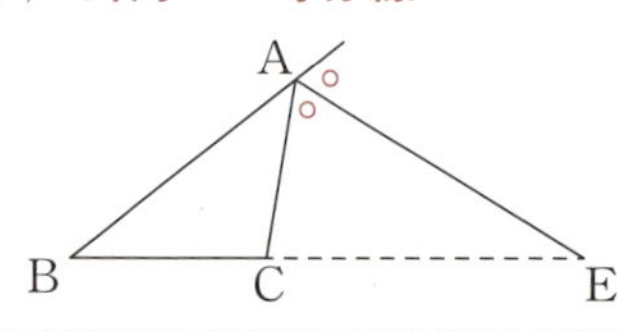

Eは辺BCをAB：ACの比に外分する

BE：EC＝AB：AC

103　三角形の内心，外心，重心

(1)　内心

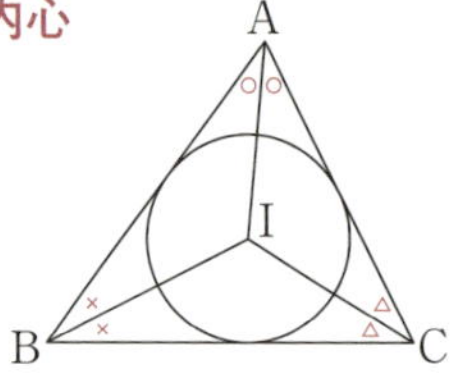

Iは内心：

内接円の中心，角の二等分線の交点

$\angle BIC = 90^\circ + \dfrac{1}{2}\angle BAC$

(2)　外心

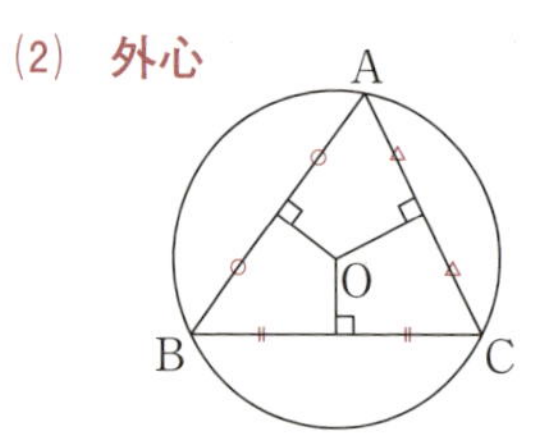

Oは外心：

外接円の中心，辺の垂直二等分線の交点

$\angle BOC = 2\angle BAC$

(3)　重心

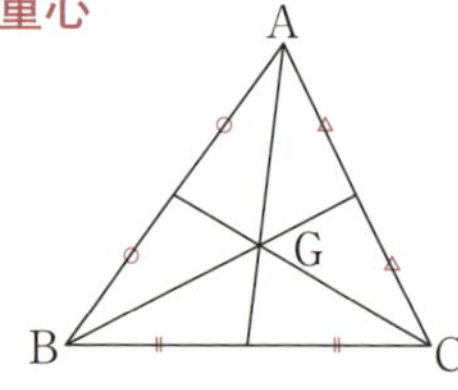

Gは重心：

3中線の交点，中線を2：1に内分する

例題 102　4分・8点

AB=5，AC=3，∠C=90° の直角三角形 ABC がある。∠A の二等分線と∠A の外角の二等分線が直線 BC と交わる点をそれぞれ D，E とすると

DC=$\dfrac{\boxed{\text{ア}}}{\boxed{\text{イ}}}$，AD=$\dfrac{\boxed{\text{ウ}}\sqrt{\boxed{\text{エ}}}}{\boxed{\text{オ}}}$，CE=$\boxed{\text{カ}}$，AE=$\boxed{\text{キ}}\sqrt{\boxed{\text{ク}}}$

である。

解答

$$BC=\sqrt{5^2-3^2}=4$$

BD：DC=AB：AC=5：3 より

$$DC=\frac{3}{8}BC=\mathbf{\frac{3}{2}},\quad AD=\sqrt{3^2+\left(\frac{3}{2}\right)^2}=\mathbf{\frac{3\sqrt{5}}{2}}$$

BE：EC=AB：AC=5：3 より

$$CE=\frac{3}{2}BC=\mathbf{6},\quad AE=\sqrt{3^2+6^2}=\mathbf{3\sqrt{5}}$$

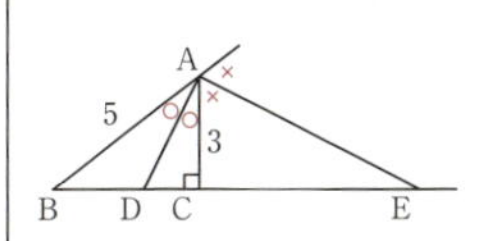

⬅ BC：CE=2：3

例題 103　3分・6点

△ABC と点 P がある。∠A=80° とする。

(1)　P が△ABC の外心であるとき，∠BPC=$\boxed{\text{アイウ}}$° である。

(2)　P が△ABC の内心であるとき，∠BPC=$\boxed{\text{エオカ}}$° である。

(3)　P が△ABC の重心であるとき，△ABC の面積は△PBC の面積の $\boxed{\text{キ}}$ 倍である。

解答

(1)　∠BPC=2∠BAC=**160°**

(2)　∠ABC+∠ACB=180°−∠A=100°

∴　∠PBC+∠PCB=50°

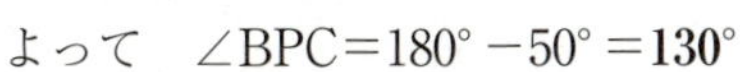

よって　∠BPC=180°−50°=**130°**

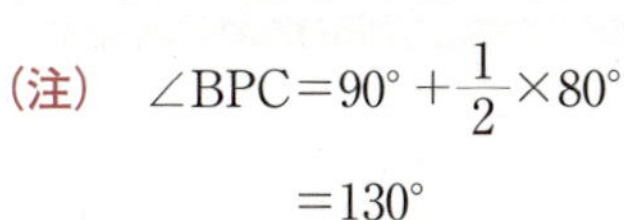

(注)　$\angle BPC=90°+\dfrac{1}{2}\times 80°$

$=130°$

⬅ 中心角は円周角の2倍。

⬅ 内心は角の二等分線の交点。

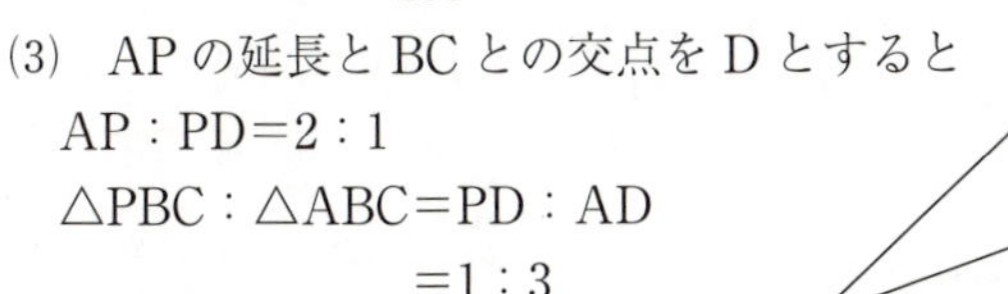

(3)　AP の延長と BC との交点を D とすると

AP：PD=2：1

△PBC：△ABC=PD：AD

=1：3

∴　**3倍**

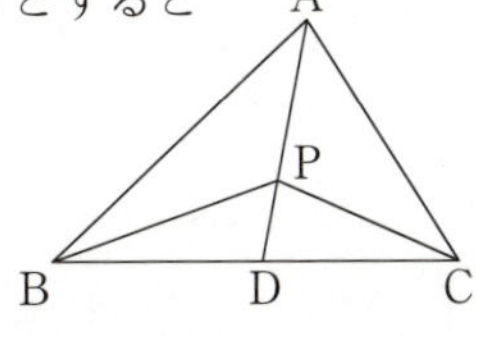

⬅ 重心は中線を2：1に内分する。

STAGE 1　64　メネラウスの定理，チェバの定理

104　メネラウスの定理

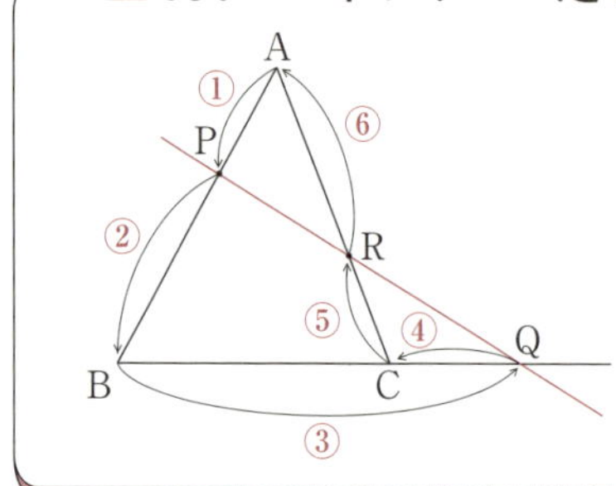

$$\overset{①}{\underset{②}{\frac{AP}{PB}}}\cdot\overset{③}{\underset{④}{\frac{BQ}{QC}}}\cdot\overset{⑤}{\underset{⑥}{\frac{CR}{RA}}}=1$$

三角形の辺またはその延長線と交わる1本の直線について成り立つ定理。各頂点から平行な直線を引いて証明される。

$$\frac{AP}{PB}\cdot\frac{BQ}{QC}\cdot\frac{CR}{RA}=\frac{AA'}{BB'}\cdot\frac{BB'}{CC'}\cdot\frac{CC'}{AA'}=1$$

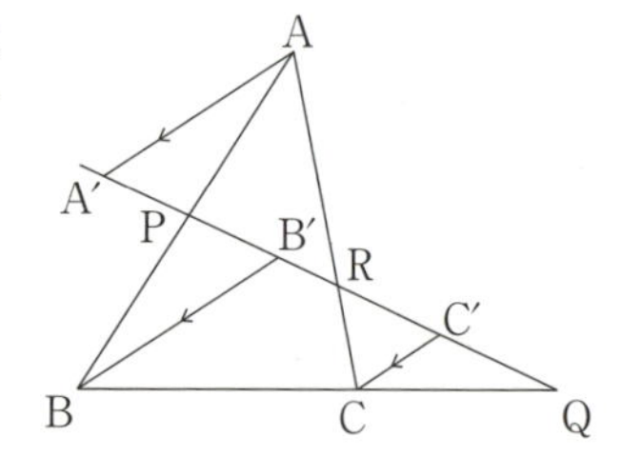

105　チェバの定理

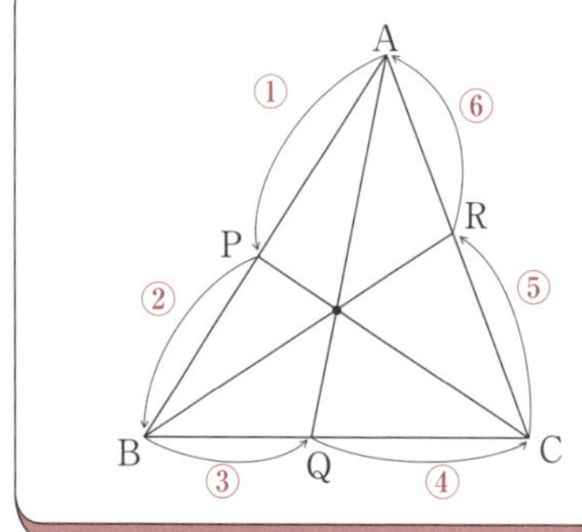

$$\overset{①}{\underset{②}{\frac{AP}{PB}}}\cdot\overset{③}{\underset{④}{\frac{BQ}{QC}}}\cdot\overset{⑤}{\underset{⑥}{\frac{CR}{RA}}}=1$$

三角形の各頂点を通る3本の直線が1点で交わるときに成り立つ定理。三角形の面積に注目して証明される。

$$\frac{AP}{PB}\cdot\frac{BQ}{QC}\cdot\frac{CR}{RA}=\frac{\triangle OAC}{\triangle OBC}\cdot\frac{\triangle OAB}{\triangle OAC}\cdot\frac{\triangle OBC}{\triangle OAB}=1$$

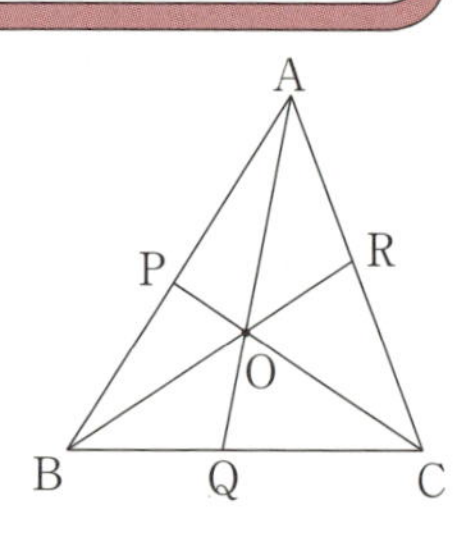

例題 104　**4分・6点**

△ABCの辺ABを2：1に内分する点をD，辺ACを3：2に内分する点をEとし，線分BEとCDの交点をFとする。このとき

$$\frac{BF}{FE}=\frac{\boxed{\text{ア}}}{\boxed{\text{イ}}},\quad \frac{DF}{FC}=\frac{\boxed{\text{ウ}}}{\boxed{\text{エ}}}$$ である。

解答

△ABEと直線DFにメネラウスの定理を用いると

$$\frac{AD}{DB}\cdot\frac{BF}{FE}\cdot\frac{EC}{CA}=1$$

$$\therefore\quad \frac{BF}{FE}=\frac{DB}{AD}\cdot\frac{CA}{EC}=\frac{1}{2}\cdot\frac{5}{2}=\mathbf{\frac{5}{4}}$$

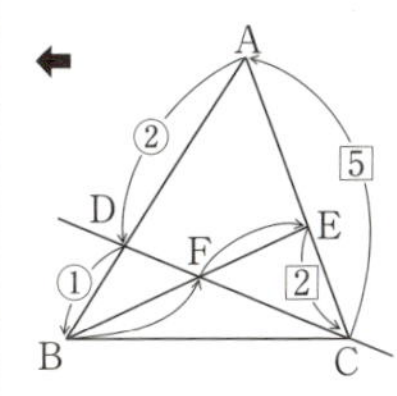

△ADCと直線EFにメネラウスの定理を用いると

$$\frac{CE}{EA}\cdot\frac{AB}{BD}\cdot\frac{DF}{FC}=1$$

$$\therefore\quad \frac{DF}{FC}=\frac{EA}{CE}\cdot\frac{BD}{AB}=\frac{3}{2}\cdot\frac{1}{3}=\mathbf{\frac{1}{2}}$$

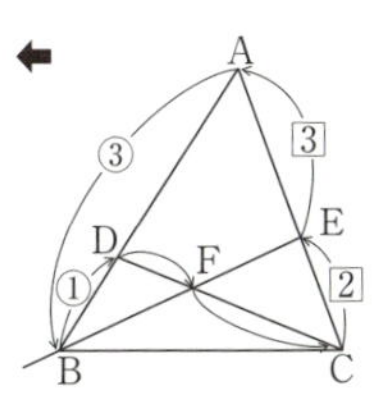

例題 105　**4分・6点**

△ABCの辺ABを2：1に内分する点をD，辺ACを3：2に内分する点をEとし，線分BEとCDの交点をF，直線AFと辺BCの交点をPとする。このとき

$$\frac{BP}{PC}=\frac{\boxed{\text{ア}}}{\boxed{\text{イ}}},\quad \frac{\triangle ABF}{\triangle ABC}=\frac{\boxed{\text{ウ}}}{\boxed{\text{エ}}}$$ である。

解答

△ABCにチェバの定理を用いると

$$\frac{AD}{DB}\cdot\frac{BP}{PC}\cdot\frac{CE}{EA}=1$$

$$\therefore\quad \frac{BP}{PC}=\frac{DB}{AD}\cdot\frac{EA}{CE}=\frac{1}{2}\cdot\frac{3}{2}=\mathbf{\frac{3}{4}}$$

$$\frac{\triangle ABF}{\triangle BCF}=\frac{AE}{EC}=\frac{3}{2},\quad \frac{\triangle ACF}{\triangle BCF}=\frac{AD}{DB}=\frac{2}{1}=\frac{4}{2}$$ より

$$\frac{\triangle ABF}{\triangle ABC}=\frac{3}{3+2+4}=\frac{3}{9}=\mathbf{\frac{1}{3}}$$

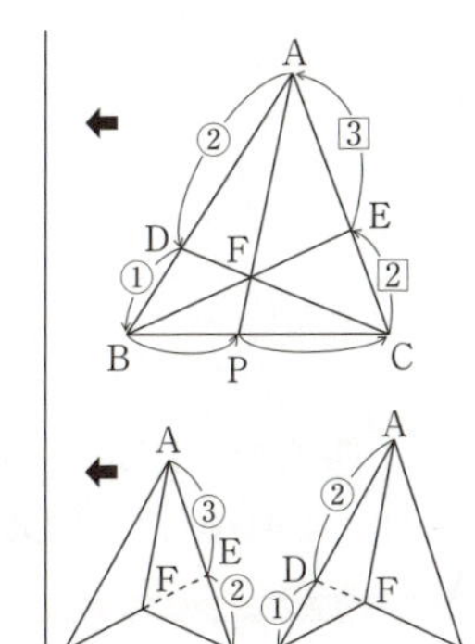

§8
1

STAGE 1　65　円に内接する四角形

■106　円に内接する四角形の性質■

(1)

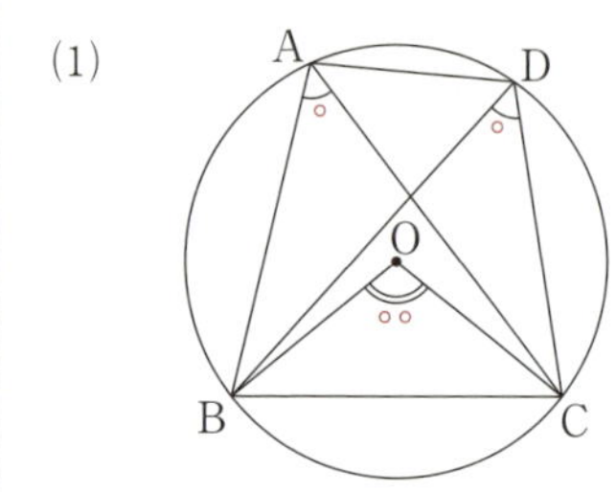

$\angle BAC = \angle BDC$

$= \frac{1}{2} \angle BOC$

(2)

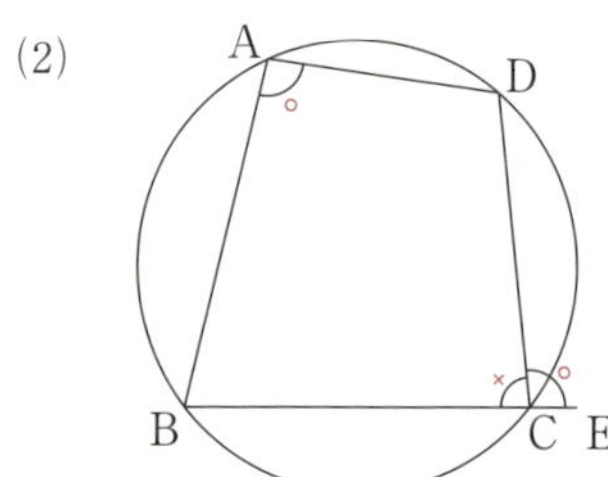

$\angle BAD + \angle BCD = 180°$

$\angle BAD = \angle DCE$

(1)　1つの弧に対する円周角の大きさは一定であり，中心角の大きさの $\frac{1}{2}$ である。

(2)　円に内接する四角形の対角の和は180°であり，四角形の内角は，その対角の外角に等しい。

■107　四角形が円に内接するための条件■

(1)

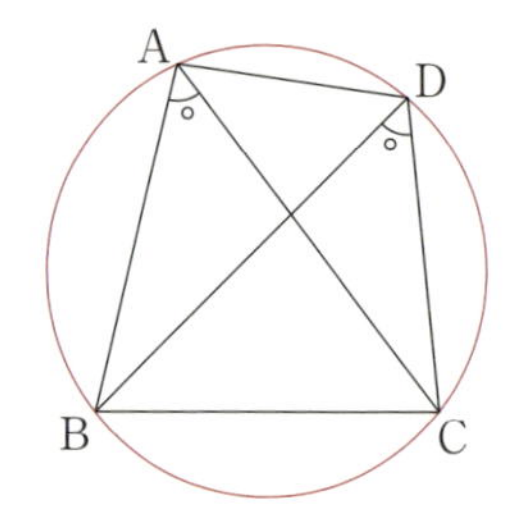

(2)

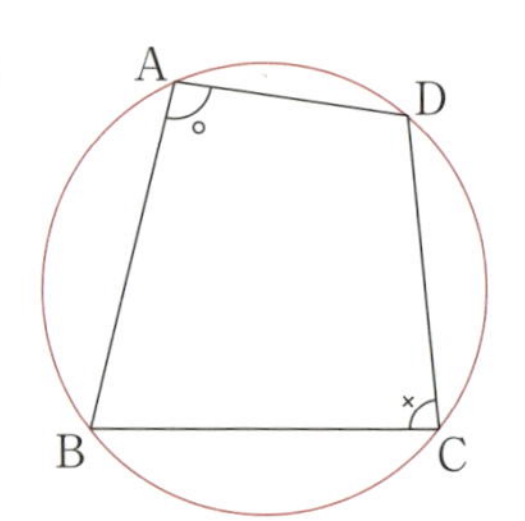

四角形ABCDが次のいずれかの条件を満たせば，円に内接する。

(1)　$\angle BAC = \angle BDC$　　(2)　$\angle BAD + \angle BCD = 180°$

特に　$\angle BAC = \angle BDC = 90°$ のとき　辺BCは円の直径

$\angle BAD = \angle BCD = 90°$ のとき　対角線BDは円の直径になる

例題 106　**3分・6点**

右図のように円Oに内接する四角形ABCDがあり，$\angle ABO=36^\circ$，$\angle ADC=112^\circ$ である。このとき，$\angle OBC=$ アイ °，$\angle BAC=$ ウエ ° である。

また，弧 $\overset{\frown}{ABC}$ と弧 $\overset{\frown}{ADC}$ の長さの比は オカ ： キク である。

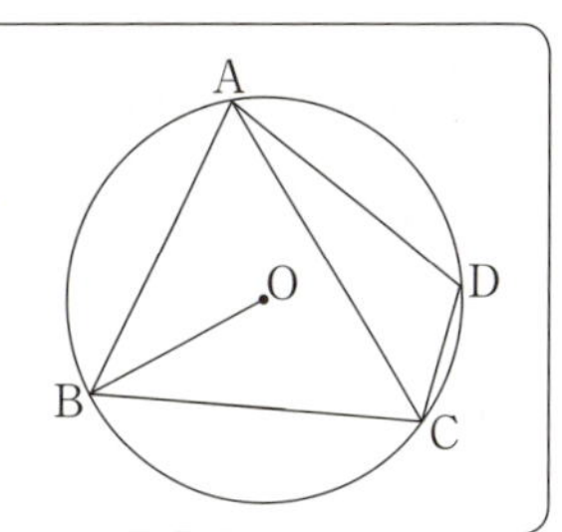

解答

$\angle ABC=180^\circ-\angle ADC=68^\circ$

$\therefore\quad \angle OBC=68^\circ-\angle ABO=\mathbf{32^\circ}$

$\angle BOC=180^\circ-2\times32^\circ=116^\circ$

$\therefore\quad \angle BAC=\dfrac{1}{2}\angle BOC=\mathbf{58^\circ}$

また

$\overset{\frown}{ABC}:\overset{\frown}{ADC}=\angle ADC:\angle ABC$

$=112:68=\mathbf{28}:\mathbf{17}$

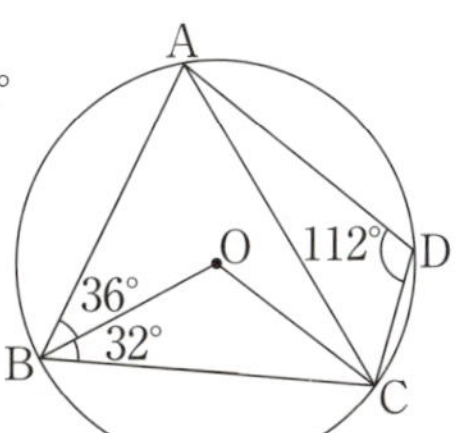

⬅ $\angle ABC+\angle ADC=180^\circ$

⬅ 円周角は中心角の $\dfrac{1}{2}$

⬅ 弧の長さと円周角の大きさは比例する。

例題 107　**3分・6点**

鋭角三角形ABCにおいて，Aから辺BCに下ろした垂線AH上に点Pがあり，Pから辺AB，ACに垂線PQ，PRを引く。このとき，$\angle APQ$ に等しい角になるのは， ア と イ である。 ア ， イ に当てはまるものを，次の⓪～⑤のうちから一つずつ選べ。

⓪　$\angle APR$　　①　$\angle BAC$　　②　$\angle ABC$

③　$\angle ACB$　　④　$\angle AQR$　　⑤　$\angle ARQ$

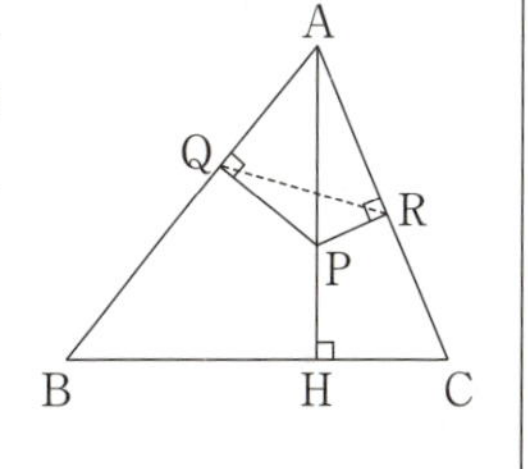

解答

$\angle BQP=\angle BHP=90^\circ$ より四角形BHPQは円に内接する。よって

$\angle APQ=\angle ABC$　（②）

$\angle AQP=\angle ARP=90^\circ$ より四角形AQPRは円に内接する。よって

$\angle APQ=\angle ARQ$　（⑤）

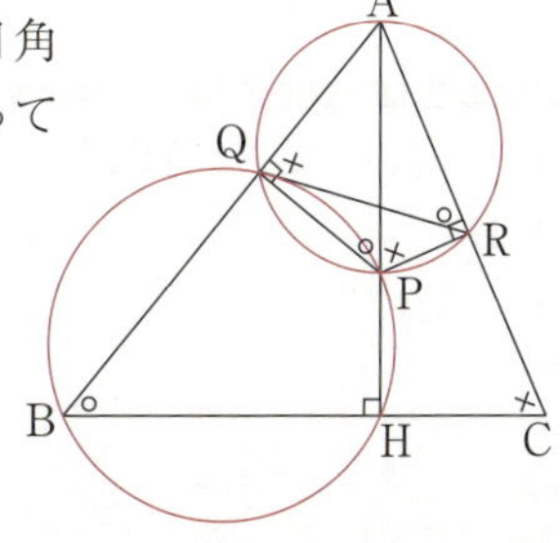

⬅ 四角形CRPH，四角形BCRQも円に内接する。

STAGE 1　66　円と直線

■108　円の接線■

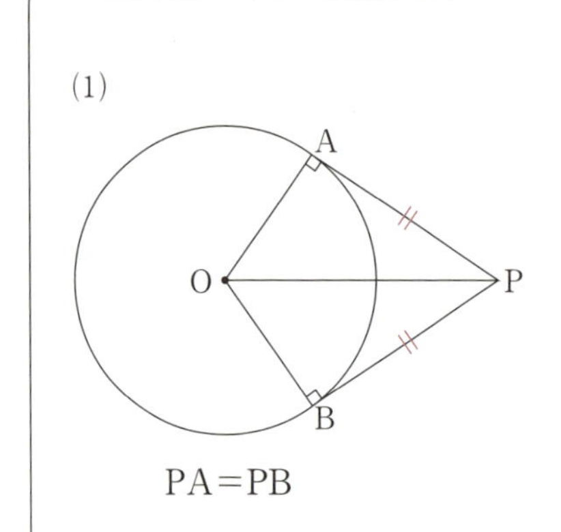

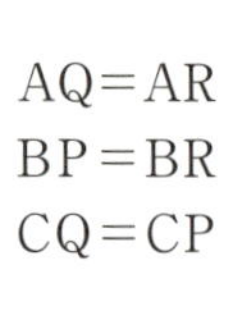

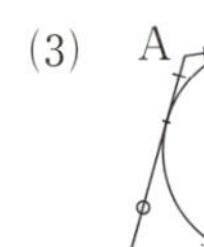

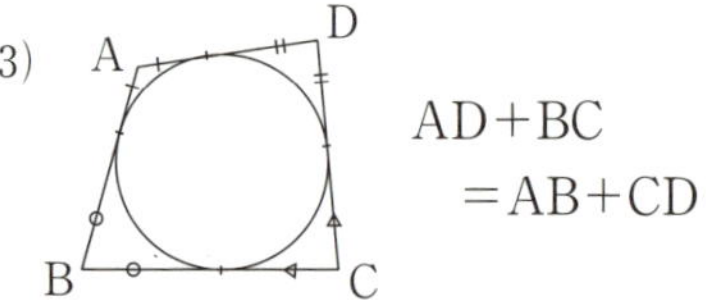

(1)　円外の点から円に接線を引いたとき，その円外の点と接点の距離(接線の長さ)は等しい。

このことから

(2)　三角形の内接円に関して，頂点と接点との距離を三角形の3辺の長さで表すことができる。

(3)　円に外接する四角形について，2組の向かい合う辺の長さの和が等しいことがわかる。

■109　接線と弦の作る角■

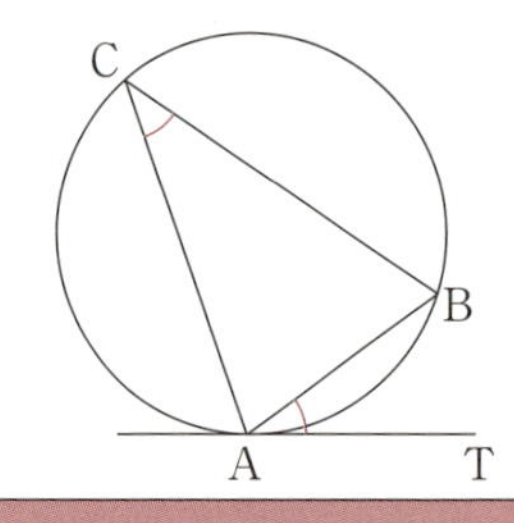

$\angle ACB = \angle BAT$

右図のように直径 AC′ を引くと，$\angle ABC' = \angle C'AT = 90°$ より

$$\angle ACB = \angle AC'B$$
$$= 90° - \angle BAC'$$
$$= \angle BAT$$

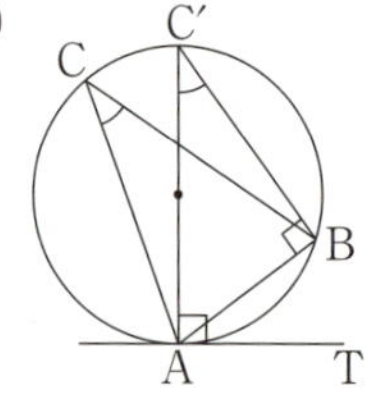

例題 108　3分・6点

右図において，P，Q，R，S は接点である。
AB=8，BC=9，CA=5 とするとき

AP=［ア］

BF+FE+EB=［イウ］

である。

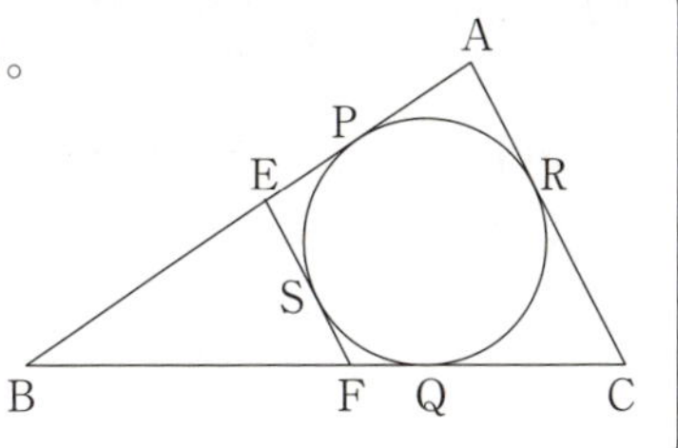

解答

AP=AR=x，BP=BQ=y，CQ=CR=z

とおくと

$$\begin{cases} x+y=8 \\ y+z=9 \\ z+x=5 \end{cases} \text{より} \begin{cases} x=2 \\ y=6 \\ z=3 \end{cases} \quad \therefore \quad \text{AP}=\mathbf{2}$$

また，EP=ES，FQ=FS より

BF+FE+EB=BF+FS+ES+BE

=BF+FQ+EP+BE

=BQ+BP=2y=**12**

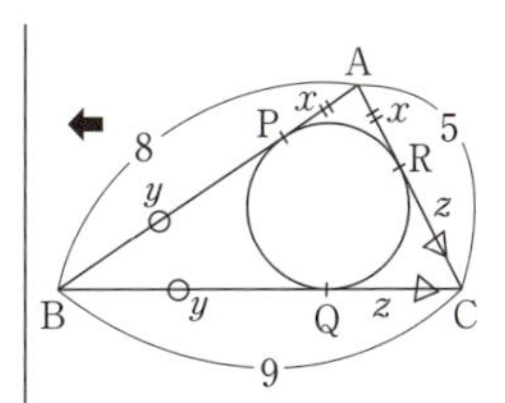

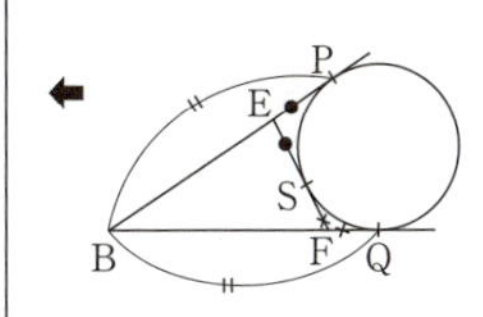

例題 109　3分・4点

∠B=36° の△ABC の辺 AB 上に点 D があり，線分 AD を直径とする円が点 C で直線 BC に接しているとする。このとき

∠BAC=［アイ］°，∠ADC=［ウエ］°

である。

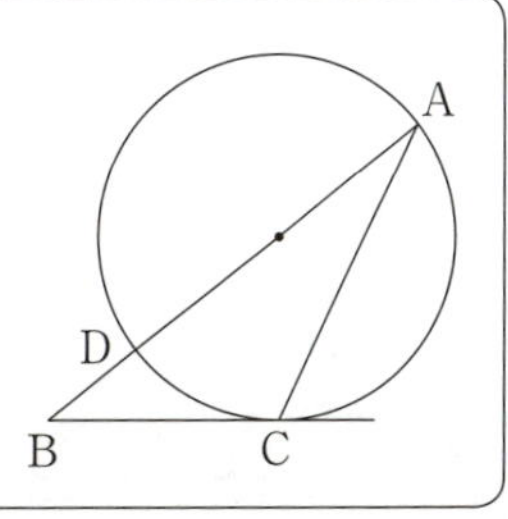

解答

∠BAC=∠BCD=x とおく。

線分 AD は直径であるから　∠ACD=90°

△ABC において

$36°+(x+90°)+x=180°$

$\therefore \quad x=\mathbf{27°}$

∠ADC=90°−27°

=**63°**

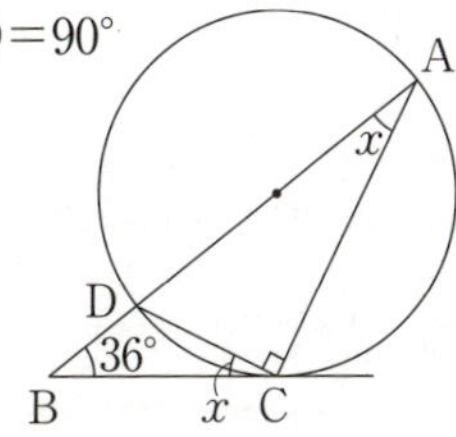

⬅ 接線と弦の作る角。

§8 1

STAGE 1　67　方べきの定理

■110　方べきの定理Ⅰ■

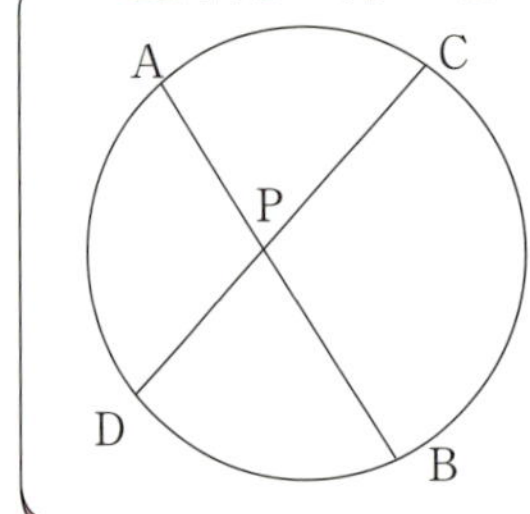

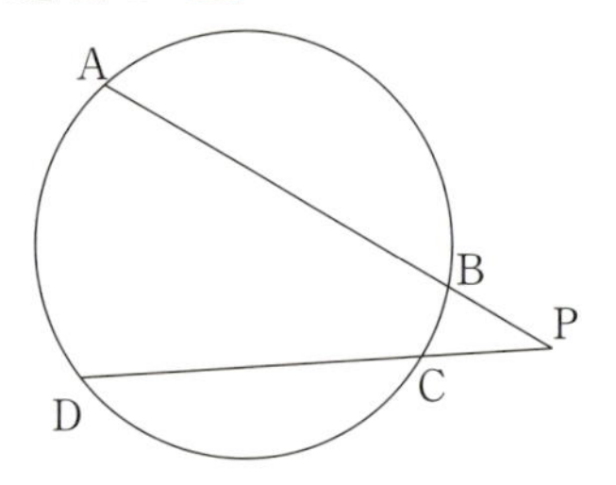

PA・PB＝PC・PD

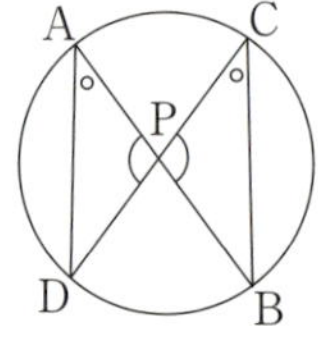

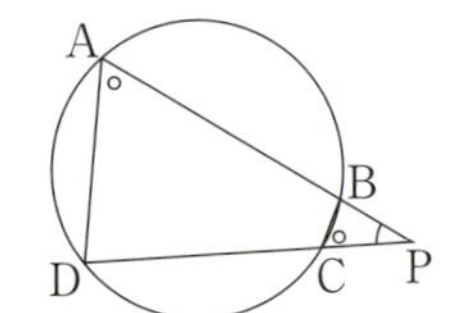

右の２つの図において，いずれも

△ADP ∽ △CBP

対応する辺の比から

$$\frac{\mathrm{PA}}{\mathrm{PC}}=\frac{\mathrm{PD}}{\mathrm{PB}} \Longrightarrow \mathrm{PA}\cdot\mathrm{PB}=\mathrm{PC}\cdot\mathrm{PD}$$

A，B，C，D は円周上の点，P は２直線 AB，CD の交点である。

■111　方べきの定理Ⅱ■

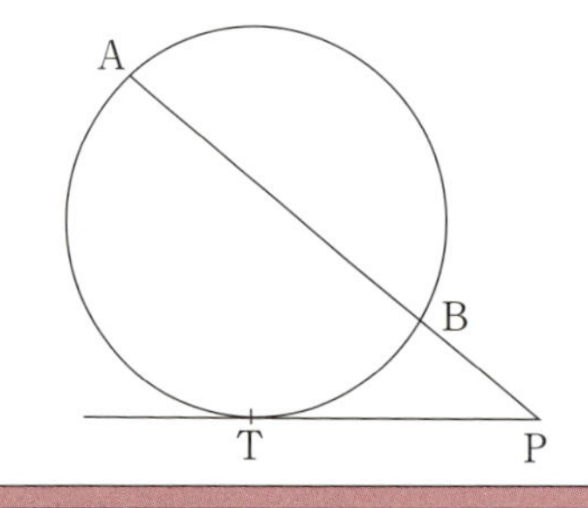

$\mathrm{PA}\cdot\mathrm{PB}=\mathrm{PT}^2$

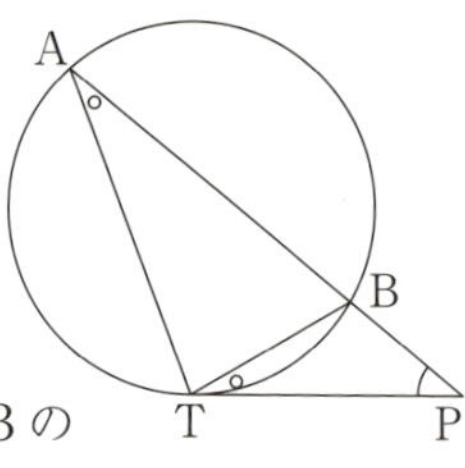

右の図において

△ATP ∽ △TBP

対応する辺の比から

$$\frac{\mathrm{PA}}{\mathrm{PT}}=\frac{\mathrm{PT}}{\mathrm{PB}} \Longrightarrow \mathrm{PA}\cdot\mathrm{PB}=\mathrm{PT}^2$$

A，B，T は円周上の点，P は T における円の接線と直線 AB の交点である。

例題 110 2分・4点

(1) 円に内接する四角形ABCDがあり，対角線ACとBDの交点をEとする。BE=4，DE=6，AC=11，AE<ECとするとき，AE=[ア]である。

(2) 円に内接する四角形ABCDがあり，辺BCの延長と辺ADの延長が点Eで交わっている。AD=2，BC=4，CE=2とするとき

DE=[イウ]+$\sqrt{\text{[エオ]}}$ である。

解答

(1) AE=x とおくと，方べきの定理より

$$x(11-x)=4\cdot6$$

$$x^2-11x+24=0$$

$$x=3,\ 8$$

← EA・EC=EB・ED

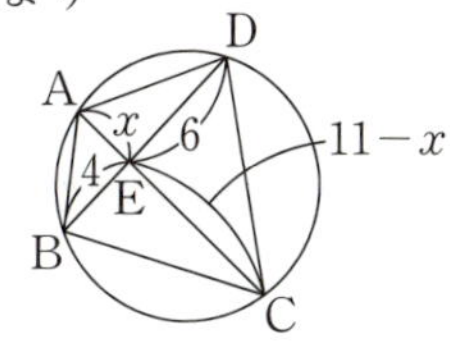

$x<11-x$ より $x<\dfrac{11}{2}$

$\therefore\ x=\mathbf{3}$

(2) DE=x とおくと，方べきの定理より

$$(x+2)x=6\cdot2$$

$$x^2+2x-12=0$$

$x>0$ より $x=\mathbf{-1+\sqrt{13}}$

← EA・ED=EB・EC

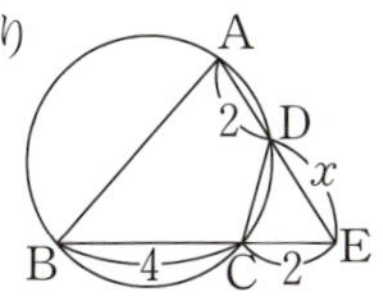

例題 111 3分・6点

△ABCの外接円をOとする。円Oの点Aにおける接線と辺BCの延長との交点をDとする。BC=4，CD=2とするとき，AD=[ア]$\sqrt{\text{[イ]}}$ であり，AB：AC=$\sqrt{\text{[ウ]}}$：1 である。特に，BCが円Oの直径のとき，AC=[エ]である。

解答

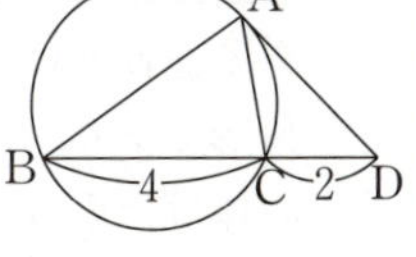

方べきの定理より

AD^2=2・6=12 $\therefore$ AD=$\mathbf{2\sqrt{3}}$

← AD^2=BD・CD

△ABD∽△CAD より

$$\text{AB}:\text{AC}=\text{AD}:\text{CD}$$

$$=2\sqrt{3}:2=\sqrt{3}:1$$

← 対応する辺の比を考える。

また，BCが直径のとき，∠BAC=90° であるから AC=x とおくと，三平方の定理より

$$x^2+(\sqrt{3}x)^2=4^2 \quad \therefore\ x^2=4 \quad \therefore\ x=\mathbf{2}$$

← AB=$\sqrt{3}x$

STAGE 1　68　空間図形

■112　直線と平面に関する角■

2直線 l, m のなす角　　直線 l と平面 α のなす角　　2平面 α, β のなす角

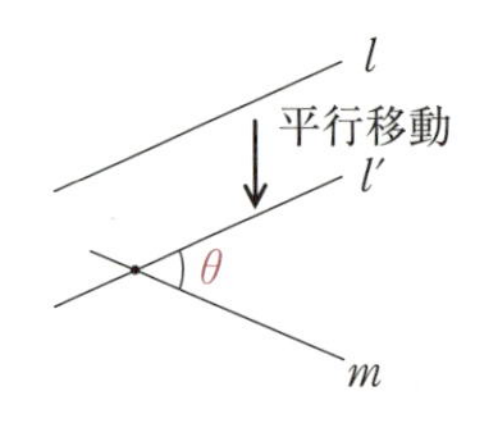

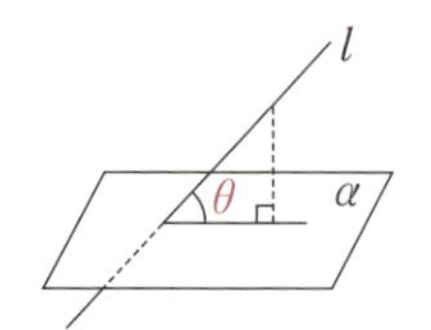

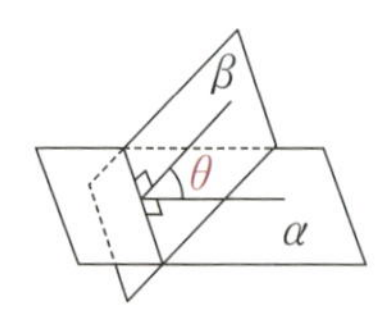

■113　正多面体■

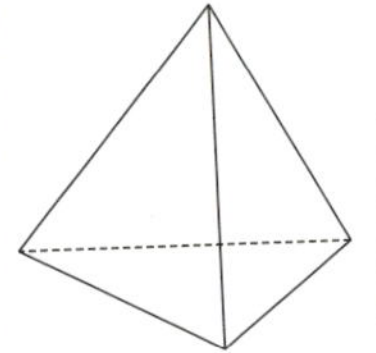

正四面体

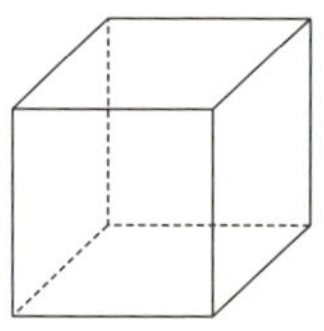

正六面体

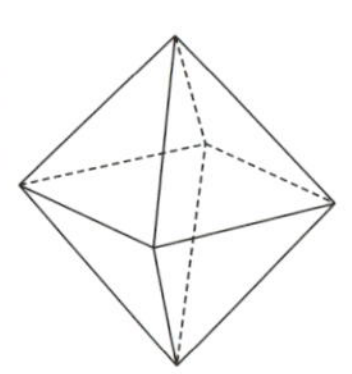

正八面体

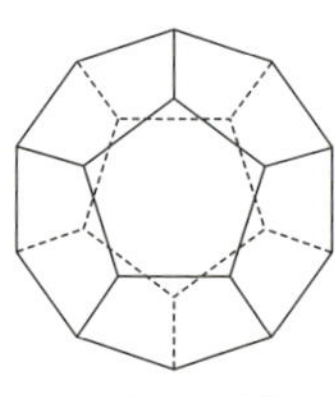

正十二面体

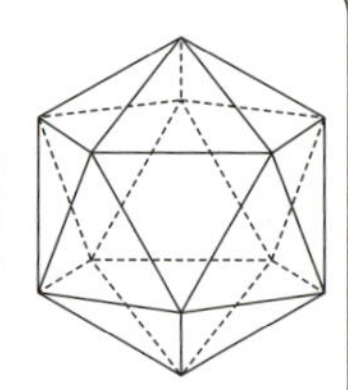

正二十面体

正多面体の頂点の数，辺の数，面の数は次の表のようになる。

正多面体	正四面体	正六面体	正八面体	正十二面体	正二十面体
頂点の数	4	8	6	20	12
辺の数	6	12	12	30	30
面の数	4	6	8	12	20

平面だけで囲まれた立体を多面体といい，へこみのない多面体(凸多面体)のうち，どの面もすべて合同な正多角形であり，どの頂点にも同じ数の面が集まっているものを正多面体という。正多面体は上の5種類しかないことが知られている。

へこみのない多面体(凸多面体)では

(頂点の数)－(辺の数)＋(面の数)＝2

が成り立つことが知られている(オイラーの多面体定理)。

例題 112　2分・4点

$AB=\sqrt{3}$，$AD=AE=1$ の直方体 ABCD-EFGH がある。2直線 AD と EG のなす角は ［アイ］° であり，2平面 ABGH と EFGH のなす角は ［ウエ］° である。

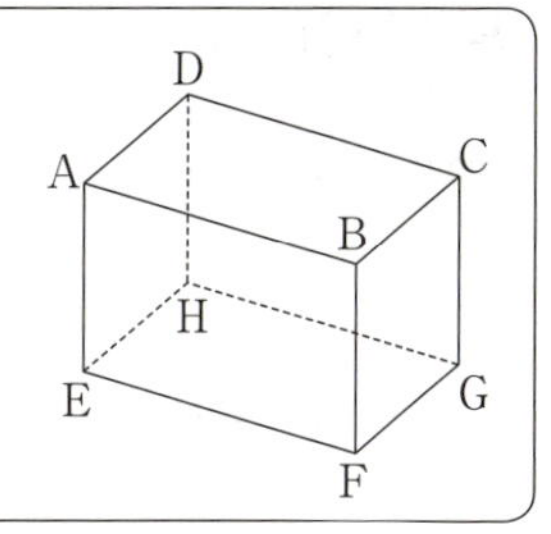

解答

EG//AC より AD と EG のなす角は AD と AC のなす角に等しい。

$AD=1$，$CD=\sqrt{3}$，$\angle ADC=90^\circ$ より

$\angle CAD=\mathbf{60}^\circ$

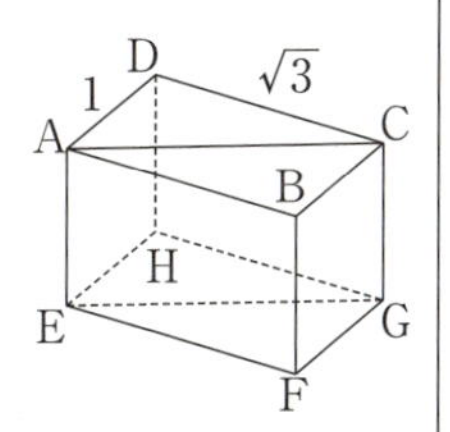

← 交わる直線で考える。

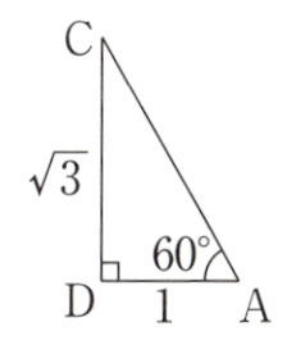

2平面 ABGH と EFGH の交線は GH であり，$GH\perp BG$，$GH\perp FG$ より，2平面 ABGH と EFGH のなす角は BG と FG のなす角に等しい。

△BFG は $BF=FG$，$\angle BFG=90^\circ$ の直角二等辺三角形であるから

$\angle BGF=\mathbf{45}^\circ$

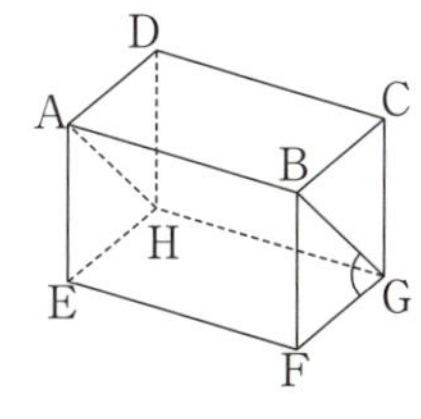

← 2平面のなす角は2平面の交線に垂直でそれぞれの平面上にある2直線のなす角。

例題 113　4分・6点

正四面体のすべての辺の中点を結んでできる立体は ［ア］ であり，頂点の数は ［イ］，辺の数は ［ウエ］，面の数は ［オ］ である。［ア］ には，当てはまるものを，次の⓪～④のうちから一つ選べ。

⓪　正四面体　　①　正六面体　　②　正八面体

③　正十二面体　　④　正二十面体

解答

正四面体の辺は6本あり，各辺の六つの中点を結ぶ多面体は，合同な八つの正三角形を面とする正八面体(②)である。

頂点の数 **6**　　辺の数 **12**　　面の数 **8**

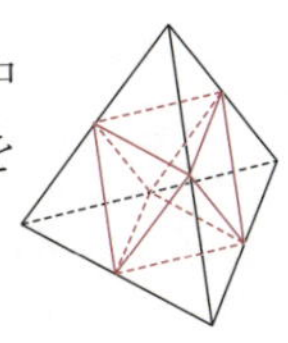

← $6-12+8=2$
（オイラーの多面体定理）

STAGE 1   

類題 102　(3分・6点)

AB=4, BC=5, CA=6 の△ABC がある。∠A の二等分線と辺 BC の交点を D, ∠A の二等分線と∠B の二等分線の交点を I とすると, BD=[ア], AI=[イ]ID である。また, ∠A の二等分線と∠ABC の外角の二等分線の交点を J とすると, AJ=[ウ]AI である。

類題 103　(3分・6点)

(1)　△ABC は鋭角三角形であり, 外心を O, 内心を I とする。∠BOC=80° とするとき, ∠BAC=[アイ]°, ∠BIC=[ウエオ]° である。

(2)　△ABC の辺 AB の中点を M, △BCM の重心を G とする。△CMG の面積は△ABC の面積の $\dfrac{\boxed{カ}}{\boxed{キ}}$ 倍である。

類題 104　(3分・6点)

△ABC の辺 AB の中点を D, 辺 BC を 3 : 2 に内分する点を E とし, 線分 AE と CD の交点を F とする。このとき

$$\frac{AF}{FE}=\frac{\boxed{ア}}{\boxed{イ}},\quad \frac{CF}{FD}=\frac{\boxed{ウ}}{\boxed{エ}}$$

である。

類題　105　(3分・6点)

$\triangle$ABCの辺BC，辺CAをそれぞれ2：1に内分する点をD，Eとし，線分ADとBEの交点をF，直線CFと辺ABの交点をPとする。このとき

$$\frac{\text{AP}}{\text{PB}}=\frac{\boxed{\text{ア}}}{\boxed{\text{イ}}},\quad \frac{\triangle\text{AFC}}{\triangle\text{ABC}}=\frac{\boxed{\text{ウ}}}{\boxed{\text{エ}}}$$

である。

類題　106　(4分・8点)

右図のように五角形ABCDEが円に内接している。

$\overset{\frown}{\text{AE}}:\overset{\frown}{\text{AB}}:\overset{\frown}{\text{BC}}=1:3:2$，$\angle\text{CDE}=102^\circ$ とすると，

$\angle\text{BAC}=\boxed{\text{アイ}}^\circ$，$\angle\text{ABC}=\boxed{\text{ウエ}}^\circ$，$\angle\text{BAE}=\boxed{\text{オカキ}}^\circ$

である。さらに$\angle\text{BCD}=110^\circ$ とすると

$\overset{\frown}{\text{CD}}:\overset{\frown}{\text{DE}}=\boxed{\text{ク}}:\boxed{\text{ケ}}$ である。

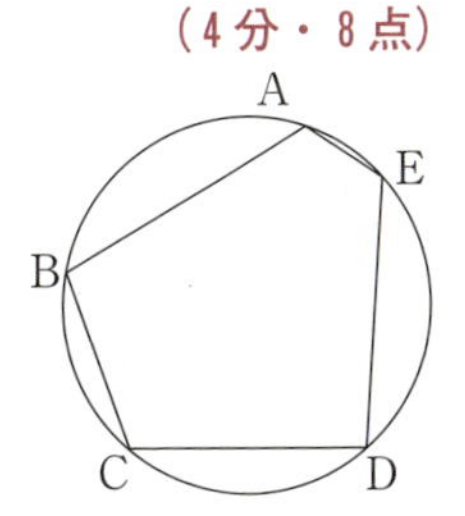

類題　107　(4分・8点)

右図の$\triangle$ABCは $\angle\text{A}=60^\circ$ の鋭角三角形であり，

AP⊥BC，BQ⊥CA，CR⊥AB である。

$\angle\text{CAP}=\theta$ とするとき

$\angle\text{BHR}=\boxed{\text{ア}}$　　$\angle\text{HPQ}=\boxed{\text{イ}}$

$\angle\text{HQP}=\boxed{\text{ウ}}$　　$\angle\text{HRP}=\boxed{\text{エ}}$

である。$\boxed{\text{ア}}$～$\boxed{\text{エ}}$ に当てはまるものを，次の ⓪～⑤のうちから一つずつ選べ。ただし，同じものを繰り返し選んでもよい。

⓪　30°　　①　60°　　②　θ

③　$90^\circ-\theta$　　④　$60^\circ-\theta$　　⑤　$30^\circ+\theta$

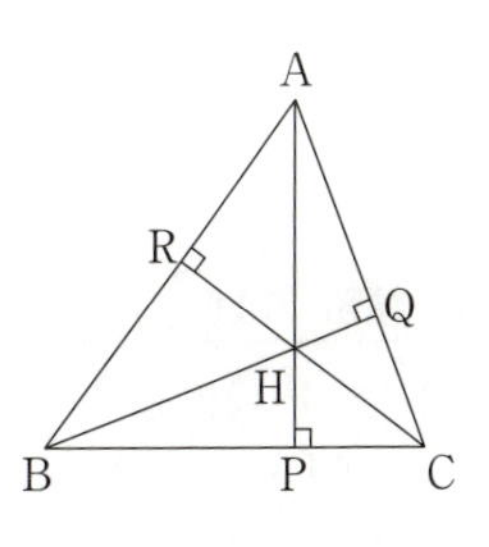

類題 108　（4分・8点）

⑴　$\angle A=90^\circ$ の $\triangle ABC$ の内接円と辺 BC との接点を P とする。
BP=6，CP=4 のとき，内接円の半径を r とすると，AB=r+［ア］，AC=r+［イ］であるから，r=［ウ］である。

⑵　AD∥BC，$\angle C=90^\circ$，AD=2，BC=6 の台形 ABCD に円が内接している。このとき内接円の半径を r とすると，CD=［エ］r，AB=［オ］−［カ］r であるから，$r=\dfrac{［キ］}{［ク］}$ である。

類題 109　（3分・6点）

右図のように，AB を直径とする円 O がある。点 C における円 O の接線に点 A から垂線 AD を引く。

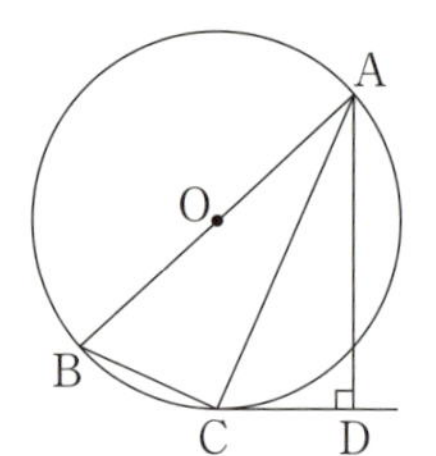

⑴　$\angle CAD=24^\circ$ のとき，$\angle BAC$=［アイ］°である。

⑵　AB=8，AC=7 のとき，CD=$\dfrac{［ウ］\sqrt{［エオ］}}{［カ］}$ である。

類題 110　（2分・6点）

⑴　円に内接する四角形 ABCD があり，対角線 AC と BD の交点を E とする。AE=2，CE=3，BD=6 のとき，BE=［ア］$\pm\sqrt{［イ］}$ である。

⑵　円に内接する四角形 ABCD があり，辺 BC の延長と辺 AD の延長が点 E で交わっている。AD=3，BC=4，DE=2 とするとき，CE=［ウエ］$+\sqrt{［オカ］}$ である。

類題　111　　(4分・8点)

△ABC と円 O があり，円 O は辺 AB 上の点 D と A，C を通り，辺 BC と点 C で接している。AD=3，BD=1 とするとき，BC= ア であり，AC：CD= イ ：1 である。さらに，辺 AB が円 O の中心を通るとき，

$AC=\dfrac{\boxed{ウ}\sqrt{\boxed{エ}}}{\boxed{オ}}$ である。

類題　112　　(4分・8点)

$AB=\sqrt{3}$，AD=AE=1 の直方体 ABCD-EFGH がある。2直線 AB と FH のなす角は アイ °，2直線 AC と FH のなす角は ウエ ° である。また，2平面 AEHD と AEGC のなす角は オカ °，2平面 ACF と BFGC のなす角を θ とすると $\tan\theta=\sqrt{\boxed{キ}}$ である。

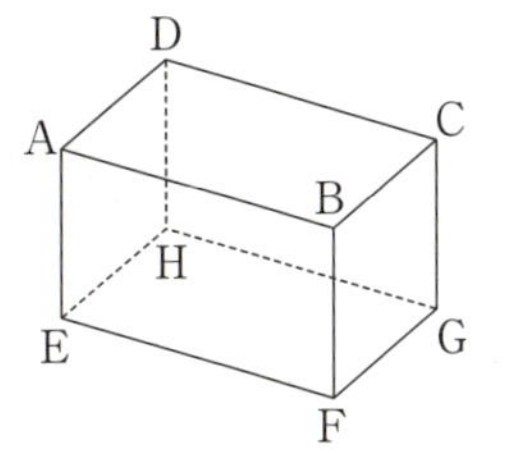

類題　113　　(3分・6点)

正八面体の各面の重心を結んでできる立体は ア であり，頂点の数は イ ，辺の数は ウエ ，面の数は オ である。 ア には，当てはまるものを，次の⓪～④のうちから一つ選べ。

⓪　正四面体　　①　正六面体　　②　正八面体
③　正十二面体　　④　正二十面体

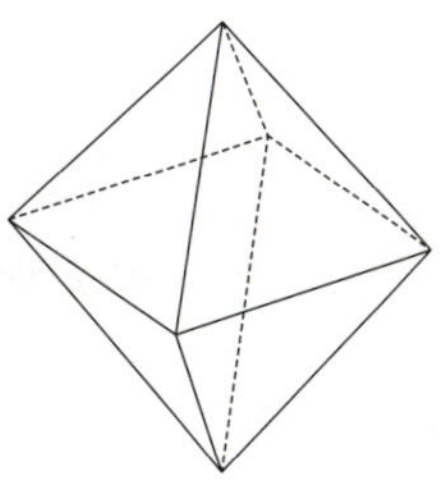

§8
1

STAGE 2 69 線分の比

■114 線分の比■

(1) 相似な三角形

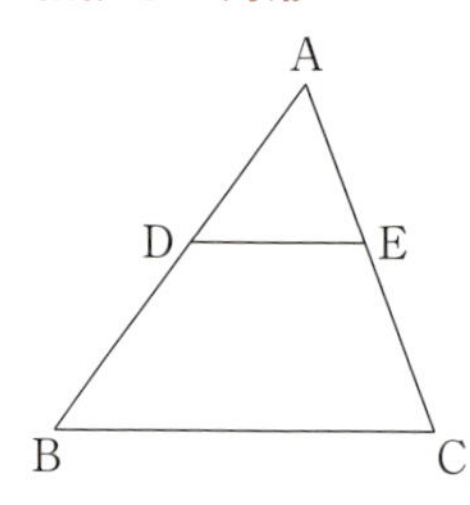

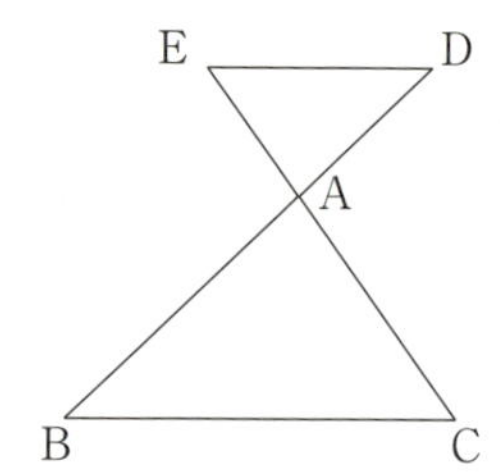

DE // BC のとき

△ADE ∽ △ABC

$$\frac{AD}{AB}=\frac{AE}{AC}=\frac{DE}{BC}$$

(2) 角の二等分線

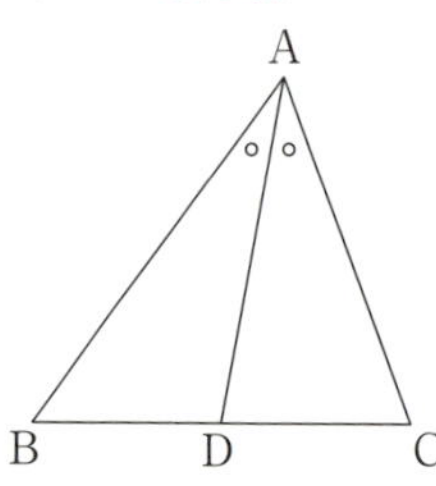

∠BAD＝∠CAD のとき

BD：DC＝AB：AC

(3) メネラウスの定理

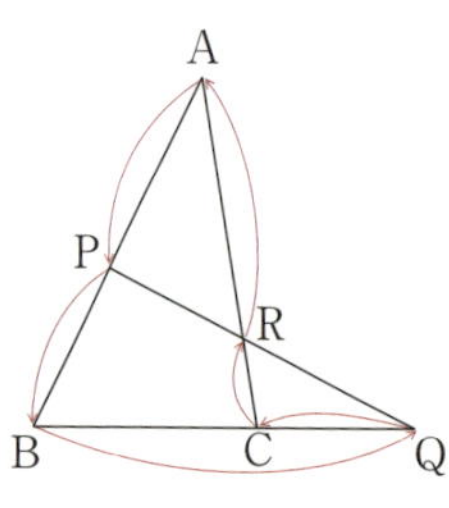

$$\frac{AP}{PB}\cdot\frac{BQ}{QC}\cdot\frac{CR}{RA}=1$$

(4) チェバの定理

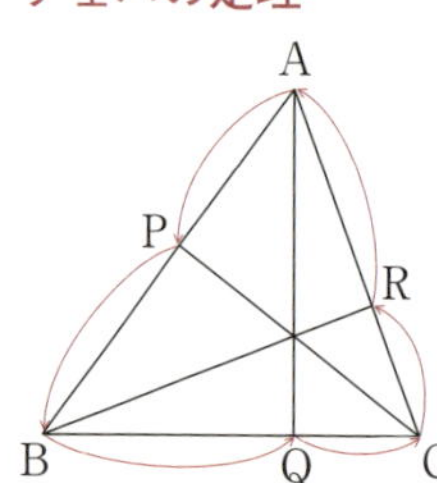

$$\frac{AP}{PB}\cdot\frac{BQ}{QC}\cdot\frac{CR}{RA}=1$$

例題 114　4分・8点

△ABCの辺AB，AC上にそれぞれD，Eを

$$AD:DB=t:1,\quad AE:EC=1:t+1\quad (t>0)$$

となるようにとる。BEとCDの交点をP，直線APとBCの交点をQとする。

(1) DEとBCが平行であるとき $t=\dfrac{\boxed{アイ}+\sqrt{\boxed{ウ}}}{\boxed{エ}}$ である。

(2) AC=6AB とする。AQが△ABCの内心を通るとき $\dfrac{BQ}{QC}=\dfrac{\boxed{オ}}{\boxed{カ}}$

であるから，$t=\boxed{キ}$ である。また，$\dfrac{BP}{PE}=\dfrac{\boxed{ク}}{\boxed{ケ}}$ である。

解答

(1) DE∥BC から

$$\frac{t}{1}=\frac{1}{t+1}$$

$$t^2+t-1=0$$

$t>0$ より

$$t=\boldsymbol{\frac{-1+\sqrt{5}}{2}}$$

← AD：DB＝AE：EC

(2) AQは∠Aの二等分線であるから

$$\frac{BQ}{QC}=\frac{AB}{AC}=\boldsymbol{\frac{1}{6}}$$

← 内心は角の二等分線の交点。

チェバの定理より

$$\frac{t}{1}\cdot\frac{1}{6}\cdot\frac{t+1}{1}=1$$

$$t^2+t-6=0$$

$t>0$ より　$t=\boldsymbol{2}$

← △ABCにチェバの定理を用いる。

メネラウスの定理より

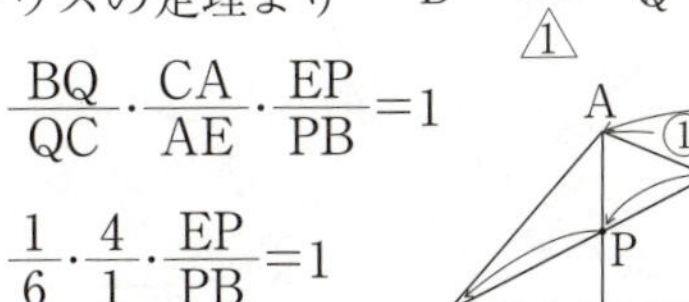

$$\frac{BQ}{QC}\cdot\frac{CA}{AE}\cdot\frac{EP}{PB}=1$$

$$\frac{1}{6}\cdot\frac{4}{1}\cdot\frac{EP}{PB}=1$$

$$\therefore\quad \frac{BP}{PE}=\boldsymbol{\frac{2}{3}}$$

← △BCEと直線AQにメネラウスの定理を用いる。

STAGE 2 70 円の性質

■115 円の性質■

(1) 角について

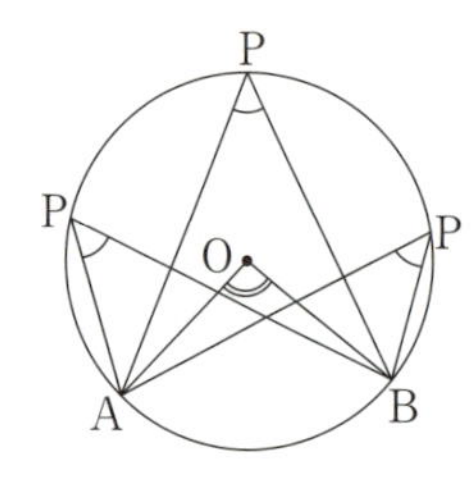

$\angle AOB = 2\angle APB$

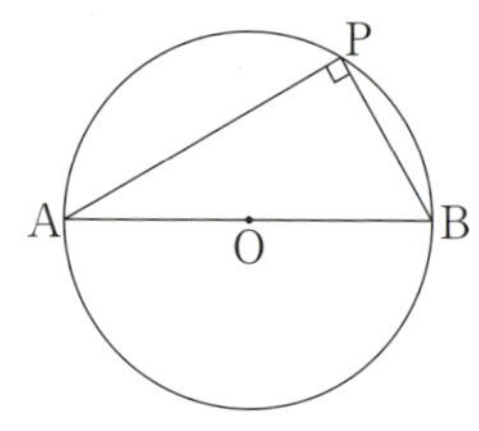

$\angle APB = 90°$

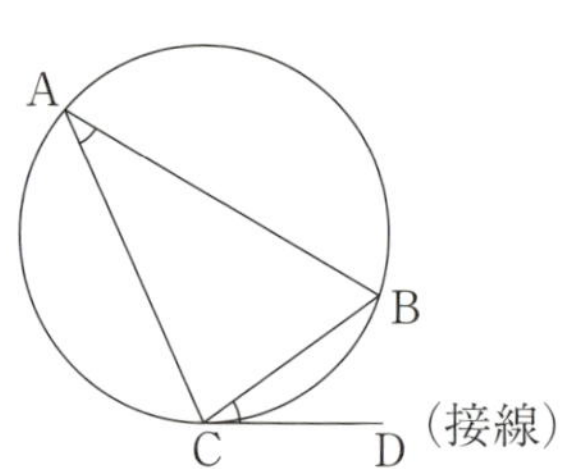

$\angle A = \angle BCD$

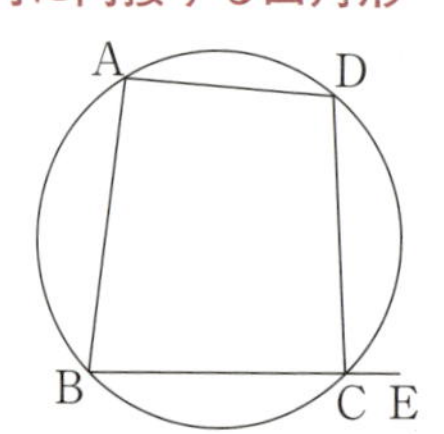

$\overset{\frown}{AB} : \overset{\frown}{BC} : \overset{\frown}{CA}$
$= \angle AOB : \angle BOC : \angle COA$
$= \angle ACB : \angle BAC : \angle CBA$
(円弧の長さと中心角，円周角の大きさは比例する)

(2) 円に内接する四角形

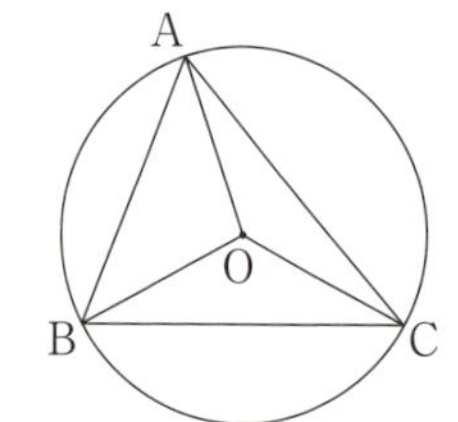

$\angle A + \angle C = 180°$　$(\angle A = \angle DCE)$
$\angle B + \angle D = 180°$

(3) 方べきの定理

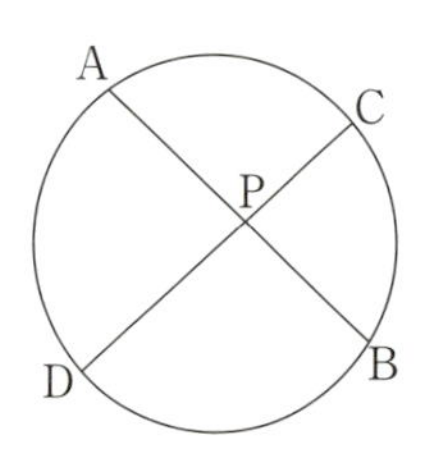

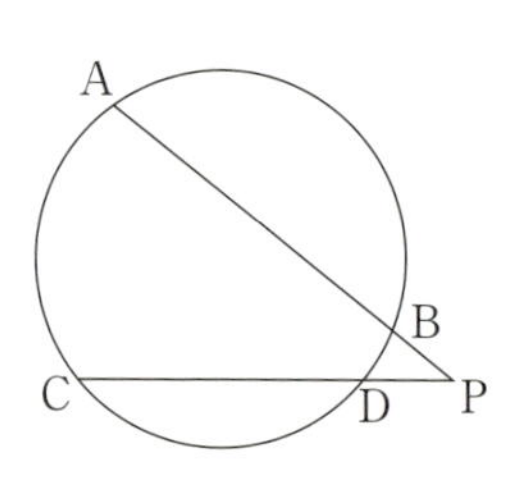

$PA \cdot PB = PC \cdot PD$

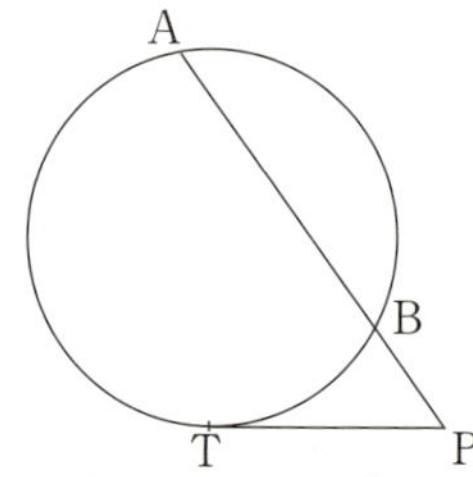

$PA \cdot PB = PT^2$

例題 115　10 分・15 点

△ABC において AB＝7，BC＝3 とする。△ABC の内心を I とする。AI の延長と辺 BC との交点を D とし，BI の延長と辺 AC との交点を E とする。4 点 C，E，I，D は同一円周上にあるものとする。次の ア ，イ ，ウ には，当てはまるものを，下の⓪～⑤のうちから一つずつ選べ。

∠BCA＝ ア ＝ イ ＋ ウ であるから，∠ACB＝ エオ °である。

したがって，AC＝ カ である。また，BD＝$\frac{\boxed{キ}}{\boxed{ク}}$，BI·BE＝$\frac{\boxed{ケコ}}{\boxed{サ}}$ である。

⓪ ∠ABC　① ∠ABE　② ∠AIB
③ ∠AIE　④ ∠BAD　⑤ ∠BAE

解答

四角形 CEID は円に内接しているから

∠BCA＝∠AIE（③）

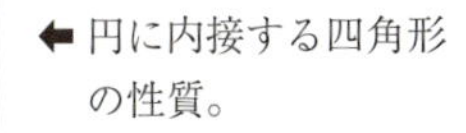

←円に内接する四角形の性質。

△ABI に注目して

∠AIE＝∠ABE＋∠BAD（①，④）　……①

I は△ABC の内心であるから

∠BAD＝∠CAD，∠ABE＝∠CBE

←内心は角の二等分線の交点。

∠ACB＝∠AIE＝x，∠BAC＝$2y$，∠ABC＝$2z$ とおくと，△ABC の内角の和を考えて

$x+2y+2z=180°$

①より　$x=y+z$ から

$x+2x=180°$　∴　$x=$**60°**

△ABC に余弦定理を用いると

$7^2=\mathrm{AC}^2+3^2-2\mathrm{AC}\cdot3\cdot\cos60°$

←$c^2=a^2+b^2-2ab\cos C$

$\mathrm{AC}^2-3\mathrm{AC}-40=0$

$(\mathrm{AC}-8)(\mathrm{AC}+5)=0$

AC＞0 より　AC＝**8**

AD は ∠BAC の二等分線であるから

BD：DC＝AB：AC＝7：8

←角の二等分線の性質。

∴　$\mathrm{BD}=\frac{7}{15}\mathrm{BC}=\frac{7}{15}\cdot3=\mathbf{\frac{7}{5}}$

方べきの定理より

$\mathrm{BI}\cdot\mathrm{BE}=\mathrm{BD}\cdot\mathrm{BC}=\frac{7}{5}\cdot3=\mathbf{\frac{21}{5}}$

STAGE 2　71　内接円

116　内接円

(1)　内心は角の二等分線の交点

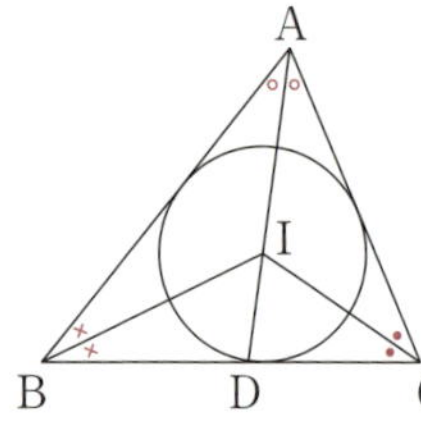

$\angle BAD = \angle CAD$

$\Longrightarrow \quad BD : DC = AB : AC$

$\angle ABI = \angle DBI$

$\Longrightarrow \quad AI : ID = AB : BD$

$$\angle BIC = 180^\circ - \frac{\angle B + \angle C}{2}$$
$$= 180^\circ - \frac{180^\circ - \angle BAC}{2}$$
$$= 90^\circ + \frac{1}{2}\angle BAC$$

(2)　接線の長さ

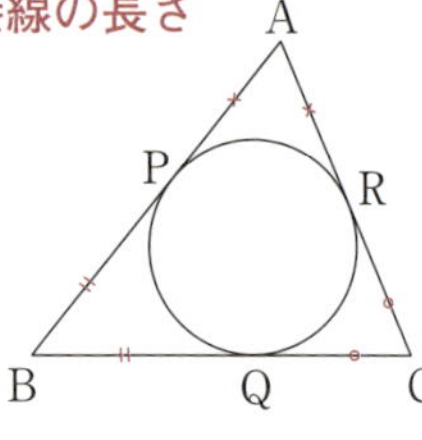

$$\begin{cases} AP = AR \\ BP = BQ \\ CQ = CR \end{cases}$$

$$\Longrightarrow \quad AP = \frac{1}{2}(AB + AC - BC)$$

(3)　半径 r

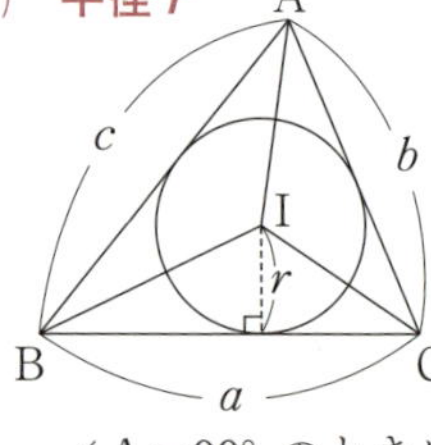

面積に注目

$\triangle IBC + \triangle ICA + \triangle IAB = \triangle ABC$

$$\frac{1}{2}(a+b+c)r = S$$

$$r = \frac{2S}{a+b+c}$$

$\angle A = 90^\circ$ のときは，(2)の AP が半径に等しい

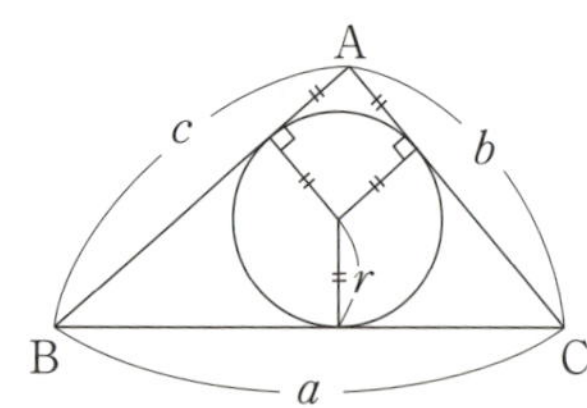

$$r = \frac{b+c-a}{2}$$

例題 116　5分・9点

△ABCにおいて，AB=5，BC=6，CA=7とする。△ABCの内心をI，辺BCと直線AIの交点をDとして，内接円と各辺との接点を，図のようにP，Q，Rとする。このとき，BD=$\dfrac{\boxed{\text{ア}}}{\boxed{\text{イ}}}$，AI：ID=$\boxed{\text{ウ}}$：1である。また，BP=$\boxed{\text{エ}}$であるから，△IPDの面積は，△ABCの面積の$\dfrac{1}{\boxed{\text{オカ}}}$倍である。

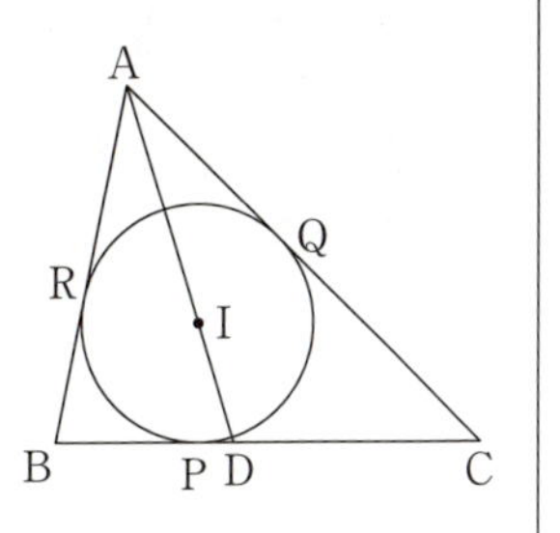

解答

∠BAD=∠CADより

$$BD:DC=AB:AC$$
$$=5:7$$
$$\therefore\ BD=\frac{5}{5+7}BC=\mathbf{\frac{5}{2}}$$

← AIは∠Aの二等分線。

∠ABI=∠DBIより

$$AI:ID=AB:BD$$
$$=5:\frac{5}{2}$$
$$=\mathbf{2}:1$$

← BIは∠Bの二等分線。

また，AR=AQ，BP=BR，CP=CQより

$$BP=\frac{AB+BC-AC}{2}=\mathbf{2}$$

よって

$$PD:BC=\left(\frac{5}{2}-2\right):6=1:12$$
$$ID:AD=1:3$$
$$\therefore\ \triangle IPD=\frac{1}{12}\triangle IBC$$
$$=\frac{1}{12}\cdot\frac{1}{3}\triangle ABC$$
$$=\frac{1}{\mathbf{36}}\triangle ABC$$

← (底辺の比)×(高さの比)

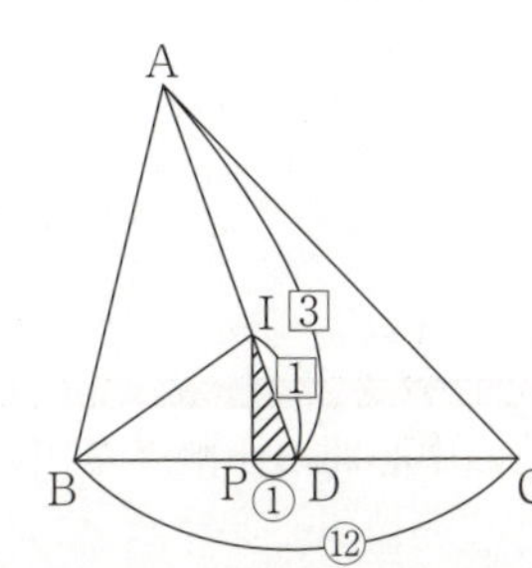

STAGE 2 72 2つの円の位置関係

■117　2つの円の位置関係■

2つの円の半径をそれぞれ r_1, r_2 $(r_1>r_2)$ とし，中心間の距離を d とすると，2つの円の位置関係には次の5つの場合がある。

(1) 離れている

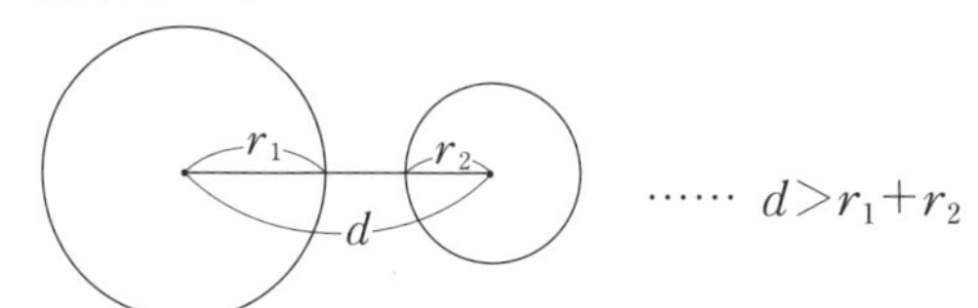

…… $d>r_1+r_2$

(2) 外接している

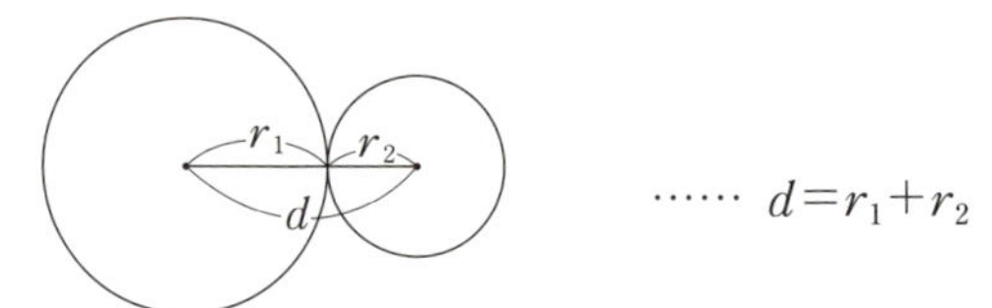

…… $d=r_1+r_2$

(3) 交わる

…… $r_1-r_2<d<r_1+r_2$

(4) 内接している

…… $d=r_1-r_2$

(5) 一方が他方の内部にある

…… $d<r_1-r_2$

2円の位置関係は2円の中心間の距離と2円の半径の和，差との大小関係から判断できる。

例題 117　**5分・9点**

半径2の円Oに長方形ABCDが内接しており，$AB=\dfrac{12}{5}$ であるとする。

このとき，$BC=\dfrac{\boxed{アイ}}{\boxed{ウ}}$ であり，△ABCの内接円の半径は $\dfrac{\boxed{エ}}{\boxed{オ}}$ である。

△ABCの内接円の中心をP，△BCDの内接円の中心をQとすると，

$PQ=\dfrac{\boxed{カ}}{\boxed{キ}}$ である。したがって，内接円Pと内接円Qは［ク］。［ク］に当てはまるものを，次の⓪～③のうちから一つ選べ。

⓪　内接する　　　①　異なる2点で交わる
②　外接する　　　③　共有点を持たない

解答

∠ABC＝90° であるから，線分ACは円Oの直径である。

AC＝4より

$$BC=\sqrt{4^2-\left(\frac{12}{5}\right)^2}=\frac{16}{5}$$

← △ABCに三平方の定理。

△ABCの内接円の半径を r_1 とすると

$$r_1=\frac{1}{2}\left(\frac{12}{5}+\frac{16}{5}-4\right)=\frac{4}{5}$$

← 116(3)参照。面積から求めることもできる。

△ABC≡△DCBであるから，△BCDの内接円の半径を r_2 とすると

$$r_1=r_2=\frac{4}{5}$$

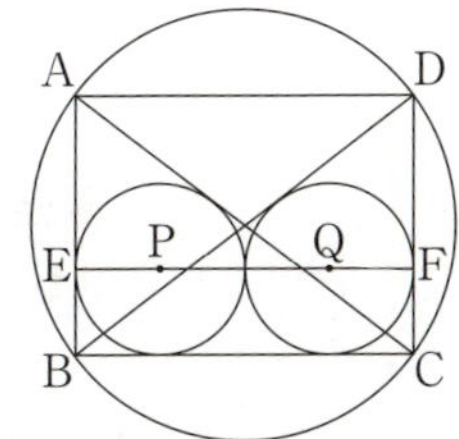

内接円Pと辺ABとの接点をE，内接円Qと辺CDとの接点をFとすると

$$BE=CF=\frac{4}{5},\ \angle BEP=\angle CFQ=90^\circ$$

← $PE=BE=r_1$
$QF=CF=r_2$

であるからE，P，Q，Fは一直線上にあり　EF＝BC

$PE=QF=\dfrac{4}{5}$ より

$$PQ=\frac{16}{5}-\left(\frac{4}{5}+\frac{4}{5}\right)=\frac{8}{5}$$

$PQ=r_1+r_2$ より2円は外接する(②)。

← (中心間の距離)＝(半径の和)

§8 2

STAGE 2 73 2つの円と線分の長さ

■118　2つの円■

(1)　共通接線の長さ

共通外接線

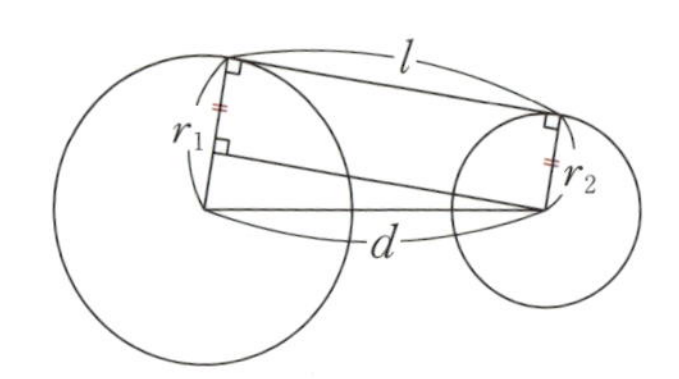

$l=\sqrt{d^2-(r_1-r_2)^2}$

共通内接線

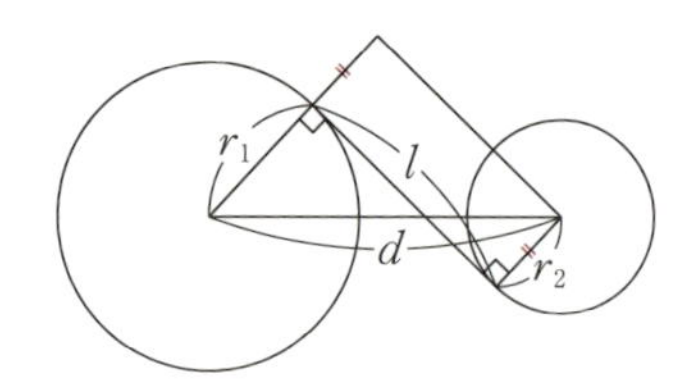

$l=\sqrt{d^2-(r_1+r_2)^2}$

(2)　外接する2つの円と三角形の相似

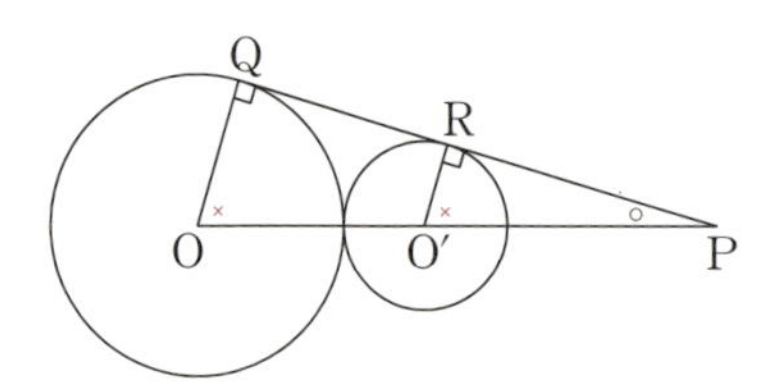

△PQO∽△PRO′

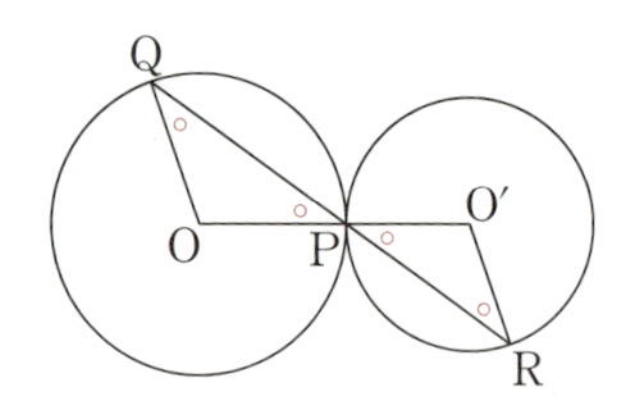

△OPQ∽△O′PR

(3)　交わる2つの円

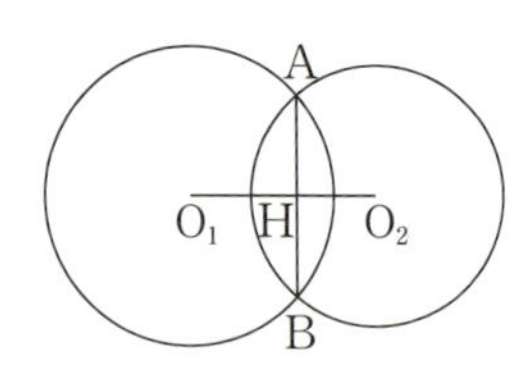

直線 O_1O_2 に関して2点 A，B は対称

AB と O_1O_2 の交点を H とすると

$AH=BH,\ AB\perp O_1O_2$

三平方の定理より

$AH=\sqrt{AO_1{}^2-O_1H^2}=\sqrt{AO_2{}^2-O_2H^2}$

例題 118　**5分・9点**

点Aを中心とする半径2の円Oと点Bを中心とする半径3の円O′が点Cで外接している。点Dは円O上に，また点Eは円O′上にあり，直線DEは二つの円の共通接線となっている。

このとき，DE=［ア］$\sqrt{［イ］}$であり，点Cにおける二つの円の共通接線と直線DEとの交点をFとするとCF=$\sqrt{［ウ］}$である。

また，三角形の相似に注目すると

CD：CE=2：$\sqrt{［エ］}$

であることがわかるのでCD=$\dfrac{［オ］\sqrt{［カキ］}}{［ク］}$である。

解答

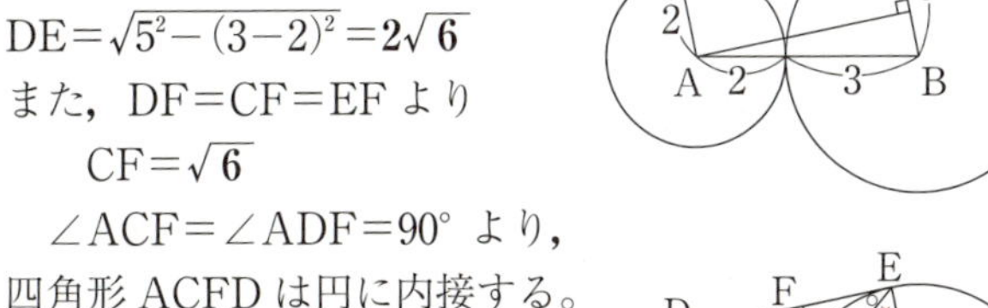

AB=5より

DE=$\sqrt{5^2-(3-2)^2}$=$\mathbf{2\sqrt{6}}$

⬅ AからBEに垂線を引いて三平方の定理

また，DF=CF=EFより

CF=$\mathbf{\sqrt{6}}$

⬅ 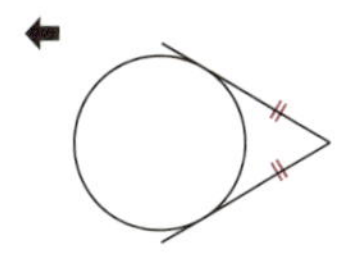

∠ACF=∠ADF=90°より，

四角形ACFDは円に内接する。

よって，∠CAD=∠CFE

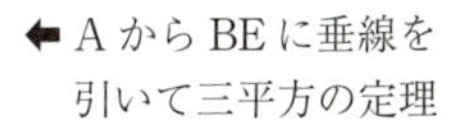

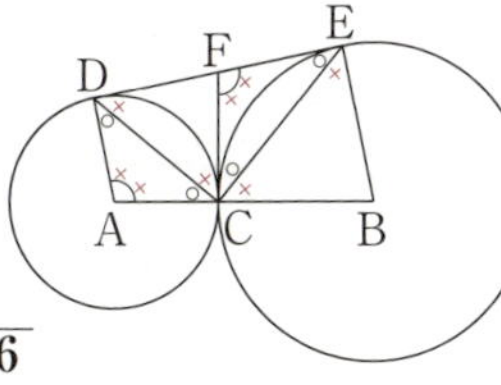

AC=AD，FC=FEであるから

△ACD∽△FCE

⬅ ○+×=90°

∴　CD：CE=AD：CF=2：$\mathbf{\sqrt{6}}$

CD=$2x$，CE=$\sqrt{6}\,x$とおくと，∠DCE=90°より

$(2x)^2+(\sqrt{6}\,x)^2=(2\sqrt{6})^2$

⬅ △DCEで三平方の定理

∴　$x^2=\dfrac{12}{5}$

$x>0$　より

$x=\dfrac{2\sqrt{3}}{\sqrt{5}}=\dfrac{2}{5}\sqrt{15}$

よって

CD=$\mathbf{\dfrac{4\sqrt{15}}{5}}$

STAGE 2　74　立体の体積

■119　立体の体積■

(1)　**正四面体**

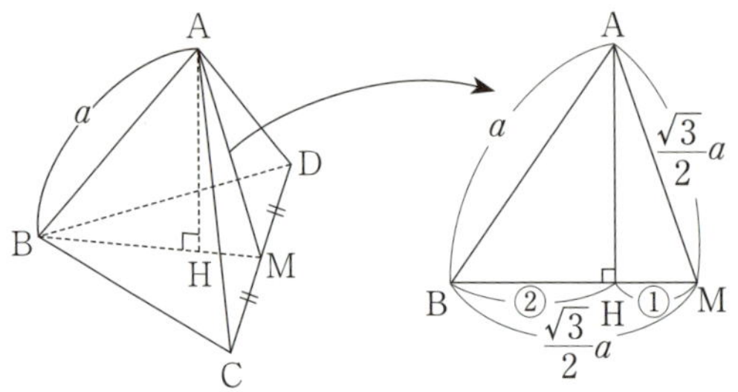

Hは△BCDの重心。

$$\mathrm{BH}=\frac{2}{3}\mathrm{BM}=\frac{\sqrt{3}}{3}a$$

$$\mathrm{AH}=\sqrt{a^2-\left(\frac{\sqrt{3}}{3}a\right)^2}$$

$$=\frac{\sqrt{6}}{3}a\ （高さ）$$

$$\triangle\mathrm{BCD}=\frac{1}{2}\cdot a\cdot\frac{\sqrt{3}}{2}a=\frac{\sqrt{3}}{4}a^2\ （底面積）$$

$$（体積）=\frac{1}{3}\cdot\frac{\sqrt{3}}{4}a^2\cdot\frac{\sqrt{6}}{3}a=\frac{\sqrt{2}}{12}a^3$$

(2)　**正八面体**

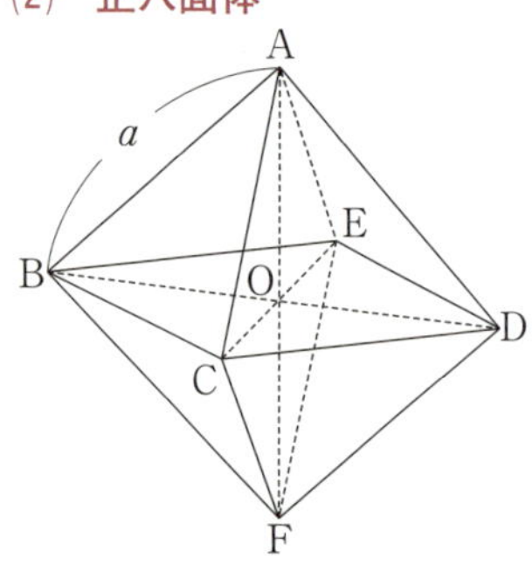

面BCDE，ABFD，ACFEはすべて正方形。中心をOとすると

$$\mathrm{OA}=\mathrm{OB}=\mathrm{OC}=\mathrm{OD}=\mathrm{OE}=\mathrm{OF}=\frac{\sqrt{2}}{2}a$$

$$（体積）=2(\text{A-BCDE})$$

$$=2\left(\frac{1}{3}\cdot a^2\cdot\frac{\sqrt{2}}{2}a\right)$$

$$=\frac{\sqrt{2}}{3}a^3$$

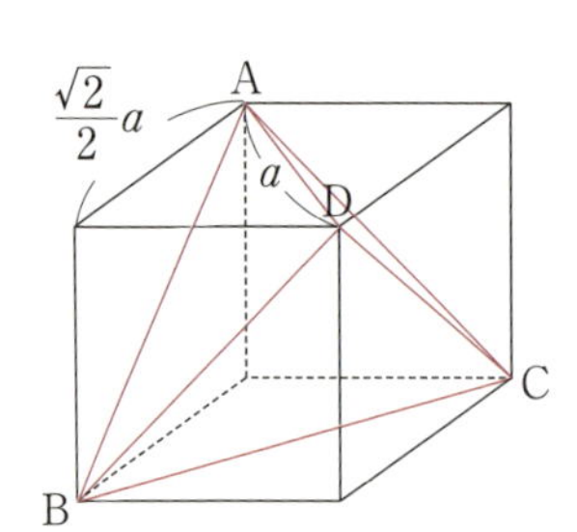

1辺の長さ $\frac{\sqrt{2}}{2}a$ の立方体を図のように4つの平面ABD，BCD，CDA，ABCで切る。残った四面体が一辺の長さ a の正四面体になる。

（立方体の体積）（切り取った4つの三角錐）

$$\left(\frac{\sqrt{2}}{2}a\right)^3-4\cdot\frac{1}{3}\cdot\left\{\frac{1}{2}\left(\frac{\sqrt{2}}{2}a\right)^2\right\}\cdot\frac{\sqrt{2}}{2}a$$

$$=\frac{\sqrt{2}}{12}a^3$$

例題 119　9分・15点

1辺の長さが6の正四面体ABCDがある。Aから面BCDに下ろした垂線をAHとするとBH=$\boxed{\text{ア}}\sqrt{\boxed{\text{イ}}}$ であるから AH=$\boxed{\text{ウ}}\sqrt{\boxed{\text{エ}}}$ である。したがって，正四面体ABCDの体積は $\boxed{\text{オカ}}\sqrt{\boxed{\text{キ}}}$ である。

また，辺AB，AC，AD，BC，BD，CDの中点をそれぞれP，Q，R，S，T，Uとすると，2直線PR，BCのなす角は $\boxed{\text{クケ}}^\circ$，直線PQと平面QRTSのなす角は $\boxed{\text{コサ}}^\circ$ である。さらに六つの点P，Q，R，S，T，Uを頂点とする立体の体積は $\boxed{\text{シ}}\sqrt{\boxed{\text{ス}}}$ である。

解答

辺CDの中点をUとすると

$$AU=BU=3\sqrt{3}$$

Hは△BCDの重心であるから

$$BH=\frac{2}{3}BU=\mathbf{2\sqrt{3}}$$

⬅ BH：HU=2：1

△ABHで三平方の定理を用いると

$$AH=\sqrt{6^2-(2\sqrt{3})^2}=\mathbf{2\sqrt{6}}$$

△BCDの面積は $\frac{1}{2}\cdot 6\cdot 3\sqrt{3}=9\sqrt{3}$ であるから

正四面体の体積は

$$\frac{1}{3}\cdot 9\sqrt{3}\cdot 2\sqrt{6}=\mathbf{18\sqrt{2}}$$

また，BC∥PQであるから，2直線PR，BCのなす角は2直線PQ，PRのなす角に等しく **60°** であり，直線PQと平面QRTSのなす角は，∠PQTに等しく **45°**

⬅ △PQRは正三角形。

⬅ △PQTは直角二等辺三角形。

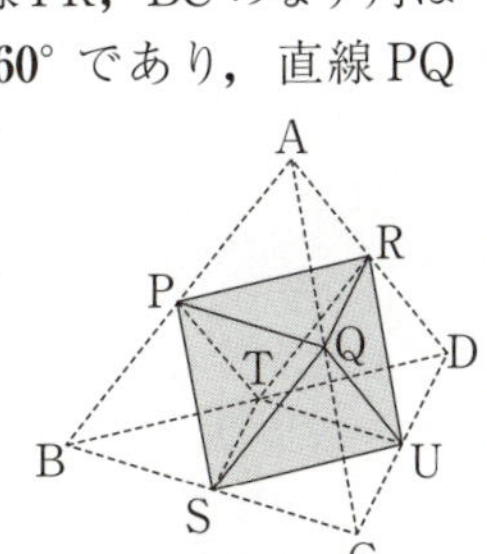

さらに，P，Q，R，S，T，Uを頂点とする立体は正八面体であり，面QRTSは1辺の長さが3の正方形。直線PUは平面QRTSに垂直であり，PU=$3\sqrt{2}$ より，体積は

$$\frac{1}{3}\cdot 3^2\cdot 3\sqrt{2}=\mathbf{9\sqrt{2}}$$

⬅ 四角錐2つと考えればよい。

STAGE 2　類　題

類題 114　（9分・15点）

AB＞ACである△ABCの∠B，∠Cの二等分線と対辺との交点をそれぞれQ，R，2点Q，Rを通る直線とBCの延長との交点をSとする。また，BQ，CRの交点をEとし，EとAを通る直線と，辺BCとの交点をPとする。

辺BC，CA，ABの長さをそれぞれa，b，cとする。

(1)　次の［ア］～［オ］に当てはまるものを，下の⓪～⑨のうちから一つずつ選べ。ただし，同じものを繰り返し選んでもよい。

$$\frac{\mathrm{AR}}{\mathrm{BR}}=\boxed{ア},\quad \frac{\mathrm{AQ}}{\mathrm{CQ}}=\boxed{イ}$$

であるから

$$\frac{\mathrm{BS}}{\mathrm{CS}}=\boxed{ウ},\quad \frac{\mathrm{SQ}}{\mathrm{RQ}}=\boxed{エ}$$

である。また，$\dfrac{\mathrm{BP}}{\mathrm{PC}}=\boxed{オ}$ である。

⓪ $\dfrac{a}{b}$　① $\dfrac{b}{a}$　② $\dfrac{b}{c}$　③ $\dfrac{c}{b}$　④ $\dfrac{c}{a}$

⑤ $\dfrac{a}{c}$　⑥ $\dfrac{c}{a+b}$　⑦ $\dfrac{a}{b+c}$　⑧ $\dfrac{b}{c+a}$　⑨ $\dfrac{a+b}{c-b}$

(2)　$a=10$，$b=5$，$c=7$のとき

$$\mathrm{BP}=\frac{\boxed{カキ}}{\boxed{ク}},\quad \mathrm{PS}=\frac{\boxed{ケコサ}}{\boxed{シ}}$$

である。

類題 115　　(3分・6点)

AB＞AC である△ABC の辺 BC の中点を D，∠A の二等分線と辺 BC との交点を E とする。△ADE の外接円と辺 CA，AB とは，それぞれ A と異なる交点 F，G をもつとする。このとき BG=CF であることを証明する。

次の [ア] ～ [カ] に当てはまるものを，下の⓪～⑨のうちから一つずつ選べ。ただし，同じものを繰り返し選んでもよい。

BC=a，CA=b，AB=c とする。AE が∠A の二等分線であるから

$$\mathrm{BE}=\frac{\boxed{ア}}{\boxed{イ}},\quad \mathrm{EC}=\frac{\boxed{ウ}}{\boxed{エ}}$$

である。また，方べきの定理より

$$\mathrm{BG}=\frac{\boxed{オ}}{\boxed{カ}},\quad \mathrm{CF}=\frac{\boxed{オ}}{\boxed{カ}}$$

となるから，BG=CF である。

⓪ a^2　① b^2　② c^2　③ ab　④ bc

⑤ ac　⑥ $a+b$　⑦ $b+c$　⑧ $2(a+b)$　⑨ $2(b+c)$

類題 116　(4分・8点)

AB=ACである二等辺三角形ABCにおいて，AB=6，BC=4とする。△ABCの内心をIとして，直線AIと辺BCの交点をDとするとき，
AD=［ア］$\sqrt{［イ］}$ であり，AI=［ウ］$\sqrt{［エ］}$ である。

線分BAをAの側に延長した直線上に点Eをとり，∠EACの二等分線と∠ABCの二等分線の交点をGとする。このとき，∠AGI=∠CBI=∠ABIであるから，AG=［オ］ であり，IG=［カ］$\sqrt{［キ］}$ である。

類題 117　(6分・10点)

AB=6，AC=4，∠A=60°の△ABCがある。∠Aの二等分線と辺BCの交点をDとする。

△ABCの面積は ［ア］$\sqrt{［イ］}$ であり，AD=$\dfrac{［ウエ］\sqrt{［オ］}}{［カ］}$ である。

Dを中心とし，辺ABに接する円Dの半径は $\dfrac{［キ］\sqrt{［ク］}}{［ケ］}$ である。

線分AD上の点Pを中心とする半径 $\dfrac{\sqrt{3}}{3}$ の円が辺ABと接している。このとき，円Dと円Pは［コ］。［コ］に当てはまるものを，次の⓪～③のうちから一つ選べ。

⓪　内接する　　　①　異なる2点で交わる
②　外接する　　　③　共有点を持たない

類題 118　　（6分・10点）

点Aを中心とする半径6の円Oと点Bを中心とする半径4の円O′が点Cで外接している。点Dは円O上に，点Eは円O′上にある。

(1) 直線DEが二つの円の共通接線になっているとき，DE＝$\boxed{\text{ア}}\sqrt{\boxed{\text{イ}}}$ である。点Cにおける二つの円の共通接線と直線DEとの交点をFとすると，DF＝$\boxed{\text{ウ}}\sqrt{\boxed{\text{エ}}}$ であり，AF＝$\boxed{\text{オ}}\sqrt{\boxed{\text{カキ}}}$ である。

(2) 直線DEが円Oと2点で交わり，円O′と点Eで接している。CD＝9であるとき，直線CDと円O′のC以外の交点をFとすると，CF＝$\boxed{\text{ク}}$，DE＝$\boxed{\text{ケ}}\sqrt{\boxed{\text{コサ}}}$ である。

類題 119　　（6分・10点）

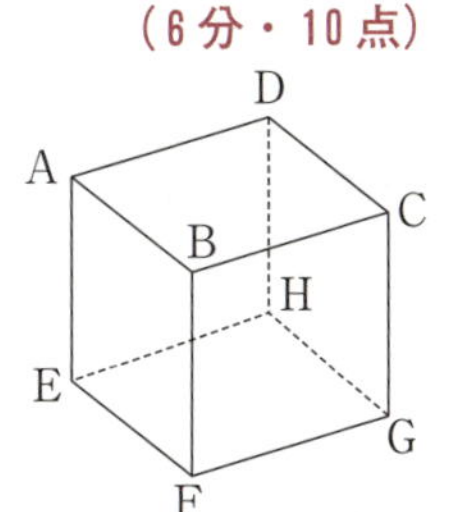

立方体ABCD-EFGHがある。

2直線ACとDEのなす角は $\boxed{\text{アイ}}^\circ$ であり，2平面ABC，DFCのなす角は $\boxed{\text{ウエ}}^\circ$ である。この立方体を4平面BDE，BDG，BEG，DEGで切り，四面体BDEGを作る。立方体の1辺の長さを1とすると，四面体BDEGの体積は $\dfrac{\boxed{\text{オ}}}{\boxed{\text{カ}}}$ であり，Bから平面EDGに下ろした垂線

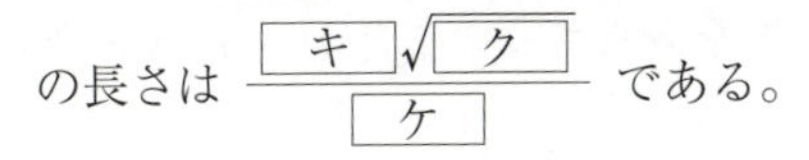
の長さは $\dfrac{\boxed{\text{キ}}\sqrt{\boxed{\text{ク}}}}{\boxed{\text{ケ}}}$ である。

総合演習問題

§1 数と式

1　　(12分・15点)

a，bを実数($a \neq 0$)として，xの不等式

$$|ax-1|<b \qquad \cdots\cdots①$$

について考える。

絶対値の性質を考えて，①を満たす実数xが存在するためのbの条件は

$b>$ [ア]

である。

bが$b>$ [ア] を満たすとき，①を満たすxの値の範囲をaの符号で場合分けして求めると，$a>0$のとき

[イ] $<x<$ [ウ]

であり，$a<0$のとき

[エ] $<x<$ [オ]

である。

[イ] ～ [オ] の解答群（同じものを繰り返し選んでもよい。）

⓪ $\frac{1}{a}+\frac{b}{a}$	① $\frac{1}{a}-\frac{b}{a}$	② $-\frac{1}{a}+\frac{b}{a}$	③ $-\frac{1}{a}-\frac{b}{a}$

(1)　$a>2$とする。①を満たすxの値の範囲に含まれる整数がちょうど1個であるようなa，bの条件を求めよう。$0<\frac{1}{a}<\frac{1}{2}$であることに注目すると，①を満たす1個の整数は [カ] である。他の整数が①を満たさないことからa，bの条件は

$b>$ [キ] 　かつ　$a-b \geqq$ [ク]

である。

(次ページに続く。)

(2)　$a=3-\sqrt{6}$，$b=3+\sqrt{6}$ であるとき

$$\frac{1}{a}=\boxed{\text{ケ}}+\frac{\sqrt{6}}{\boxed{\text{コ}}},\quad \frac{b}{a}=\boxed{\text{サ}}+\boxed{\text{シ}}\sqrt{6}$$

であるから，①を満たす x の値の範囲は

$$-\boxed{\text{ス}}-\frac{\boxed{\text{セ}}\sqrt{6}}{\boxed{\text{ソ}}}<x<\boxed{\text{タ}}+\frac{\boxed{\text{チ}}\sqrt{6}}{\boxed{\text{ツ}}}$$

である。

また

$$m<\frac{\boxed{\text{セ}}\sqrt{6}}{\boxed{\text{ソ}}}<m+1$$

を満たす整数 m の値は $m=\boxed{\text{テ}}$ であり，①を満たす整数 x の個数は $\boxed{\text{トナ}}$ 個である。

§2 集合と命題

2

(10分・15点)

c を正の整数とする。整数 n に関する二つの条件 p, q を次のように定める。

p : $n^2-n-12 \leqq 0$

q : $n>-4$ かつ $n<c$

(1) 命題「$p \Longrightarrow q$」の逆は「 ア 」である。また，命題「$p \Longrightarrow q$」の対偶は「 イ 」である。

 ア ， イ の解答群（同じものを繰り返し選んでもよい。）

⓪ $n^2-n-12>0 \Longrightarrow (n \leqq -4$ かつ $n \geqq c)$
① $n^2-n-12>0 \Longrightarrow (n \leqq -4$ または $n \geqq c)$
② $(n>-4$ かつ $n<c) \Longrightarrow n^2-n-12 \leqq 0$
③ $(n>-4$ または $n<c) \Longrightarrow n^2-n-12 \leqq 0$
④ $(n \leqq -4$ かつ $n \geqq c) \Longrightarrow n^2-n-12>0$
⑤ $(n \leqq -4$ または $n \geqq c) \Longrightarrow n^2-n-12>0$

(2) $c=$ ウ のとき，p と q は同値である。
$c>$ ウ のとき，p は q であるための エ 。

 エ の解答群

⓪ 必要十分条件である
① 必要条件であるが，十分条件ではない
② 十分条件であるが，必要条件ではない
③ 必要条件でも十分条件でもない

（次ページに続く。）

(3)　命題「$p \Longrightarrow q$」が偽となり，その反例となる整数 n がただ一つだけ存在するとき $c=$ [オ] であり，その反例は $n=$ [カ] である。

命題「$q \Longrightarrow p$」が偽となり，その反例となる整数 n がただ一つだけ存在するとき $c=$ [キ] であり，その反例は $n=$ [ク] である。

(4)　整数全体の集合を全体集合とし，その部分集合 A，B を

$$A=\{n \mid n^2-n-12 \leqq 0\}$$
$$B=\{n \mid n>-4 \text{ かつ } n<10\}$$

とする。集合 A，B の補集合を $\overline{A}$，$\overline{B}$ で表す。

空集合となるものは [ケ] であり，全体集合となるものは [コ] である。

[ケ]，[コ] の解答群

⓪ $A \cap B$	① $A \cup B$	② $A \cap \overline{B}$	③ $A \cup \overline{B}$
④ $\overline{A} \cap B$	⑤ $\overline{A} \cup B$	⑥ $\overline{A} \cap \overline{B}$	⑦ $\overline{A} \cup \overline{B}$

§3　2次関数

3　　　　（10分・10点）

数学の授業で，2次関数 $y=x^2+ax+b$ についてコンピューターのグラフ表示ソフトを用いて考察している。

このソフトでは，図1の画面上の [A]，[B] にそれぞれ係数 a，b の値を入力すると，その値に応じたグラフが表示される。さらに，[A]，[B] それぞれの下にある・を左に動かすと係数の値が減少し，右に動かすと係数の値が増加するようになっており，値の変化に応じて2次関数のグラフが座標平面上を動く仕組みになっている。

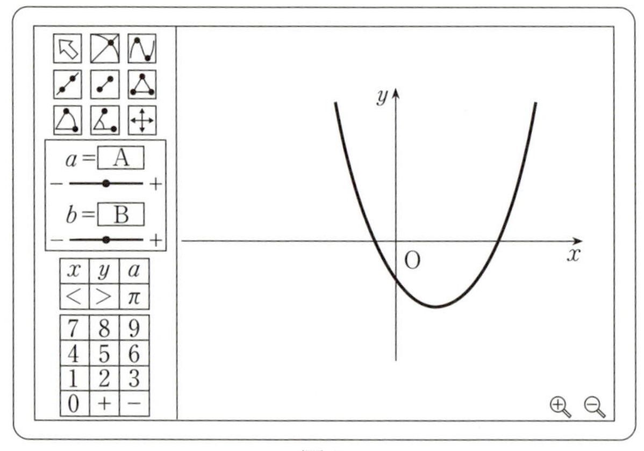

図1

(1)　「頂点が第1象限にあるとき」と「頂点が第4象限にあるとき」の a と b の符号について当てはまるものを，下の⓪～⑧のうちから一つずつ選べ。

頂点が第1象限にあるとき　[ア]

頂点が第4象限にあるとき　[イ]

[ア]，[イ] の解答群（同じものを繰り返し選んでもよい。）

⓪　$a>0$，$b>0$　　　①　$a<0$，$b>0$

②　$a>0$，$b<0$　　　③　$a<0$，$b<0$

④　$a>0$ であるが，b の符号は確定しない。

⑤　$a<0$ であるが，b の符号は確定しない。

⑥　$b>0$ であるが，a の符号は確定しない。

⑦　$b<0$ であるが，a の符号は確定しない。

⑧　a，b ともに符号は確定しない。

（次ページに続く。）

(2) 次の⓪～⑤の a, b の値の組合せのうち，グラフが x 軸と異なる2点で交わるものは［ウ］と［エ］である。ただし，解答の順序は問わない。

	⓪	①	②	③	④	⑤
a	1	2	3	-1	-2	-3.5
b	1	1	2	0.5	-1	3.5

(3) $a=0$, $b=0$ のグラフを表示させてから，次の操作P，操作Q，操作R，操作Sのうち，いずれか一つの操作を行う。

操作P：a の値は変えず，b の値だけを増加させる。
操作Q：a の値は変えず，b の値だけを減少させる。
操作R：b の値は変えず，a の値だけを増加させる。
操作S：b の値は変えず，a の値だけを減少させる。

このとき，次の(i)～(iii)が起こり得る操作を，下の⓪～⑧のうちから一つずつ選べ。

(i) 関数 $y=x^2+ax+b$ の $x \geqq 0$ の範囲における最小値が負の数であるようにする。［オ］

(ii) 2次方程式 $x^2+ax+b=0$ が正の解と負の解を一つずつもつようにする。［カ］

(iii) 不等式 $x^2+ax+b>0$ の解がすべての実数であるようにする。［キ］

［オ］～［キ］の解答群（同じものを繰り返し選んでもよい。）

⓪ ない。
① 操作P
② 操作Q
③ 操作R
④ 操作S
⑤ 操作Pまたは操作R
⑥ 操作Pまたは操作S
⑦ 操作Qまたは操作R
⑧ 操作Qまたは操作S

§4　図形と計量

4

(12分・20点)

太郎さんと花子さんは，数学の授業で図形と計量の分野を学習している。公式を使って，線分の長さや図形の面積を求めてみようと思っている。

△ABCにおいて，AB=6，BC=$4\sqrt{2}$，∠ABC=45°として，△ABCの外接円をOとする。

次の太郎さんと花子さんの会話を読み，下の問いに答えよ。

花子：三角比の値を考えると，$\sin 45^\circ =$ [ア]，$\cos 45^\circ =$ [イ]，$\tan 45^\circ =$ [ウ] だよね。
太郎：△ABCで，2辺の長さとその間の角がわかっているから，[エ] を用いると辺ACの長さが求められるね。
花子：そうだね。AC=[オ]$\sqrt{\text{[カ]}}$ だね。
太郎：今度は，[キ] を用いると，円Oの半径Rが求められるよ。
花子：$R=\sqrt{\text{[クケ]}}$ になるよ。

(1)　[ア]，[イ]，[ウ] に当てはまるものを，次の⓪～⑥のうちから一つずつ選べ。ただし，同じものを繰り返し選んでもよい。

⓪　0　　①　$\frac{1}{2}$　　②　$\frac{\sqrt{3}}{3}$　　③　$\frac{\sqrt{2}}{2}$
④　$\frac{\sqrt{3}}{2}$　　⑤　1　　⑥　$\sqrt{3}$

(2)　[エ]，[キ] に当てはまるものを，次の⓪～③のうちから一つずつ選べ。ただし，同じものを選んでもよい。

⓪　正弦定理　　①　余弦定理
②　正接定理　　③　ヘロンの公式

(3)　[オ]，[カ]，[クケ] に当てはまる数を答えよ。

(次ページに続く。)

次に，外接円Oの点Aを含まない弧BC上に，点Dを△ABDと△CBDの面積比が3：2であるようにとる。

花子：△ABDと△CBDの面積比から，線分ADとCDの長さの比が求まるね。
太郎：そうだね。AD：CD＝$\sqrt{\boxed{コ}}$：$\boxed{サ}$ になるよ。
花子：このとき，ADとCDの長さも求められるよ。

(4) $\boxed{コ}$，$\boxed{サ}$ に当てはまる数を答えよ。

(5) CDの長さは $\boxed{シ}\sqrt{\boxed{ス}}$ である。

(6) △ABDの内接円の半径は $\boxed{セ}-\sqrt{\boxed{ソタ}}$ であり，四角形ABDCの面積は $\boxed{チツ}$ である。

§5 データの分析

5　**(12分・20点)**

(1)　30人の生徒に数学のテストを行った。次の表1は，その結果である。ただし，表1の数値はすべて正確な値であるとして解答せよ。

表1　数学のテストの得点

62	54	44	30	88	24	45	55	68	51	46	86	82	71	63
70	55	61	74	65	74	30	72	74	85	98	66	71	78	96

次の表2は，表1の30人のテストの得点を度数分布表にしたものである。

表2　30人の生徒の得点の度数分布表

階級（点）	度数（人）
20以上　30未満	1
30以上　40未満	2
40以上　50未満	3
50以上　60未満	4
60以上　70未満	6
70以上　80未満	8
80以上　90未満	4
90以上 100未満	2
合　計	30

30人の得点の中央値は［アイ］である。

(2)　A組からD組の各組30人の生徒に対して理科のテストを行った。次の図1は，各組ごとに理科のテストの得点を箱ひげ図にしたものである。

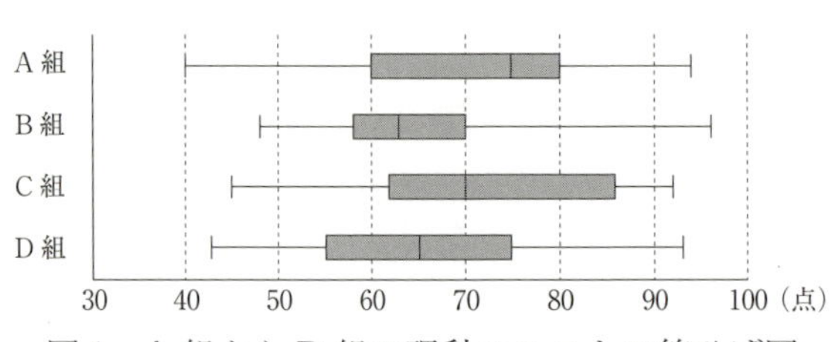

図1　A組からD組の理科のテストの箱ひげ図

(次ページに続く。)

(i)　図1の箱ひげ図について述べた文として**誤っているもの**は［ウ］と［エ］である。

［ウ］，［エ］の解答群（解答の順序は問わない。）

⓪　A，B，C，Dの4組全体の最高点の生徒がいるのはB組である。
①　A，B，C，Dの4組で比べたとき，四分位範囲が最も大きいのはA組である。
②　A, B, C, Dの4組で比べたとき, 範囲が最も大きいのはA組である。
③　A，B，C，Dの4組で比べたとき，第1四分位数と中央値の差が最も小さいのはB組である。
④　A組では，60点未満の人数は80点以上の人数よりも多い。
⑤　A組とC組で70点以下の人数を比べたとき，C組の人数はA組の人数以上である。

(ii)　図1のC組の箱ひげ図のもとになった得点をヒストグラムにしたとき，対応するものは［オ］である。

［オ］については，当てはまるものを，次の⓪～③のうちから一つ選べ。なお，ヒストグラムは(1)の表2の度数分布表と同じ階級を用いて作成した。

⓪
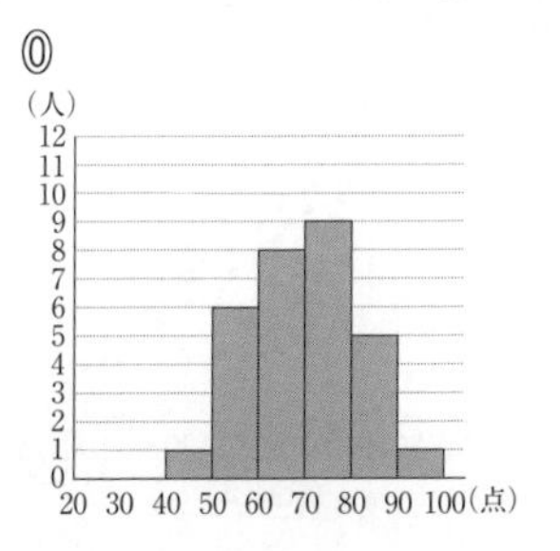

①
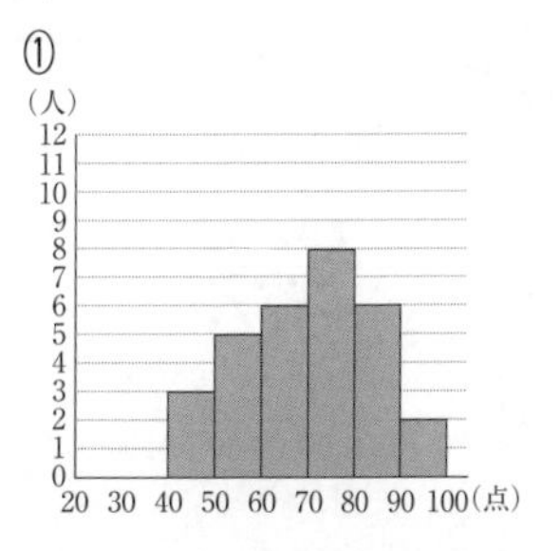

②
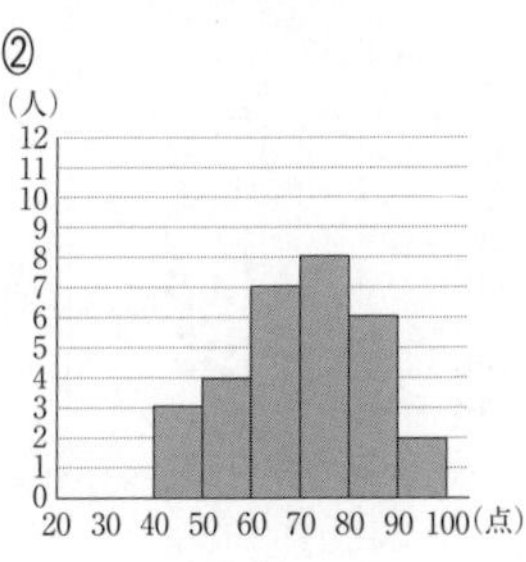

③
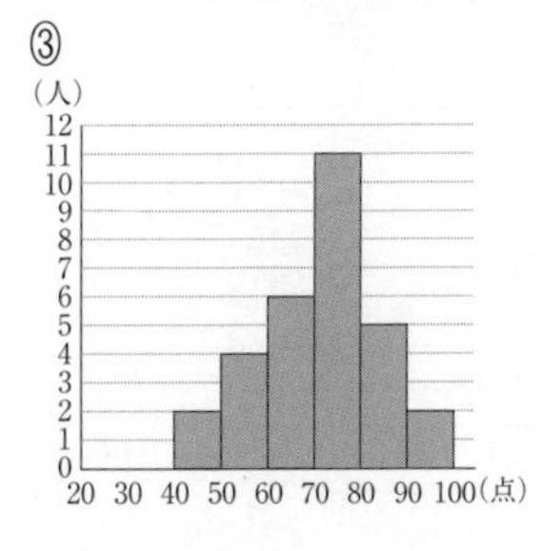

(次ページに続く。)

(3)　次の表3は，あるクラスの生徒30人に行った科目Xと科目Yのテストの得点であり，これらの平均値，標準偏差，共分散をまとめたものが下の表4である。

表3　科目Xと科目Yの得点

科目X	63	76	58	71	75	56	81	80	84	77	76	63	63	59	63
科目Y	47	78	60	46	58	63	73	59	66	49	62	58	65	50	42
科目X	77	78	68	59	72	68	79	67	79	73	77	67	63	78	76
科目Y	82	66	40	55	42	69	77	57	63	52	49	45	55	84	56

表4

	平均値	標準偏差
科目X	70.9	7.81
科目Y	58.9	11.74

科目Xと科目Yの得点の共分散	36.89

(i)　科目Xと科目Yの得点を散布図にしたものは［カ］である。

［カ］については，当てはまるものを，次の ⓪～③ のうちから一つ選べ。

⓪
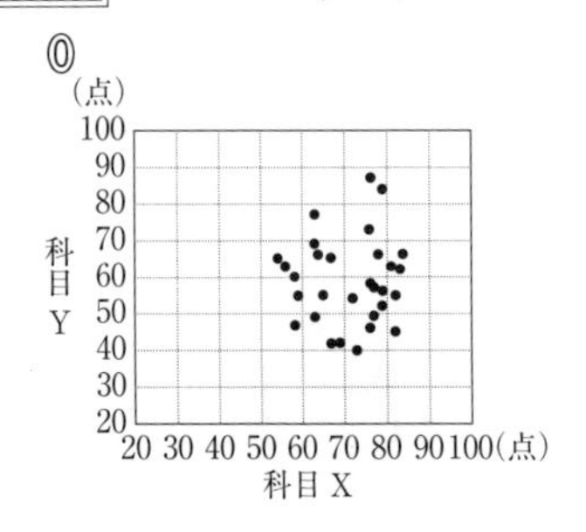

①
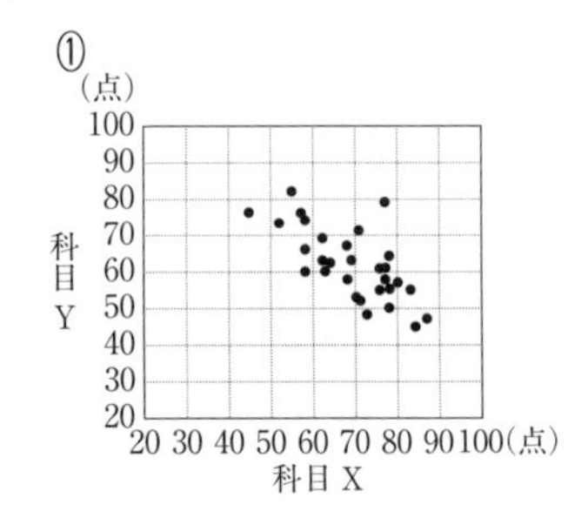

②
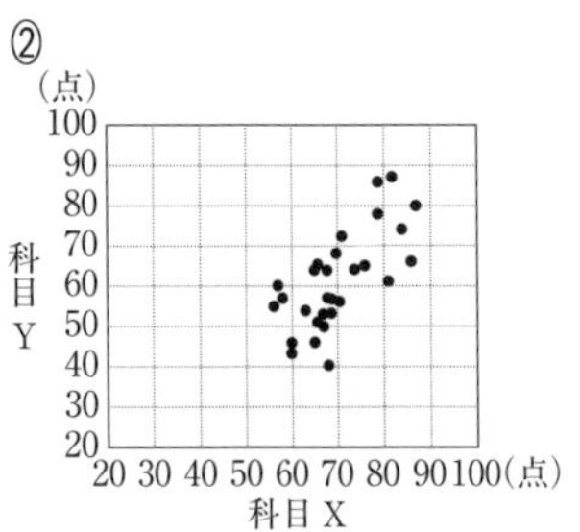

③
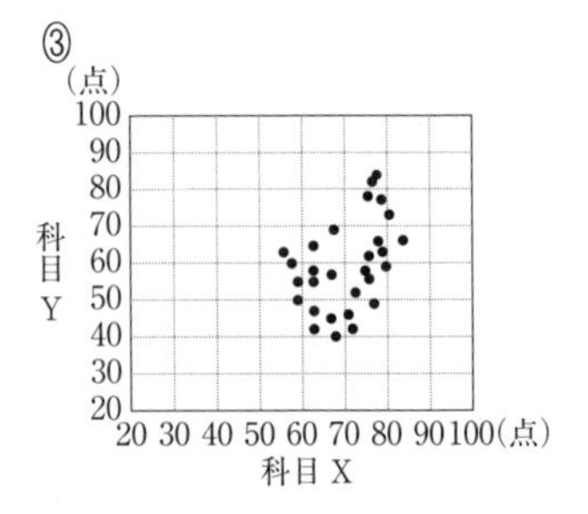

(次ページに続く。)

(ii) 表3の得点を $\frac{1}{2}$ にして50点満点の得点に換算した。例えば，62点であった場合は得点を2で割った値である31点とし，63点であった場合は31.5点とする。このとき，科目Xの得点の偏差と科目Yの得点の偏差は，換算後，それぞれもとの得点の偏差の $\frac{1}{2}$ になる。したがって，科目Xについてもとの標準偏差と換算後の標準偏差を比較し，さらにもとの共分散と換算後の共分散を比較すると，［キ］。

［キ］の解答群

⓪　換算後の標準偏差と共分散の値はともに，もとの値の $\frac{1}{2}$ になる

①　換算後の標準偏差と共分散の値はともに，もとの値の $\frac{1}{4}$ になる

②　換算後の標準偏差の値はもとの値の $\frac{1}{2}$ になり，共分散の値はもとの値の $\frac{1}{4}$ になる

③　換算後の標準偏差の値はもとの値の $\frac{1}{4}$ になり，共分散の値はもとの値の $\frac{1}{2}$ になる

§6 場合の数と確率

6　　(15分・20点)

1から9までの番号がつけられた9枚のカードから，4枚のカードを同時に取り出す。取り出した4枚のカードの番号の中で，最も大きな番号をL，最も小さな番号をSとして，得点Xを次のように定める。

・Lが偶数のとき，$X=0$とする。

・Lが奇数のとき，$X=L-S$とする。

太郎さんと花子さんは，得点Xとその確率を計算することにした。

花子：まず，得点が0点になる場合を考えてみよう。
太郎：得点が0点になるのは，Lが偶数の場合だね。
花子：9枚のカードから4枚のカードを取り出す方法は，全部で［アイウ］通りあるから……。
太郎：このうち，Lが偶数になる場合の数を求めればよいのか。

(1)

(i)　［アイウ］に当てはまる数を答えよ。

(ii)　$L=4$である確率は$\frac{\boxed{エ}}{\boxed{オカキ}}$であり，$X=0$である確率は$\frac{\boxed{クケ}}{\boxed{コサ}}$である。

(次ページに続く。)

太郎：得点が最大になる場合と正で最小になる場合を考えるね。
花子：得点のとり得る値を考えると，得点の最大値は[シ]，正の得点の最小値は[ス]になるね。
太郎：確率を計算してみよう。

(2)

(i) [シ]，[ス]に当てはまる数を答えよ。

(ii) $X=$[シ]である確率は$\frac{\boxed{セ}}{\boxed{ソ}}$，$X=$[ス]である確率は$\frac{\boxed{タ}}{\boxed{チツ}}$である。

(iii) $X=$[シ]であったとき，番号5のカードを取り出している条件付き確率は$\frac{\boxed{テ}}{\boxed{ト}}$である。

太郎：最後に，得点が5点になる場合の確率を求めてみよう。
花子：得点が5点になるのは，$L-S=5$ の場合だね。
太郎：そうだね。計算してみよう。

(3) $X=5$ である確率は$\frac{\boxed{ナ}}{\boxed{ニヌ}}$である。番号9のカードを取り出したとき，$X=5$ である条件付き確率は$\frac{\boxed{ネ}}{\boxed{ノハ}}$である。

§7　整数の性質

7　　(10分・20点)

ある日，太郎さんと花子さんのクラスでは，数学の授業で先生から次の**問題**が宿題として出された。下の問いに答えよ。

> **問題**　自然数 N は 7 で割ると 2 余り，17 で割ると 4 余るという。このような N のうち，3 桁で最も大きい数を求めよ。

この**問題**について，太郎さんと花子さんは次のような会話をした。

太郎：まず，7 で割ったときの商を x とおくと，$N=$ [ア] と表せるし，17 で割ったときの商を y とおくと，$N=$ [イ] と表せるね。
花子：そうすれば，x と y が満たす方程式 [ウ] が作れるから，x と y が求まるね。
太郎：不定方程式の整数解を求めることと同じだね。
花子：x，y の組を一組見つけて，x，y のすべての組を整数 k で表すことができるから，N を k で表せるよ。
太郎：N が 3 桁で最も大きくなるような k を求めればいいってことだね。とりあえず，やってみよう。

(1)　[ア]，[イ] に当てはまるものを，次の⓪～③のうちから一つずつ選べ。

⓪　$7x+2$　　①　$2x+7$　　②　$17y+4$　　③　$4y+17$

(2)　x と y が満たす方程式 [ウ] を，次の⓪～③のうちから一つ選べ。

⓪　$7x-17y=2$　　①　$7x-4y=15$
②　$2x-17y=-3$　　③　$x-2y=5$

(次ページに続く。)

(3) ［ウ］を満たす整数 x, y のうち，y が一桁の正の整数であるものを利用して，整数解 x, y を求めると，k を整数として

$x=$［エ］$+$［オカ］，　$y=$［キ］$+$［ク］

である。

したがって，N は整数 k を用いて

$N=$［ケコサ］$k+$［シス］

と表される。

N が3桁の整数となるような最大の整数 k の値は［セ］であるから，求める N は［ソタチ］である。

［エ］，［キ］の解答群

⓪　$7k$	①　$2k$	②　$17k$	③　$4k$

§8　図形の性質

8　　（12分・20点）

〔1〕 太郎さんのクラスでは，数学の授業で次の**問題**が宿題として出された。

> **問題**　△ABCにおいて，AB＝4，BC＝2，CA＝3とする。辺ABを1：3に内分する点をD，△ABCの内心をIとして，直線AIと辺BCの交点をE，直線DIと辺BCの交点をFとする。このとき，Iは線分DFをどのような比に分けるか。

(1) 次の⓪～③のうち，内心についての記述として正しいものは［ア］である。

［ア］の解答群

> ⓪　三角形の3本の中線は1点で交わり，この点が内心である。
> ①　三角形の三つの内角の二等分線は1点で交わり，この点が内心である。
> ②　三角形の3辺の垂直二等分線は1点で交わり，この点が内心である。
> ③　三角形の3頂点から対辺またはその延長に下ろした垂線は1点で交わり，この点が内心である。

太郎さんは宿題について考え，次のように解答した。

太郎さんの解答

> 点Iは内心であるから，$\text{BE}=\dfrac{\boxed{イ}}{\boxed{ウ}}$ であり，$\dfrac{\text{AI}}{\text{EI}}=\dfrac{\boxed{エ}}{\boxed{オ}}$ である。
> このとき，$\dfrac{\text{BF}}{\text{EF}}=\dfrac{\boxed{カキ}}{\boxed{ク}}$ であるから，$\dfrac{\text{FI}}{\text{DI}}=\dfrac{\boxed{ケ}}{\boxed{コサ}}$ である。
> よって，点Iは線分DFを［コサ］：［ケ］の比に内分する。

(2) ［イ］～［コサ］に当てはまる数を答えよ。

(3) △ADIと△EFIの面積比は

$$\frac{\triangle\text{EFI}}{\triangle\text{ADI}}=\frac{\boxed{シス}}{\boxed{セソタ}}$$

である。

（次ページに続く。）

〔2〕 点Oを中心とする半径3の円Oの円周上に2点A，Bがある。点Aにおける円Oの接線と点Bにおける円Oの接線の交点をCとして，線分OCと線分ABの交点をDとする。

(1) △OACと合同な三角形は [チ] であり，△OACと合同でなく相似な三角形は [ツ]， [テ] である。

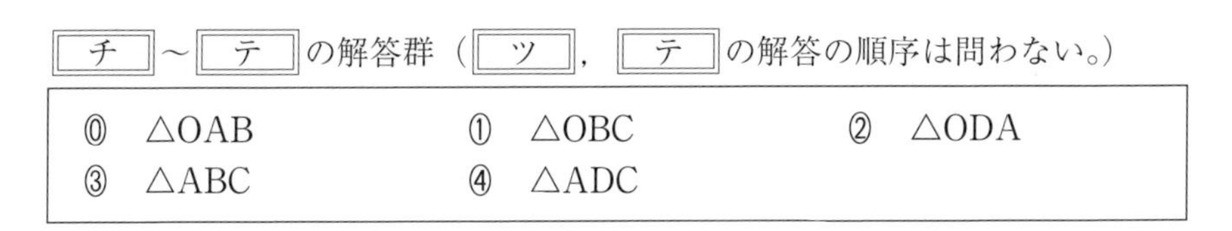
[チ]～[テ]の解答群（[ツ]，[テ]の解答の順序は問わない。）

⓪ △OAB　① △OBC　② △ODA
③ △ABC　④ △ADC

(2) OC·OD＝[ト]である。

(3) 円Oの円周上に点Eがあり，線分ABのBの側の延長と線分OEのEの側の延長が点Fで交わっているとする。点Cから直線OFに垂線を下ろし，直線OFとの交点をHとする。

4点C，F，[ナ]は同一円周上にある。したがって，OH·OF＝[ニ]である。

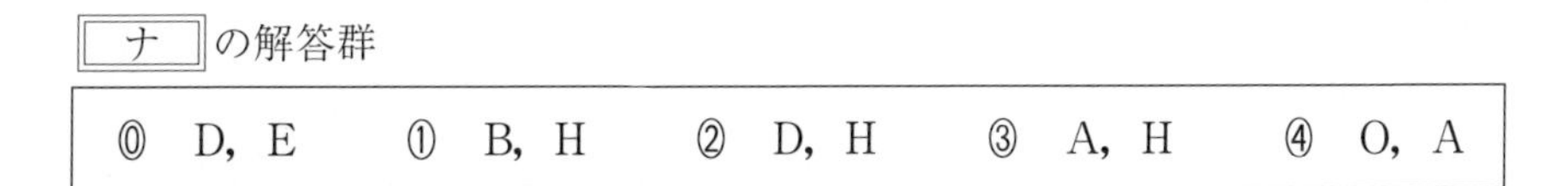
[ナ]の解答群

⓪ D，E　① B，H　② D，H　③ A，H　④ O，A

— *MEMO* —

— MEMO —

— *MEMO* —

短期攻略　大学入学共通テスト　数学I・A［基礎編］

著者	吉川浩之 榎明夫
発行者	山﨑良子
印刷・製本	株式会社日本制作センター
発行所	駿台文庫株式会社

〒101-0062　東京都千代田区神田駿河台1-7-4
小畑ビル内
TEL. 編集　03(5259)3302
販売　03(5259)3301
《②－320pp.》

ISBN978-4-7961-2335-8　Printed in Japan

駿台文庫 Web サイト
https://www.sundaibunko.jp

駿台受験シリーズ

短期攻略

大学入学共通テスト 数学I・A 基礎編

解答・解説編

類題の答

類題　1

アイ, ウ, エ　15, 2, 8　オ, カ, キク, ケ, コ　4, 9, 12, 6, 4

(1)　(左辺)$=\mathbf{15}a^2-\mathbf{2}ab-\mathbf{8}b^2$　⬅ 公式(4)

(2)　(左辺)$=(2a)^2+(-3b)^2+c^2+2\cdot(2a)(-3b)+2(-3b)\cdot c+2\cdot c\cdot(2a)$　⬅ 公式(5)

$=\mathbf{4}a^2+\mathbf{9}b^2+c^2-\mathbf{12}ab-\mathbf{6}bc+\mathbf{4}ca$

類題　2

アイウ, エオ, カ　256, 32, 1

キク, ケコ, サシ, スセ　10, 35, 50, 24　ソタ　−3

(1)　(左辺)$=\{(2a-1)(2a+1)(4a^2+1)\}^2$　⬅ $A^2B^2C^2=(ABC)^2$

$=\{(4a^2-1)(4a^2+1)\}^2$

$=(16a^4-1)^2$

$=\mathbf{256}a^8-\mathbf{32}a^4+\mathbf{1}$

(2)　(左辺)$=(a+1)(a+4)(a+2)(a+3)$

$=(a^2+5a+4)(a^2+5a+6)$

$=(A+4)(A+6)$　⬅ $a^2+5a=A$ とおく。

$=A^2+10A+24$

$=(a^2+5a)^2+10(a^2+5a)+24$

$=a^4+\mathbf{10}a^3+\mathbf{35}a^2+\mathbf{50}a+\mathbf{24}$

(3)　与式を展開したときの x^2 の項は

$(x^2+ax-3)(2x^2-4x-1)$

を計算して

$x^2\cdot(-1)+ax\cdot(-4x)+(-3)(2x^2)=(-4a-7)x^2$

であるから

$-4a-7=5$　∴　$a=\mathbf{-3}$

類題　3

ア, イ, ウエ　2, 4, 18　オ, カ, キ, ク　2, 3, 4, 5

ケ, コ, サ　2, 2, 1

(1)　(左辺)$=2(x^2-14xy-72y^2)$　⬅ まず2でくくる。

$=\mathbf{2(x+4y)(x-18y)}$

(2)　(左辺) $=\mathbf{(2x-3y)(4x+5y)}$

(3)　(左辺) $=(x^2-4)(x^2+1)$

$=\mathbf{(x-2)(x+2)(x^2+1)}$

⬅ 2 ╳ −3 / 4 ╳ +5

類題　4

ア，イ，ウ　1，4，6　エ，オ，カ，キ　2，2，2，3
ク，ケ，コ，サ，シ　3，4，2，2，3

(1)　(左辺) $=(x-2)(x+4)(x-3)(x+5)-144$

$=(x^2+2x-8)(x^2+2x-15)-144$

$=(A-8)(A-15)-144$　⬅ $x^2+2x=A$ とおく。

$=A^2-23A-24$

$=(A+1)(A-24)$

$=(x^2+2x+1)(x^2+2x-24)$

$=\mathbf{(x+1)^2(x-4)(x+6)}$

(2)　(左辺) $=2x^3-8x-(3x^2-12)y$　⬅ y で整理する。

$=2x(x^2-4)-3(x^2-4)y$

$=(x^2-4)(2x-3y)$

$=\mathbf{(x-2)(x+2)(2x-3y)}$

(3)　(左辺) $=2x^2+(-8y+5)x+6y^2+y-12$　⬅ x で整理する。

$=2x^2+(-8y+5)x+(3y-4)(2y+3)$

$=\{x-(3y-4)\}\{2x-(2y+3)\}$　⬅ たすきがけ

$=\mathbf{(x-3y+4)(2x-2y-3)}$

1 ╳ $-(3y-4)$ / 2 ╳ $-(2y+3)$

類題　5

ア　5　イ　1　ウエ　23　$\sqrt{\text{オカ}}$　$\sqrt{13}$　キク　11
ケコサ　119

(1)　$a=\dfrac{(\sqrt{7}-\sqrt{3})^2}{(\sqrt{7}+\sqrt{3})(\sqrt{7}-\sqrt{3})}=\dfrac{7-2\sqrt{21}+3}{7-3}=\dfrac{5-\sqrt{21}}{2}$

同様にして，$b=\dfrac{5+\sqrt{21}}{2}$ であるから　⬅ $b=\dfrac{1}{a}$

$a+b=\mathbf{5}$，$ab=\mathbf{1}$

であり

$$\frac{b}{a}+\frac{a}{b}=\frac{a^2+b^2}{ab}=\frac{(a+b)^2-2ab}{ab}=\frac{5^2-2\cdot1}{1}=\mathbf{23}$$

(2)　$$\frac{1}{a}=\frac{2}{3+\sqrt{13}}=\frac{2(3-\sqrt{13})}{3^2-13}=\frac{-3+\sqrt{13}}{2}$$

⬅ 分母の有理化。

であるから

$$a+\frac{1}{a}=\sqrt{\mathbf{13}}$$

$$a^2+\frac{1}{a^2}=\left(a+\frac{1}{a}\right)^2-2\cdot a\cdot\frac{1}{a}=13-2=\mathbf{11}$$

⬅ $x^2+y^2=(x+y)^2-2xy$

$$a^4+\frac{1}{a^4}=\left(a^2+\frac{1}{a^2}\right)^2-2\cdot a^2\cdot\frac{1}{a^2}=11^2-2=\mathbf{119}$$

⬅ $x^4+y^4=(x^2+y^2)^2-2(xy)^2$

類題　6

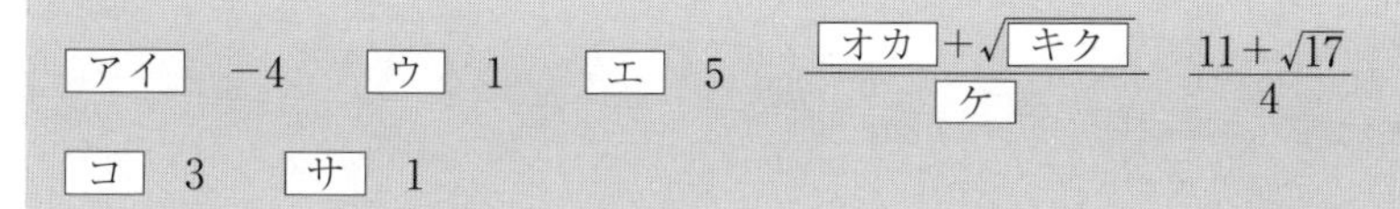

(1)　$3<\sqrt{14}<4$ であるから

⬅ $\sqrt{9}<\sqrt{14}<\sqrt{16}$

$$3<\frac{6+3\sqrt{14}}{5}<\frac{18}{5},\quad 1<\frac{2+\sqrt{14}}{5}<\frac{6}{5}$$

$$\therefore\quad -\frac{18}{5}<a<-3,\quad 1<b<\frac{6}{5}$$

よって，$m=\mathbf{-4}$，$n=\mathbf{1}$ であり，$a<x<b$ を満たす整数 x は，$x=-3,\ -2,\ -1,\ 0,\ 1$ の **5** 個。

⬅ 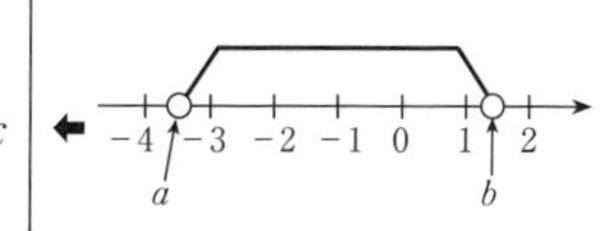

(2)　$$\alpha=\frac{\mathbf{11}+\sqrt{\mathbf{17}}}{\mathbf{4}},\quad \beta=\frac{11-\sqrt{17}}{4}$$

⬅ 2 次方程式の解の公式。

$4<\sqrt{17}<5$ であるから

⬅ $-5<-\sqrt{17}<-4$

$$\frac{15}{4}<\alpha<4,\quad \frac{3}{2}<\beta<\frac{7}{4}$$

⬅ 1　2　3　4（数直線：β は 1 と 2 の間，α は 3 と 4 の間）

$$\therefore\quad m=\mathbf{3},\quad n=\mathbf{1}$$

類題　7

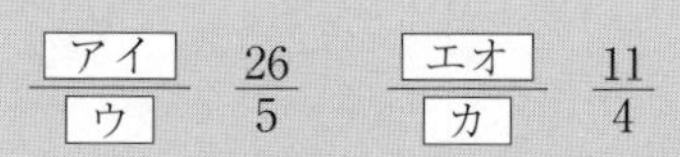

(1)　与式の両辺に 6 をかけて

$9(x-2)-4(1-x) \leqq 6(3x-8)$

$9x-18-4+4x \leqq 18x-48$

$-5x \leqq -26 \quad \therefore \quad x \geqq \mathbf{\frac{26}{5}}$

(2)　$x=2$ が与式を満たすので，$x=2$ を与式へ代入する。

$\frac{2-a}{3}-\frac{8-3}{2} \geqq -a$

両辺に 6 をかけると

$2(2-a)-15 \geqq -6a$

$4a \geqq 11 \quad \therefore \quad a \geqq \mathbf{\frac{11}{4}}$

類題　8

$\frac{\boxed{アイウ}}{\boxed{エ}} \leqq x \leqq \frac{\boxed{オカ}}{\boxed{キ}}$　$\frac{-41}{7} \leqq x \leqq \frac{-7}{4}$

$\frac{1+2x}{2} \leqq \frac{3x-1}{5}$ から

$5(1+2x) \leqq 2(3x-1)$　⬅ 両辺に 10 をかける。

$5+10x \leqq 6x-2$

$4x \leqq -7 \quad \therefore \quad x \leqq -\frac{7}{4}$　……①

$\frac{3x-1}{5} \leqq \frac{5x+4}{6}+\frac{1}{2}$ から

$6(3x-1) \leqq 5(5x+4)+15$　⬅ 両辺に 30 をかける。

$18x-6 \leqq 25x+20+15$

$-7x \leqq 41 \quad \therefore \quad x \geqq -\frac{41}{7}$　……②

①，②を同時に満たす x の範囲を求めて

$\mathbf{-\frac{41}{7} \leqq x \leqq -\frac{7}{4}}$

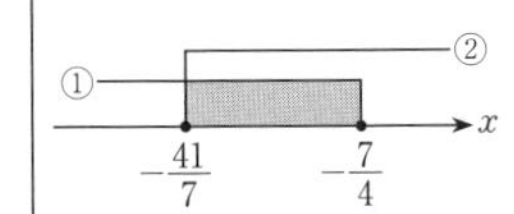

類題 9

$\dfrac{\boxed{ア}(\boxed{イ}+\sqrt{7})}{\boxed{ウ}}$　$\dfrac{2(2+\sqrt{7})}{3}$　$\boxed{エオ}(\boxed{カ}+\sqrt{7})$　$-2(2+\sqrt{7})$

$\boxed{キク}(\sqrt{5}-\boxed{ケ})$　$-2(\sqrt{5}-2)$　$\boxed{コ}(\sqrt{5}-\boxed{サ})$　$4(\sqrt{5}-2)$　$\dfrac{\boxed{シス}}{\boxed{セ}}$　$\dfrac{13}{2}$

$\boxed{ソタ}$　-4　$\dfrac{\boxed{チツ}}{\boxed{テ}}$　$\dfrac{-7}{2}$　$\dfrac{\boxed{ト}}{\boxed{ナ}}$　$\dfrac{8}{3}$

(1)　与式より

$$(\sqrt{7}-2)x+2=\pm 4$$

$$(\sqrt{7}-2)x=2,\ -6$$

$$x=\frac{2}{\sqrt{7}-2},\ \frac{-6}{\sqrt{7}-2}$$

$$\therefore\quad x=\mathbf{\frac{2(2+\sqrt{7})}{3}},\ \mathbf{-2(2+\sqrt{7})}$$

← 分母，分子に $\sqrt{7}+2$ をかける。

(2)　与式より

$$-3<(\sqrt{5}+2)x-1<3$$

$$-2<(\sqrt{5}+2)x<4$$

$$\frac{-2}{\sqrt{5}+2}<x<\frac{4}{\sqrt{5}+2}$$

← $\sqrt{5}+2>0$

$$\therefore\quad \mathbf{-2(\sqrt{5}-2)}<x<\mathbf{4(\sqrt{5}-2)}$$

← 分母，分子に $\sqrt{5}-2$ をかける。

(3)　①より $y=\dfrac{1-2x}{3}$，これを②へ代入して整理すると

← y を消去。

$$|4x-16|=-2x+23 \quad\cdots\cdots③$$

← 絶対値の中の符号で場合分け。

・$4x-16\geqq 0$　つまり　$x\geqq 4$ のとき

③より　$4x-16=-2x+23$

$$\therefore\quad x=\frac{13}{2}\quad(x\geqq 4 \text{ を満たす})$$

・$4x-16<0$　つまり　$x<4$ のとき

③より　$-(4x-16)=-2x+23$

$$\therefore\quad x=-\frac{7}{2}\quad(x<4 \text{ を満たす})$$

これと①より，求める解は

$$(x,\ y)=\left(\mathbf{\frac{13}{2}},\ \mathbf{-4}\right),\ \left(\mathbf{-\frac{7}{2}},\ \mathbf{\frac{8}{3}}\right)$$

類題 10

$\dfrac{\boxed{ア}}{\boxed{イ}}a+\boxed{ウ}$　$\dfrac{2}{3}a+2$　　$\boxed{エオ}$　-1　　$\boxed{カ}$　4　　$\boxed{キク}$　-3

①より　$2x-2a<-x+6$

$$3x<2a+6 \qquad \therefore \quad x<\frac{2}{3}a+2$$

②より　$2(x-4)-3(3x-2)\leqq 5$

$-7x-2\leqq 5$

$-7x\leqq 7 \qquad \therefore \quad x\geqq -1$

←両辺に6をかける。

①，②を同時に満たす整数 x がちょうど6個であるとき，②より，その整数値は -1，0，1，2，3，4 であるから，

a の範囲は　$4<\dfrac{2}{3}a+2\leqq 5 \qquad \therefore \quad 3<a\leqq \dfrac{9}{2}$

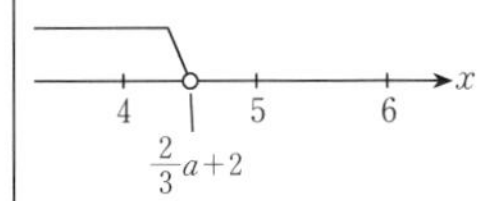

これを満たす整数 a の値は **4** である。

また，$x\leqq 0$ を満たすすべての x に対して①が成り立つ条件は

$$0<\frac{2}{3}a+2 \qquad \therefore \quad a>-3$$

である。

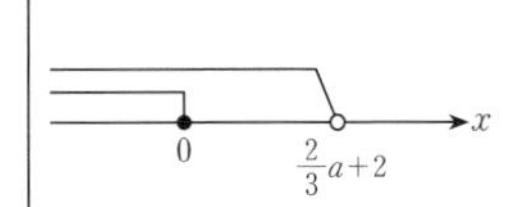

類題 11

$\boxed{ア}$，$\boxed{イ}$　③，⑤（順不同）

⓪　正しい。

①　正しい。

②　正しい。

③　8が $A\cap C$ に属していないから誤り。

④　$(\overline{A}\cap C)\cup B=\overline{A}\cap(B\cup C)$

$=\{3,\ 6,\ 8,\ 9,\ 12,\ 14,\ 15,\ 16,\ 18\}$ より正しい。

⑤　C の要素8が $A\cup B$ に属していないから誤り。

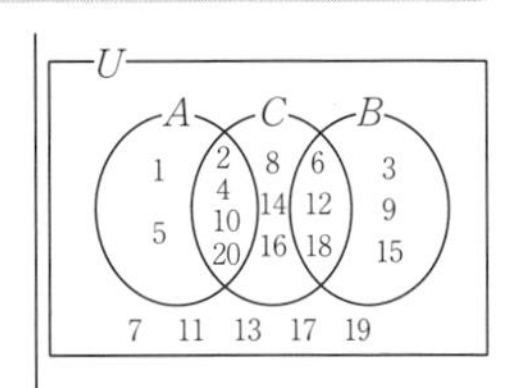

類題 12

$\boxed{ア}$　④　　$\boxed{イ}$　③　　$\boxed{ウ}$　⑥　　$\boxed{エ}$　⑦

$A=P\cap Q$ から　④

←4と6の最小公倍数は12

$B=\overline{P}\cap\overline{Q}=\overline{P\cup Q}$ から　③

2 でも 3 でも割り切れる自然数は，6 で割り切れる自然数であるから

$C=\overline{P}\cap Q$　⑥

$D=\overline{P}\cup\overline{Q}=\overline{P\cap Q}$ から　⑦

類題 13

ア　②

p かつ $q \iff x=1$ より　A は真

$q \iff x=\pm1$ より　B は偽

$p \Longrightarrow q$ は真であり，対偶を考えて　$\overline{q} \Longrightarrow \overline{p}$ は真

よって，正しいものは　②

⬅ 命題とその対偶の真偽は一致する。

類題 14

ア　①　イ　⓪　ウ，エ　⓪，⑥（順不同）

(1)　$a^2-2a-8\geqq0 \iff (a+2)(a-4)\geqq0$

$\iff a\leqq-2,\ 4\leqq a$

から，条件 p は q と同値である。

条件 p，q，r を満たす a の集合をそれぞれ P，Q，R とすると

p　…… $P=\{a|a\leqq-2,\ 4\leqq a\}$

q かつ $\overline{r}$　…… $Q\cap\overline{R}=\{a|a\leqq-2,\ 4\leqq a<5\}$

q または $\overline{r}$　…… $Q\cup\overline{R}=\{a|a$ はすべての実数$\}$

$\overline{q}$ かつ $\overline{r}$　…… $\overline{Q}\cap\overline{R}=\{a|-2<a<4\}$

$\overline{q}$ または $\overline{r}$　…… $\overline{Q}\cup\overline{R}=\{a|a<5\}$

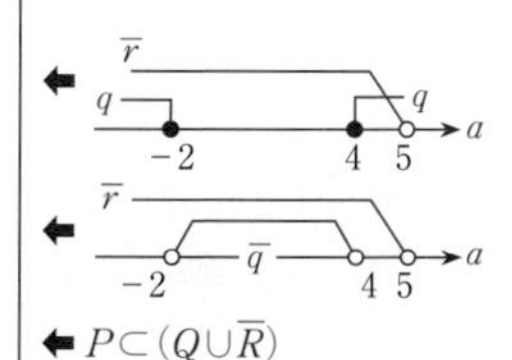

これより，P を含むものは $Q\cup\overline{R}$ のみであるから

$p \Longrightarrow$「q または $\overline{r}$」が真（①）

⬅ $P\subset(Q\cup\overline{R})$

P が含むものは $Q\cap\overline{R}$ のみであるから

「q かつ $\overline{r}$」$\Longrightarrow p$ が真（⓪）

⬅ $(Q\cap\overline{R})\subset P$

(2)　反例は偶数であって 4 の倍数でないもの

⓪ と ⑥

類題 15

(i)　p：m と n がともに偶数またはともに奇数である

ゆえに，$p \Longrightarrow r$ は偽(反例 $m=n=1$)，$r \Longrightarrow p$ は真から ①

(ii)　(i)の対偶を考えて，$\overline{r} \Longrightarrow \overline{p}$ は偽，$\overline{p} \Longrightarrow \overline{r}$ は真から ②

(iii)　p かつ q：m は偶数かつ n は4で割り切れる

ゆえに，「p かつ q」と r は同値であるから ⓪

(iv)　(iii)より「p または q」$\Longrightarrow r$ は偽(反例 $m=n=1$)，

$r \Longrightarrow$「p または q」は真から ①

← p ×→ ←○ r

← $\overline{p}$ ○→ ←× $\overline{r}$

←「p かつ q」○→ ←○ r

←「p または q」×→ ←○ r

類題 16

ア，イ　①，④（順不同）　ウ　④　エ　⑤　オ　⑧

(1)　$x \geqq 1$ を含むものが $x \geqq 1$ の必要条件であるから

①，④

(2)
$$(|a+b|+|a-b|)^2$$
$$=|a+b|^2+2|a+b|\cdot|a-b|+|a-b|^2$$
$$=a^2+2ab+b^2+2|a^2-b^2|+a^2-2ab+b^2$$
$$=2(a^2+b^2+|a^2-b^2|)\quad(④)$$

であるから，$(|a+b|+|a-b|)^2=4a^2$ が成り立つための必要十分条件は

$$2(a^2+b^2+|a^2-b^2|)=4a^2$$
$$\Longleftrightarrow\quad |a^2-b^2|=a^2-b^2$$
$$\Longleftrightarrow\quad a^2 \geqq b^2$$
$$\Longleftrightarrow\quad |a| \geqq |b|\quad(⑤)$$

同様にして，$(|a+b|+|a-b|)^2=4b^2$ が成り立つための必要十分条件は，$|a| \leqq |b|$ であるから

$$|a+b|+|a-b|=2b$$
$$\Longleftrightarrow\quad b \geqq 0\quad かつ\quad |a| \leqq |b|$$
$$\Longleftrightarrow\quad |a| \leqq b\quad(⑧)$$

← $|A|^2=A^2$

← $A \geqq 0$ のとき　$|A|=A$

類題　17

| ア |, | イ |, | ウ | ⓪, ①, ③　　| エ |, | オ | ②, ④
| カ |, | キ |, | ク | ⑤, ⑧, ⑨　　| ケ |, | コ | ⑥, ⑨
(いずれも順不同)

0, $-\frac{2}{3}$, $\sqrt{\frac{16}{9}}=\frac{4}{3}$ は有理数であるから

A の要素は　⓪, ①, ③

$\sqrt{\frac{7}{9}}=\frac{\sqrt{7}}{3}$, $2+\sqrt{3}$ は無理数であるから

B の要素は　②, ④

$\left\{1, \frac{1}{5}, -\frac{2}{7}\right\}$ は有理数を要素とする集合,

$\{\sqrt{2}, -\sqrt{5}, \pi\}$ は無理数を要素とする集合,

$\{\sqrt{9}, \sqrt{12}\}=\{3, 2\sqrt{3}\}$ は有理数と無理数を要素とする集合,

A は A の部分集合, ϕ は任意の集合の部分集合と考える。

よって, A の部分集合であるものは　⑤, ⑧, ⑨

B の部分集合であるものは　⑥, ⑨

← 有理数は $\frac{整数}{整数}$ で表される数。

類題　18

| ア | ④　　| イ | ⓪

A の反例は, a が無理数で $1+a^2=b^2$ を満たすが, b は有理数であるもの。

B の反例は, a が有理数で $1+a^2=b^2$ を満たすが, b は無理数であるもの。

$1+a^2=b^2$ を満たすのは　⓪, ②, ④, ⑤, ⑥, ⑨

このうち, ⓪は a が有理数, b が無理数。

②, ⑤は a, b ともに有理数。

④は a が無理数, b が有理数。

⑥, ⑨は a, b ともに無理数。

したがって

Aの反例は　④

Bの反例は　⓪

← 仮定を満たすが結論を満たさないものが反例。

類題 19

ア 3　イ, ウ 9, 6　エ, オ, カ 3, 3, 2
キ 1　ク ⑤　ケ ①　コ ⓪　サ ②

(1) 3で割って1余る整数はmを整数として$3m+1$で表すことができ，3で割って2余る整数は$3m-1$で表すことができる。したがって，3の倍数でない整数nは$n=3m\pm1$と表せる。

$$(3m\pm1)^2=9m^2\pm6m+1$$
$$=3(3m^2\pm2m)+1 \quad (\text{複号同順})$$

$3m^2\pm2m$は整数であるからn^2を3で割ると1余る。

(2) $x<2$かつ$y<2$（⑤）と仮定すると

$$x+y<4 \quad (①)$$

となる。これは$x+y\geqq4$（⓪）であることと矛盾する。

したがって，$x\geqq2$または$y\geqq2$（②）である。

← 結論を否定する。

← 仮定と矛盾する。

類題 20

$\dfrac{\boxed{アイ}}{\boxed{ウ}}a$　$\dfrac{-1}{2}a$　$\dfrac{a-\boxed{エ}}{\boxed{オ}}$, $\boxed{カ}$　$\dfrac{a-2}{2}$, 3

右辺を平方完成する。

$$y=x^2+ax+a-4=\left(x+\frac{a}{2}\right)^2-\frac{a^2}{4}+a-4$$

よって，軸の方程式は $x=-\dfrac{1}{2}a$ であり，頂点のy座標は

$$-\frac{a^2}{4}+a-4=-\frac{1}{4}(a^2-4a)-4$$

$$=-\frac{1}{4}\{(a-2)^2-4\}-4=-\frac{1}{4}(a-2)^2-3$$

$$=-\left(\frac{a-2}{2}\right)^2-3$$

類題 21

$\frac{\boxed{アイ}}{\boxed{ウ}}$　$\frac{-1}{4}$　$\frac{\boxed{エ}}{\boxed{オ}}$　$\frac{3}{4}$

$$y=ax^2+bx+c=a\left(x+\frac{b}{2a}\right)^2-\frac{b^2}{4a}+c$$

⬅ $a \neq 0$ より

$$y=-3x^2+12bx=-3(x-2b)^2+12b^2$$

2つのグラフが同じ軸をもつとき

$$-\frac{b}{2a}=2b \qquad \therefore \quad a=-\frac{1}{4}$$

⬅ $b \neq 0$ より

このとき，G は $y=-\frac{1}{4}x^2+bx+c$ と表せるので，G が点 $(1,\ 2b-1)$ を通るとき

$$2b-1=-\frac{1}{4}+b+c \qquad \therefore \quad c=b-\frac{3}{4}$$

類題 22

$\boxed{アイ}$，$\boxed{ウエ}$，$\boxed{オカ}$　-6，11，10　$\boxed{キ}$，$\boxed{クケ}$，$\boxed{コサ}$　6，12，11

G を表す2次関数は

$$y-b=6(x-a)^2+11(x-a)-10$$

$$\therefore \quad y=6x^2-(12a-11)x+6a^2-11a+b-10$$

⬅ グラフの平行移動を利用する。x に $x-a$ を，y に $y-b$ を代入。

であるから，これが原点を通るとき，$x=y=0$ とおいて

$$6a^2-11a+b-10=0$$

$$\therefore \quad b=\mathbf{-6}a^2+\mathbf{11}a+\mathbf{10}$$

このとき，G は

$$y=\mathbf{6}x^2-(\mathbf{12}a-\mathbf{11})x$$

(別解)

$$y=6x^2+11x-10=6\left(x+\frac{11}{12}\right)^2-\frac{361}{24}$$

から，G の頂点の座標は $\left(a-\frac{11}{12},\ b-\frac{361}{24}\right)$ であり，G を表す2次関数は

⬅ 頂点の平行移動を考える。

$$y=6\left\{x-\left(a-\frac{11}{12}\right)\right\}^2+b-\frac{361}{24}$$

$$=6x^2-(12a-11)x+6a^2-11a+b-10$$

であるから，これが原点を通るとき $x=y=0$ とおいて

$$6a^2-11a+b-10=0$$

$$\therefore\quad \boldsymbol{b=-6a^2+11a+10}$$

このとき，Gは

$$\boldsymbol{y=6x^2-(12a-11)x}$$

類題　23

ア　2　　イ　4　　ウエ　-1

放物線 $y=2x^2$ の頂点$(0,\ 0)$を，x 軸方向に 1，y 軸方向に -3 平行移動すると$(1,\ -3)$になり，さらに，y 軸に関して対称移動すると$(-1,\ -3)$になる。x^2 の係数は 2 であるから

← 頂点の移動を考える。

$$y=2(x+1)^2-3=2x^2+4x-1$$

これが $y=ax^2+bx+c$ と一致するので

$$\boldsymbol{a=2,\ b=4,\ c=-1}$$

(別解)　2 次関数 $y=2x^2$ のグラフを，x 軸方向に 1，y 軸方向に -3 平行移動すると

← グラフの平行移動を考える。

$$y=2(x-1)^2-3=2x^2-4x-1$$

← x に $x-1$，y に $y+3$ を代入。

となり，このグラフを y 軸に関して対称移動すると

$$y=2(-x)^2-4(-x)-1=2x^2+4x-1$$

← x に $-x$ を代入。

となる。これが $y=ax^2+bx+c$ と一致するので

$$\boldsymbol{a=2,\ b=4,\ c=-1}$$

類題　24

アイ　17　　$\dfrac{\text{ウエ}}{\text{オ}}$　$\dfrac{-3}{2}$　　カキ　36

$x=-2,\ 3$ とおいて

$$6\cdot(-2)^2-(a-11)(-2)=6\cdot 3^2-(a-11)\cdot 3$$

$$\therefore\quad \boldsymbol{a=17}$$

このとき

$$y=6x^2-6x=6\left(x-\frac{1}{2}\right)^2-\frac{3}{2}$$

から

$$x=\frac{1}{2}\quad のとき　最小値\quad \boldsymbol{-\frac{3}{2}}$$

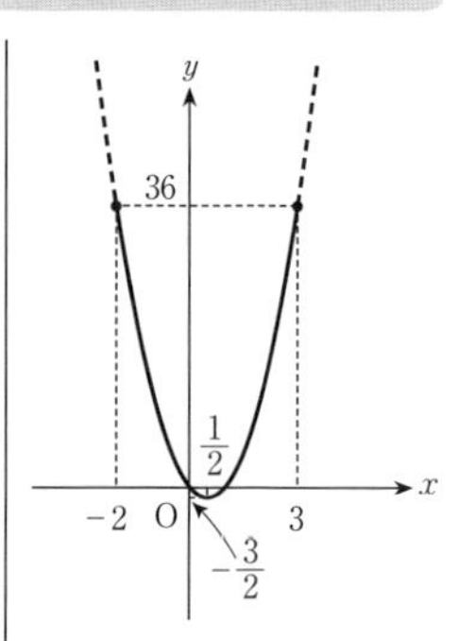

$x=-2,\ 3$ のとき　最大値　**36**

をとる。

類題 25

アイ　-6　　ウエオ　-28

$$y=ax^2-4(a-1)x+3a-10$$
$$=a\left\{x-\frac{2(a-1)}{a}\right\}^2-\frac{a^2+2a+4}{a}$$

軸：$x=\dfrac{2(a-1)}{a}=2\left(1-\dfrac{1}{a}\right)$ について，$a<-1$ より

$$2<\frac{2(a-1)}{a}<4$$

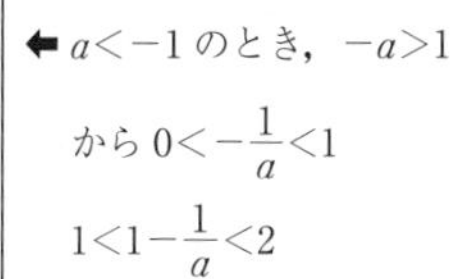

← $a<-1$ のとき，$-a>1$ から $0<-\dfrac{1}{a}<1$ 　$1<1-\dfrac{1}{a}<2$

であるから，$x=\dfrac{2(a-1)}{a}$ で最大値をとる。

よって

$$-\frac{a^2+2a+4}{a}=\frac{14}{3}$$

両辺に $3a$ をかけて整理すると

$$3a^2+20a+12=0$$
$$(3a+2)(a+6)=0$$

$a<-1$ より　$a=\mathbf{-6}$

このとき

$$y=-6x^2+28x-28=-6\left(x-\frac{7}{3}\right)^2+\frac{14}{3}$$

から，$x=0$ で最小値 **-28** をとる。

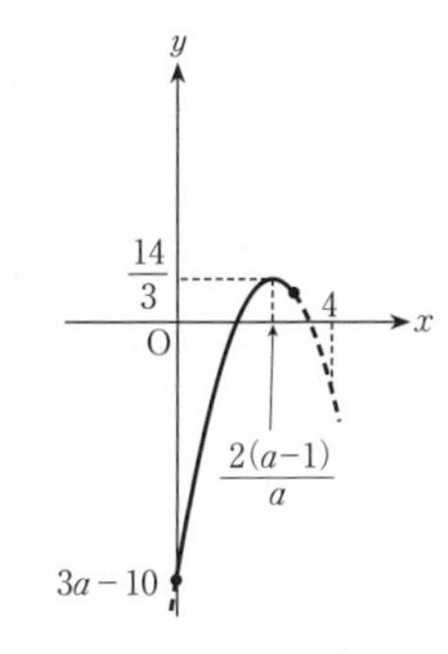

類題 26

ア a＋ イ　$3a+8$　　ウエ a＋ オ　$-4a+1$

カキ＋ク$\sqrt{ケ}$　$-1+2\sqrt{3}$　　コサ　-3　　シ　2

(1)　$-12a^2-29a+8=-(12a^2+29a-8)$

$$=-(3a+8)(4a-1)$$

から，与式より

$$x^2+(a-9)x-(3a+8)(4a-1)=0$$
$$\{x-(3a+8)\}\{x+(4a-1)\}=0$$

← たすきがけ

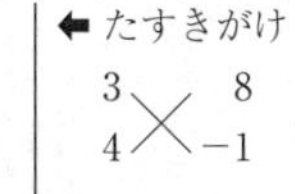

∴　$x=\mathbf{3a+8}$，$\mathbf{-4a+1}$

(2)　$x\geqq 1$ のとき

$(x+4)+(x-1)=-x^2+14$

$x^2+2x-11=0$

∴　$x=\mathbf{-1+2\sqrt{3}}$

⬅ $x\geqq 1$ から

$-4\leqq x<1$ のとき

$(x+4)-(x-1)=-x^2+14$

$x^2-9=0$

∴　$x=\mathbf{-3}$

⬅ $-4\leqq x<1$ から

$x<-4$ のとき

$-(x+4)-(x-1)=-x^2+14$

$x^2-2x-17=0$

⬅ $x=1\pm 3\sqrt{2}$
これらはともに-4より大きい。

$x<-4$ から　解なし

よって，①の実数解は全部で **2** 個ある。

類題　27

$\dfrac{\boxed{ア}+\sqrt{\boxed{イウ}}}{\boxed{エ}}$　$\dfrac{1+\sqrt{17}}{2}$　　$\dfrac{\boxed{オカ}-\sqrt{\boxed{キク}}}{\boxed{ケ}}$　$\dfrac{-9-\sqrt{17}}{2}$

$x=2a$ を与式に代入して

$(2a)^2-6a\cdot 2a+10a^2-2a-8=0$

$2(a^2-a-4)=0$

∴　$a=\mathbf{\dfrac{1+\sqrt{17}}{2}}$

⬅ $a>0$ より

このとき

$a^2-2a-8=(a^2-a-4)-a-4$

$=0-\dfrac{1+\sqrt{17}}{2}-4$

$=\mathbf{\dfrac{-9-\sqrt{17}}{2}}$

⬅ $a=\dfrac{1+\sqrt{17}}{2}$ は
$a^2-a-4=0$ の解。

類題　28

$\boxed{アイ}a-\boxed{ウエ}$　$10a-23$　　$\boxed{オカ}+\boxed{キ}\sqrt{\boxed{ク}}$　$-5+4\sqrt{3}$

$\boxed{ケ}-\boxed{コ}\sqrt{\boxed{サ}}$　$4-3\sqrt{3}$

実数解をもつのは $D\geqq 0$ より

$(3a-1)^2-8(a^2-2a+3)\geqq 0$

$a^2+\mathbf{10}a-\mathbf{23}\geqq 0$

重解をもつのは $D=0$ より

$a^2+10a-23=0$

$\therefore\quad a=\mathbf{-5+4\sqrt{3}}$

← $a>0$ より

このとき重解は

$$x=-\frac{3(-5+4\sqrt{3})-1}{2\cdot 2}=\mathbf{4-3\sqrt{3}}$$

← $x=-\dfrac{3a-1}{4}$

類題　29

アイ $a+$ ウ	$-3a+5$	エ $a-$ オ	$2a-1$	カ	1	キク	25

$$\begin{cases} f(1)=a+b+c=4 \\ f(2)=4a+2b+c=9 \end{cases}$$

から

$$\begin{cases} b=\mathbf{-3}a+\mathbf{5} \\ c=\mathbf{2}a-\mathbf{1} \end{cases}$$

2次方程式 $ax^2+bx+c=0$ が異なる二つの実数解をもつような条件は

$b^2-4ac>0$

← 判別式 $D>0$

$(-3a+5)^2-4a(2a-1)>0$

$a^2-26a+25>0$

$(a-1)(a-25)>0$

← a の2次不等式。

$a>0$ より　$0<a<\mathbf{1}$, $\mathbf{25}<a$

類題　30

ア	4	イウ	20	エ	4

放物線が x 軸と接するとき

$D=a^2-4\cdot(-2)\cdot(-3a+10)=0$

← 判別式 $D=0$

$a^2-24a+80=0$, $(a-4)(a-20)=0$

$\therefore\quad a=\mathbf{4}, \mathbf{20}$

接点の x 座標は $x=\dfrac{a}{4}$ であるから

$a=4$ のとき　$x=1$,　　$a=20$ のとき　$x=5$

よって，接点の x 座標の差は $5-1=\mathbf{4}$ である。

類題の答

(別解)　$y=-2x^2+ax-3a+10$

$$=-2\left(x-\frac{a}{4}\right)^2+\frac{1}{8}a^2-3a+10$$

放物線が x 軸と接するとき，(頂点の y 座標)$=0$ であるから　$\frac{1}{8}a^2-3a+10=0$,　　$a^2-24a+80=0$

$(a-4)(a-20)=0$　　∴　$a=\mathbf{4}$, $\mathbf{20}$

接点の x 座標は，頂点の x 座標 $x=\frac{a}{4}$ であるから

$a=4$ のとき　$x=1$,　　$a=20$ のとき　$x=5$

よって，接点の x 座標の差は $5-1=\mathbf{4}$ である。

類題　31

ア　1　イ　1　ウ　2　エ　1　オ　3

グラフが x 軸と交わるとき

$D/4=(-2a)^2-(4a^2+4a+3b-11)>0$

∴　$4a+3b<11$

a, b は自然数であるから　$a=\mathbf{1}$, $b=\mathbf{1}$, $\mathbf{2}$

$a=1$, $b=2$ のとき，与式へ代入して

$y=x^2-4x+3=(x-1)(x-3)$

であるから，交点の座標は $(\mathbf{1},\ 0)$, $(\mathbf{3},\ 0)$ である。

← 判別式 $D>0$

← $b\geqq1$ より $4a<8$ であるから　$a<2$

(別解)　$y=x^2-4ax+4a^2+4a+3b-11$

$$=(x-2a)^2+4a+3b-11$$

グラフが x 軸と交わるとき，(頂点の y 座標)<0 であるから　$4a+3b-11<0$

∴　$4a+3b<11$

a, b は自然数であるから　$a=\mathbf{1}$, $b=\mathbf{1}$, $\mathbf{2}$

$a=1$, $b=2$ のとき

$y=x^2-4x+3=(x-1)(x-3)$

であるから，交点の座標は $(\mathbf{1},\ 0)$, $(\mathbf{3},\ 0)$ である。

類題　32

$\frac{\boxed{\text{アイ}}}{\boxed{\text{ウ}}}<x<\boxed{\text{エオ}}$　$\frac{-5}{2}<x<-1$

$(x+1)^2<\frac{9}{4}$ より　$-\frac{3}{2}<x+1<\frac{3}{2}$

$\therefore$　$-\frac{5}{2}<x<\frac{1}{2}$

$x^2-2x-3=(x+1)(x-3)>0$ より

$x<-1,\ 3<x$

よって　$-\frac{5}{2}<x<-1$

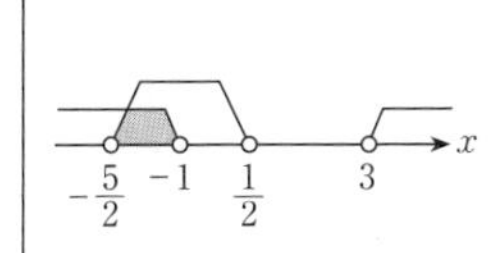

類題　33

$\boxed{\text{ア}}$　0

条件より　$a+1>0$　……①

かつ　$D/4=a^2-2a(a+1)<0$　……②

← (x^2の係数)>0

①より　$a>-1$

②より　$-a^2-2a<0$　$\therefore$　$a(a+2)>0$

$\therefore$　$a<-2,\ 0<a$

よって　$a>0$

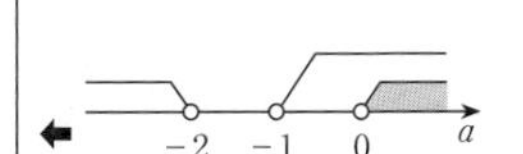

類題　34

$\boxed{\text{ア}}$　①　$\boxed{\text{イ}}$　⓪　$\boxed{\text{ウ}}$　①　$\boxed{\text{エ}}$　⓪　$\boxed{\text{オ}}$　⓪　$\boxed{\text{カ}}$　②

(1)　グラフは上に凸であるから a は負。(①)

軸：$x=-\frac{b}{2a}$ が正で a は負であるから b は正。(⓪)

y 軸と $y<0$ の部分で交わっているから c は負。(①)

x 軸と2点で交わっているから b^2-4ac は正。(⓪)

$x=1$ のときの y 座標は正であるから $a+b+c$ は正。(⓪)

(2)　a の値の符号が変わると下に凸になり，c の値の符号が変わると y 軸との交点が原点に関して対称な点になる。b の値はそのままなので軸は y 軸に関して対称になるから，グラフは元のグラフに対して原点対称になる。(②)

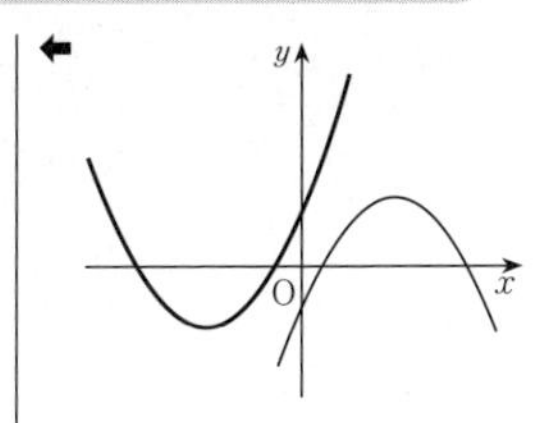

類題 35

アイ　-7　ウエ　17　オカ　20　キクケ　-10　$\dfrac{\text{コ}}{\text{サ}}$　$\dfrac{5}{3}$

$\dfrac{\text{シス}}{\text{セ}}$　$\dfrac{-9}{2}$

放物線 C が x 軸と異なる 2 点で交わる条件は

$$(a-5)^2-4\cdot\frac{9}{2}\cdot 8>0$$

$$(a+7)(a-17)>0 \qquad \therefore\quad a<\mathbf{-7},\ \mathbf{17}<a$$

⬅ $(a-5)^2-12^2=(a+7)(a-17)$

C と x 軸の交点の x 座標は，$y=0$ とおいて

$$\frac{9}{2}x^2+(a-5)x+8=0$$

$$x=\frac{-(a-5)\pm\sqrt{a^2-10a-119}}{9}$$

であるから

$$\mathrm{PQ}=\frac{-(a-5)+\sqrt{a^2-10a-119}}{9}-\frac{-(a-5)-\sqrt{a^2-10a-119}}{9}$$

$$=\frac{2}{9}\sqrt{a^2-10a-119}$$

PQ$=2$ のとき

$$\sqrt{a^2-10a-119}=9$$
$$a^2-10a-119=81$$
$$a^2-10a-200=0$$
$$(a-20)(a+10)=0$$
$$\therefore\quad a=\mathbf{20},\ \mathbf{-10}$$

$a=-10$ のとき，C は

$$y=\frac{9}{2}x^2-15x+8=\frac{9}{2}\left(x^2-\frac{10}{3}x\right)+8$$

$$=\frac{9}{2}\left\{\left(x-\frac{5}{3}\right)^2-\left(\frac{5}{3}\right)^2\right\}+8=\frac{9}{2}\left(x-\frac{5}{3}\right)^2-\frac{9}{2}$$

となるので，頂点の座標は $\left(\mathbf{\dfrac{5}{3}},\ \mathbf{-\dfrac{9}{2}}\right)$ である。

類題　36

ア 3　イ, ウ 2, 8　エオ, カ −2, 4　キ, ク 1, 4

$$f(x)=x^2-6ax+10a^2-2a-8$$
$$=(x-3a)^2+a^2-2a-8$$

とおく。Gの頂点の座標は

$$(\mathbf{3a},\ \mathbf{a^2-2a-8})$$

G が x 軸と異なる 2 点で交わるのは

$$a^2-2a-8<0$$
$$(a+2)(a-4)<0$$
$$\therefore\quad \mathbf{-2<a<4}$$

⬅ (頂点の y 座標)<0。判別式 $D>0$ でもよい。

G が x 軸の正の部分と異なる 2 点で交わるのは

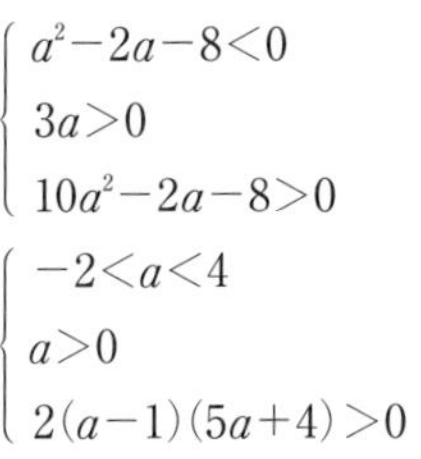

$$\begin{cases} a^2-2a-8<0 \\ 3a>0 \\ 10a^2-2a-8>0 \end{cases}$$

⬅ (頂点の y 座標)<0　軸>0　$f(0)>0$

$$\begin{cases} -2<a<4 \\ a>0 \\ 2(a-1)(5a+4)>0 \end{cases}$$

$$\therefore\quad \mathbf{1<a<4}$$

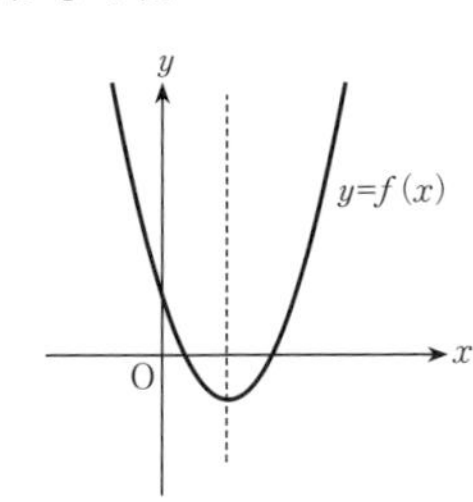

⬅ 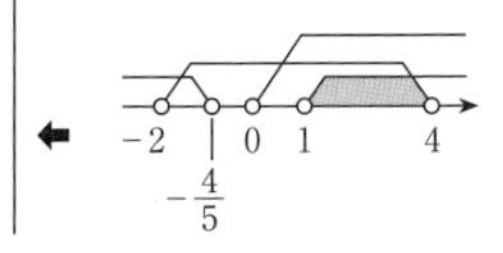

類題　37

ア 4　イ 8　ウ 6　エ, オカ, キク 2, 22, 67
ケ, コサ, シス 2, 14, 19　セ+ソ√タ $3+2\sqrt{3}$
チツ−テ√ト $19-4\sqrt{3}$

$$y=\{x-(a-1)\}^2+a^2-6a+3$$

2 次関数①のグラフの頂点の x 座標は $x=a-1$ であるから

$$3\leqq a-1\leqq 7\qquad \therefore\quad \mathbf{4\leqq a\leqq 8}$$

軸： $x=a-1$ について

$3\leqq a-1\leqq 5$ つまり $\mathbf{4\leqq a\leqq 6}$ のとき

⬅ 区間 $3\leqq x\leqq 7$ の中央は $x=5$

$x=7$ で最大になるので　$M=\mathbf{2a^2-22a+67}$

$5\leqq a-1\leqq 7$ つまり $6\leqq a\leqq 8$ のとき

$x=3$ で最大になるので　$M=\mathbf{2a^2-14a+19}$

2 次関数①の $3\leqq x\leqq 7$ における最小値は

$$a^2-6a+3\quad (x=a-1)$$

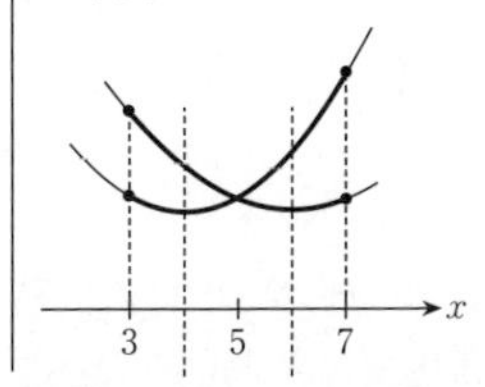

類題の答

であるから

$$a^2-6a+3=6 \qquad \therefore \quad a=3\pm2\sqrt{3}$$

$4 \leqq a \leqq 8$ より　$\boldsymbol{a=3+2\sqrt{3}}$

$6<3+2\sqrt{3}<8$ であるから

$$M=2(3+2\sqrt{3})^2-14(3+2\sqrt{3})+19$$
$$=\boldsymbol{19-4\sqrt{3}}$$

⬅ $a=3+2\sqrt{3}$ は $a^2-6a-3=0$ の解であることから
$M=2a^2-14a+19$
$=2(a^2-6a-3)-2a+25$
$=-2(3+2\sqrt{3})+25$
$=19-4\sqrt{3}$

類題　38

アイ　93　　ウエオカキ　34133　　$\dfrac{\boxed{ク}}{\boxed{ケ}}(\boxed{コ}-x)$　$\dfrac{4}{3}(6-x)$

サ　3　　シス　12

(1)　この商品を $(200-x)$ 円で売ると $(40+3x)$ 個売れるから，売り上げを y 円とすると

$$y=(200-x)(40+3x)$$
$$=-3x^2+560x+8000$$
$$=-3\left(x-\frac{280}{3}\right)^2+\frac{280^2}{3}+8000$$

⬅ $\dfrac{280^2}{3}+8000$ を計算する必要はない。

x のとり得る値の範囲は，$x>0$，$200-x>0$ より

$$0<x<200$$

⬅ x のとり得る値の範囲。

$x=\dfrac{280}{3}=93.3\cdots\cdots$ より，y を最大にする整数 x は $x=\boldsymbol{93}$ のときで，このとき売り上げ y は

⬅

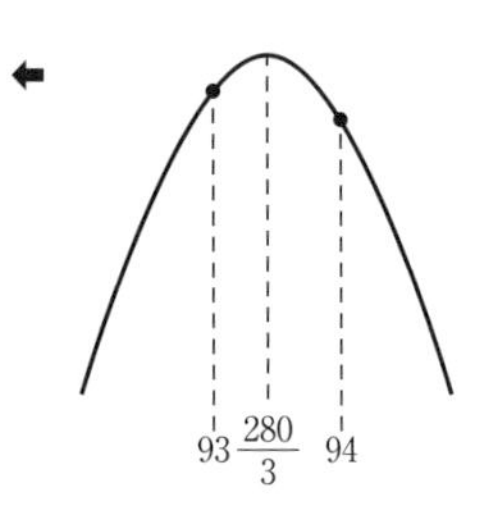

$$y=(200-93)(40+3\cdot93)$$
$$=107\cdot319$$
$$=\boldsymbol{34133}\text{（円）}$$

(2)　$\mathrm{AF}=y$ とすると

$\triangle\mathrm{ABC} \backsim \triangle\mathrm{DBE}$ より

$$\mathrm{AB}:\mathrm{DB}=\mathrm{AC}:\mathrm{DE}$$
$$6:6-x=8:y$$
$$8(6-x)=6y$$
$$y=\boldsymbol{\frac{4}{3}(6-x)}$$

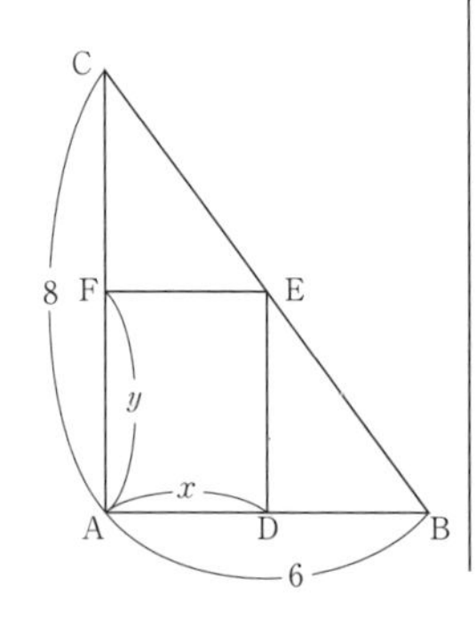

長方形ADEFの面積 S は

$S = xy$

$= \frac{4}{3}x(6-x)$

$= -\frac{4}{3}x^2 + 8x$

$= -\frac{4}{3}(x-3)^2 + 12$

$0 < x < 6$ より，$x = \mathbf{3}$ のとき S は最大値 **12** をとる。

類題　39

ア	8	イ	6	ウ$\sqrt{\text{エオ}}$	$2\sqrt{10}$	$\frac{\text{カ}\sqrt{\text{キク}}}{\text{ケコ}}$	$\frac{3\sqrt{10}}{10}$	サ	3

△AHC において

$AH = AC\cos\angle BAC$

$= 10 \cdot \frac{4}{5} = \mathbf{8}$

三平方の定理より

$CH = \sqrt{AC^2 - AH^2} = \sqrt{10^2 - 8^2} = \sqrt{36} = \mathbf{6}$

また

$BH = AB - AH = 10 - 8 = 2$

△BHC に三平方の定理を用いて

$BC = \sqrt{BH^2 + CH^2} = \sqrt{2^2 + 6^2} = \sqrt{40} = \mathbf{2\sqrt{10}}$

△ABC は AB＝AC の二等辺三角形であるから

$\angle ACB = \angle ABC$

よって，△BCH において

$\sin\angle ACB = \sin\angle ABC = \frac{CH}{BC} = \frac{6}{2\sqrt{10}} = \mathbf{\frac{3\sqrt{10}}{10}}$

$\tan\angle ACB = \tan\angle ABC = \frac{CH}{BH} = \frac{6}{2} = \mathbf{3}$

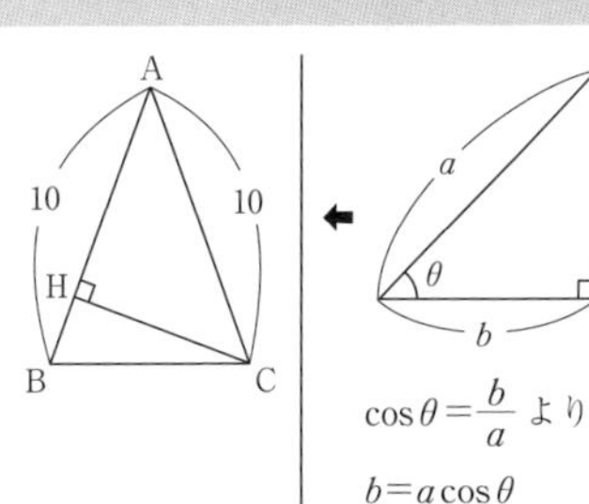

$\cos\theta = \frac{b}{a}$ より

$b = a\cos\theta$

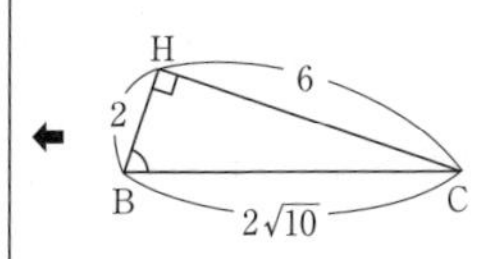

類題　40

アイ°	45°	ウエオ°	135°	カキク°	150°	ケコ°	30°

$0° \leqq \theta \leqq 180°$ において，特別な角度の三角比の値を表にまとめると

θ	0°	30°	45°	60°	90°	120°	135°	150°	180°
$\sin\theta$	0	$\frac{1}{2}$	$\frac{1}{\sqrt{2}}$	$\frac{\sqrt{3}}{2}$	1	$\frac{\sqrt{3}}{2}$	$\frac{1}{\sqrt{2}}$	$\frac{1}{2}$	0
$\cos\theta$	1	$\frac{\sqrt{3}}{2}$	$\frac{1}{\sqrt{2}}$	$\frac{1}{2}$	0	$-\frac{1}{2}$	$-\frac{1}{\sqrt{2}}$	$-\frac{\sqrt{3}}{2}$	-1
$\tan\theta$	0	$\frac{1}{\sqrt{3}}$	1	$\sqrt{3}$	╳	$-\sqrt{3}$	-1	$-\frac{1}{\sqrt{3}}$	0

(1)　$\sin\theta=\frac{\sqrt{2}}{2}$

より

$\theta=\mathbf{45°,\ 135°}$

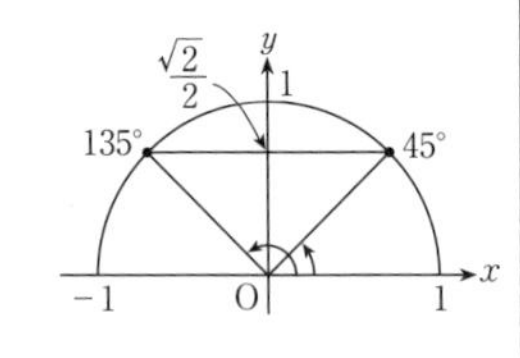

⬅ $\sin\theta$ は y 座標。

(2)　$\cos\theta=-\frac{\sqrt{3}}{2}$

より

$\theta=\mathbf{150°}$

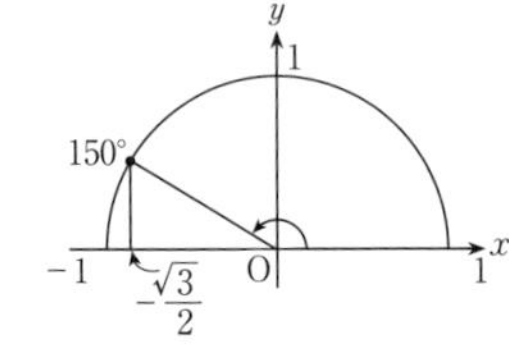

⬅ $\cos\theta$ は x 座標。

(3)　$\tan\theta=\frac{1}{\sqrt{3}}$

より

$\theta=\mathbf{30°}$

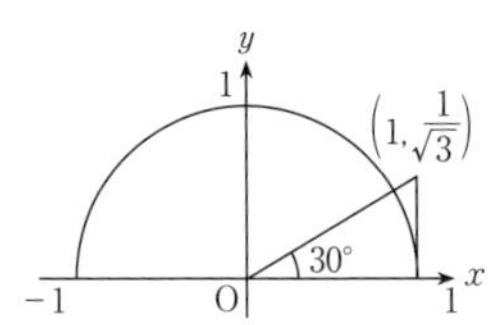

⬅ $\tan\theta$ は傾き。

類題　41

$\frac{\boxed{アイ}}{\boxed{ウ}}$	$\frac{-3}{4}$	$\frac{\boxed{エ}\sqrt{\boxed{オ}}}{\boxed{カ}}$	$\frac{-\sqrt{7}}{3}$	$\frac{\boxed{キ}\sqrt{\boxed{ク}}}{\boxed{ケ}}$	$\frac{2\sqrt{2}}{3}$	$\frac{\boxed{コ}}{\boxed{サ}}$	$\frac{1}{3}$

(1)　$90°<\theta<180°$ より　$\cos\theta<0$

$$\cos\theta=-\sqrt{1-\sin^2\theta}=-\sqrt{\frac{9}{16}}=\mathbf{-\frac{3}{4}}$$

$$\tan\theta=\frac{\sin\theta}{\cos\theta}=\frac{\frac{\sqrt{7}}{4}}{-\frac{3}{4}}=\mathbf{-\frac{\sqrt{7}}{3}}$$

(2)　$\sqrt{1^2+(2\sqrt{2})^2}=\sqrt{9}=3$ より

$$\sin\theta=\mathbf{\frac{2\sqrt{2}}{3}},\quad \cos\theta=\mathbf{\frac{1}{3}}$$

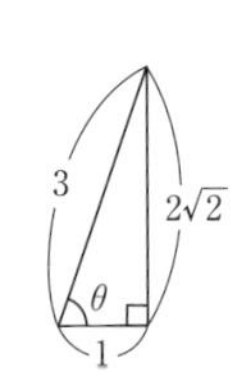

⬅ 直角をはさむ2辺の長さを1，$2\sqrt{2}$ として，斜辺を求めればよい。

類題　42

$\dfrac{\boxed{ア}}{\boxed{イ}}$ $\dfrac{3}{5}$	$\dfrac{\boxed{ウエ}}{\boxed{オ}}$ $\dfrac{-3}{5}$	$\dfrac{\boxed{カ}}{\boxed{キ}}$ $\dfrac{4}{5}$	$\dfrac{\boxed{ク}}{\boxed{ケ}}$ $\dfrac{3}{5}$

△ADC において

$$\cos\angle ADC=\frac{CD}{AD}=\mathbf{\frac{3}{5}}$$

∠ADC$=\theta$ とおくと

$$\cos\angle ADB=\cos(180^\circ-\theta)=-\cos\theta=\mathbf{-\frac{3}{5}}$$

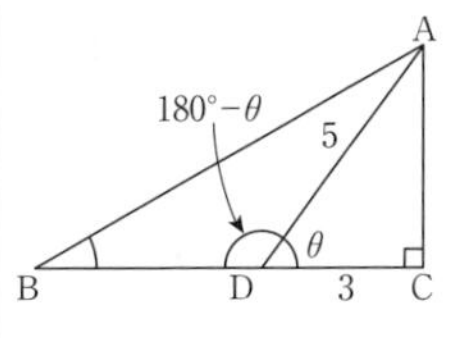

⬅ $\cos(180^\circ-\theta)=-\cos\theta$

$AC=\sqrt{5^2-3^2}=4$ であるから

$$\sin\theta=\frac{AC}{AD}=\frac{4}{5}$$

よって

$$\sin\angle ADB=\sin(180^\circ-\theta)=\sin\theta=\mathbf{\frac{4}{5}}$$

⬅ $\sin(180^\circ-\theta)=\sin\theta$

⬅ $\sin\angle ADB$ $=\sqrt{1-\cos^2\angle ADB}$ からも求めることができる。

△ABC∽△DAC のとき

$$\angle ABC=\angle DAC=90^\circ-\theta$$

よって

$$\sin\angle ABC=\sin(90^\circ-\theta)=\cos\theta=\mathbf{\frac{3}{5}}$$

⬅ $\sin(90^\circ-\theta)=\cos\theta$

類題　43

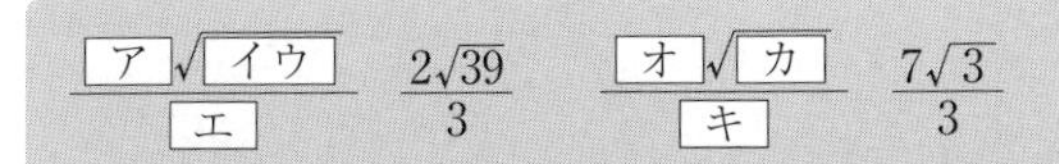

OA(OB)は△ABC の外接円の半径であるから，正弦定理より

$$2OA=\frac{2\sqrt{13}}{\sin 120^\circ}$$

$$\therefore\quad OA=\frac{2\sqrt{13}}{2\left(\frac{\sqrt{3}}{2}\right)}=\frac{2\sqrt{13}}{\sqrt{3}}=\mathbf{\frac{2\sqrt{39}}{3}}$$

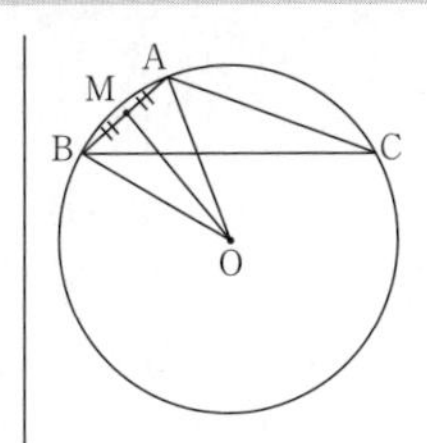

△OAB は OA＝OB の二等辺三角形であるから

$\angle \mathrm{OMA}=90^\circ$

△OAM に三平方の定理を用いて

$$\mathrm{OM}=\sqrt{\mathrm{OA}^2-\mathrm{AM}^2}$$
$$=\sqrt{\left(\frac{2\sqrt{13}}{\sqrt{3}}\right)^2-1^2}$$
$$=\sqrt{\frac{49}{3}}=\frac{7}{\sqrt{3}}=\mathbf{\frac{7\sqrt{3}}{3}}$$

← 二等辺三角形の性質。

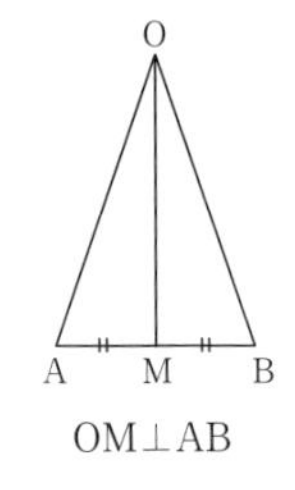

類題 44

$\frac{\boxed{ア}}{\boxed{イ}}$　$\frac{3}{5}$　　$\frac{\boxed{ウ}\sqrt{\boxed{エ}}}{\boxed{オ}}$　$\frac{6\sqrt{2}}{5}$

△ABC に正弦定理を用いると

$$\frac{3}{\sin C}=\frac{2}{\sin A}\qquad \therefore\quad \sin C=\frac{3}{2}\sin A=\mathbf{\frac{3}{5}}$$

△BCD に正弦定理を用いると

$$\frac{2}{\sin 45^\circ}=\frac{\mathrm{BD}}{\sin C}\qquad \therefore\quad \mathrm{BD}=\frac{2\sin C}{\sin 45^\circ}=\mathbf{\frac{6\sqrt{2}}{5}}$$

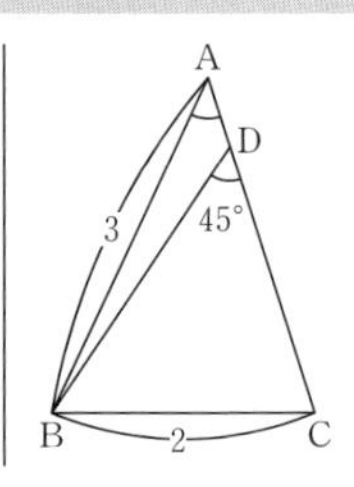

類題 45

$\boxed{ア}$　5　　$\boxed{イウ}^\circ$　45°　　$\boxed{エ}\sqrt{\boxed{オ}}$, $\boxed{カキ}$　$2\sqrt{5}$, 15

$\boxed{ク}\sqrt{\boxed{ケ}}$　$3\sqrt{5}$

△ABC に余弦定理を用いて

$$\mathrm{CA}^2=7^2+(4\sqrt{2})^2-2\cdot 7\cdot 4\sqrt{2}\cos 45^\circ=25$$
$$\therefore\quad \mathrm{CA}=\mathbf{5}$$

$\overset{\frown}{\mathrm{AC}}$ の円周角を考えて

$$\angle \mathrm{ADC}=\angle \mathrm{ABC}=\mathbf{45}^\circ$$

△ADC に余弦定理を用いて

$$5^2=x^2+(\sqrt{10})^2-2\cdot x\cdot\sqrt{10}\cos 45^\circ$$
$$x^2-\mathbf{2\sqrt{5}}\,x-\mathbf{15}=0$$
$$\therefore\quad x=3\sqrt{5},\ -\sqrt{5}$$

$x>0$ より

$$x=(\mathrm{AD}=)\mathbf{3\sqrt{5}}$$

円周角の性質。

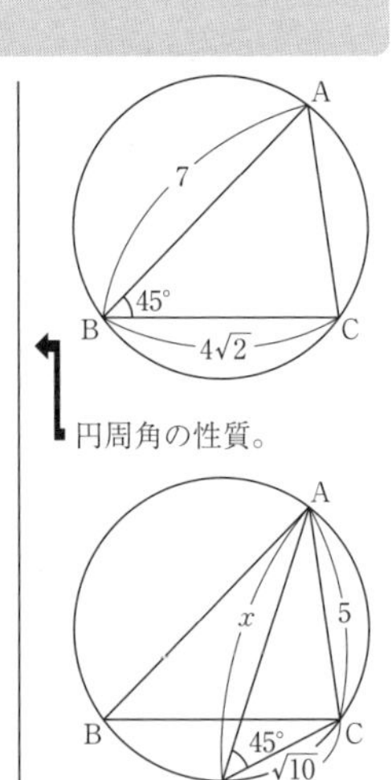

類題 46

ア √ イ	$3\sqrt{6}$	ウ √ エオ	$3\sqrt{10}$	カキ	12	ク/ケ	$\frac{1}{8}$

三平方の定理より

$$EF=\sqrt{8^2-(\sqrt{10})^2}=\sqrt{54}=\mathbf{3\sqrt{6}}$$

$$EH=\sqrt{10^2-(\sqrt{10})^2}=\sqrt{90}=\mathbf{3\sqrt{10}}$$

$$FH=\sqrt{(3\sqrt{6})^2+(3\sqrt{10})^2}=\sqrt{144}=\mathbf{12}$$

△AFH に余弦定理を用いて

$$\cos\angle FAH=\frac{8^2+10^2-12^2}{2\cdot 8\cdot 10}=\frac{20}{2\cdot 8\cdot 10}=\mathbf{\frac{1}{8}}$$

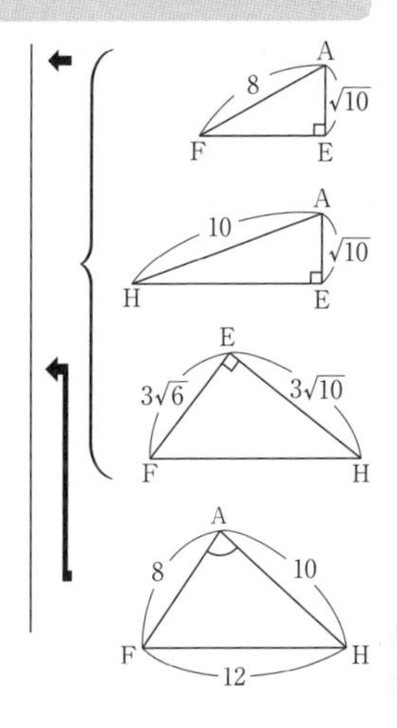

類題 47

アイウ °	150°	エ √ オ	$3\sqrt{3}$	カ	3	キ/ク	$\frac{2}{3}$	ケ	3

(1)　余弦定理より

$$\cos\angle BAC=\frac{(2\sqrt{3})^2+6^2-(2\sqrt{21})^2}{2\cdot 2\sqrt{3}\cdot 6}$$

$$=\frac{-36}{24\sqrt{3}}=-\frac{\sqrt{3}}{2}$$

$\therefore$　$\angle BAC=\mathbf{150^\circ}$

よって，△ABC の面積は

$$\frac{1}{2}\cdot 2\sqrt{3}\cdot 6\cdot\sin 150^\circ=6\sqrt{3}\cdot\frac{1}{2}=\mathbf{3\sqrt{3}}$$

(2)　正弦定理より

$$2OB=\frac{BC}{\sin\angle BAC}=\frac{4}{\frac{2}{3}}=6$$

$\therefore$　$OB=\mathbf{3}$

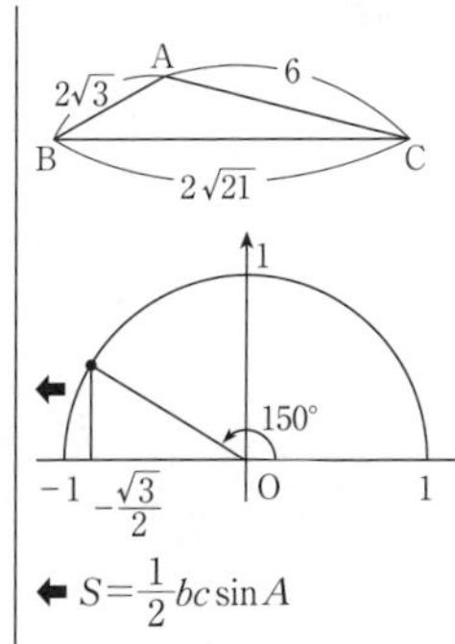

← $S=\frac{1}{2}bc\sin A$

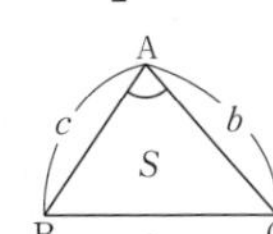

$$\angle BOD=\frac{1}{2}\angle BOC=\frac{1}{2}\left(2\angle BAC\right)=\angle BAC$$

←円周角と中心角の関係。

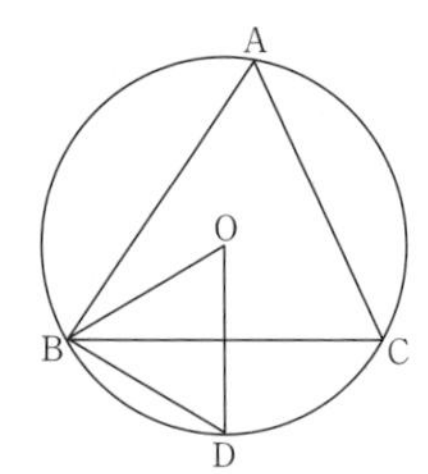

よって　$\sin\angle BOD=\sin\angle BAC=\mathbf{\frac{2}{3}}$

△OBD の面積は

$$\frac{1}{2}OB\cdot OD\cdot\sin\angle BOD=\frac{1}{2}\cdot 3^2\cdot\frac{2}{3}=\mathbf{3}$$

類題　48

ア$\sqrt{\text{イ}}$　$2\sqrt{3}$　$\frac{\text{ウ}}{\text{エ}}$　$\frac{4}{3}$　オ$\sqrt{\text{カ}}$　$2\sqrt{7}$

キ$\sqrt{\text{ク}}-\sqrt{\text{ケコ}}$　$3\sqrt{3}-\sqrt{21}$

$$\triangle ABC=\frac{1}{2}\cdot 4\cdot 2\cdot\sin 120^\circ=\mathbf{2\sqrt{3}}$$

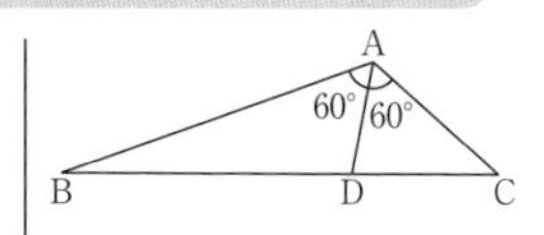

AD$=x$ とおくと，△ABD＋△ACD＝△ABC から

$$\frac{1}{2}\cdot 4\cdot x\cdot\sin 60^\circ+\frac{1}{2}\cdot 2\cdot x\cdot\sin 60^\circ=2\sqrt{3}$$

$$\frac{3}{2}\sqrt{3}\,x=2\sqrt{3}\qquad\therefore\quad x=\mathbf{\frac{4}{3}}$$

余弦定理より

$$BC^2=4^2+2^2-2\cdot 4\cdot 2\cdot\cos 120^\circ=28$$

$$\therefore\quad BC=\mathbf{2\sqrt{7}}$$

内接円の中心を I，半径を r とすると

$$\triangle IBC+\triangle ICA+\triangle IAB=\triangle ABC$$

$$\therefore\quad\frac{1}{2}\cdot 2\sqrt{7}\,r+\frac{1}{2}\cdot 2r+\frac{1}{2}\cdot 4r=2\sqrt{3}$$

$$(3+\sqrt{7})r=2\sqrt{3}$$

$$r=\frac{2\sqrt{3}}{3+\sqrt{7}}=\frac{2\sqrt{3}(3-\sqrt{7})}{9-7}=\mathbf{3\sqrt{3}-\sqrt{21}}$$

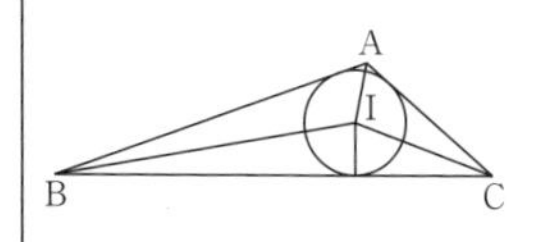

類題 49

$\dfrac{\boxed{ア}}{\boxed{イ}}$　$\dfrac{1}{8}$　　$\dfrac{\boxed{ウ}\sqrt{\boxed{エ}}}{\boxed{オ}}$　$\dfrac{3\sqrt{7}}{8}$　　$\dfrac{\boxed{カキ}\sqrt{\boxed{ク}}}{\boxed{ケ}}$　$\dfrac{16\sqrt{7}}{7}$

$\boxed{コサ}\sqrt{\boxed{シ}}$　$15\sqrt{7}$　　$\sqrt{\boxed{ス}}$　$\sqrt{7}$

余弦定理より

$$\cos\angle ABC=\frac{8^2+10^2-12^2}{2\cdot 8\cdot 10}=\mathbf{\frac{1}{8}}$$

⬅ $\cos B=\dfrac{c^2+a^2-b^2}{2ca}$

$$\sin\angle ABC=\sqrt{1-\cos^2\angle ABC}$$
$$=\sqrt{1-\left(\frac{1}{8}\right)^2}=\sqrt{\frac{63}{64}}$$
$$=\mathbf{\frac{3\sqrt{7}}{8}}$$

⬅ $\sin\theta=\sqrt{1-\cos^2\theta}$

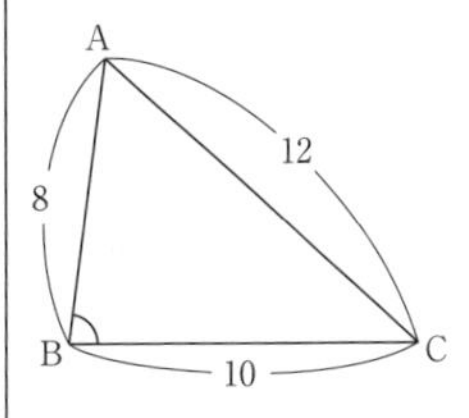

外接円の半径を R とすると

$$2R=\frac{12}{\sin\angle ABC}$$

⬅ $2R=\dfrac{b}{\sin B}$

$$\therefore\quad R=\frac{6}{\frac{3\sqrt{7}}{8}}=\frac{16}{\sqrt{7}}=\mathbf{\frac{16\sqrt{7}}{7}}$$

△ABC の面積を S とすると

$$S=\frac{1}{2}\cdot 8\cdot 10\cdot\sin\angle ABC$$
$$=40\cdot\frac{3\sqrt{7}}{8}=\mathbf{15\sqrt{7}}$$

⬅ $S=\dfrac{1}{2}ca\sin B$

内接円の半径を r とすると

$$S=\frac{1}{2}(8+10+12)r$$
$$r=\frac{S}{15}=\mathbf{\sqrt{7}}$$

⬅ $S=\dfrac{1}{2}(a+b+c)r$

類題 50

$\boxed{ア}$　3　　$\boxed{イウ}°$　30°　　$\boxed{エ}+\sqrt{\boxed{オ}}$　$3+\sqrt{6}$

$\dfrac{\boxed{カ}\sqrt{3}+\boxed{キ}\sqrt{\boxed{ク}}}{2}$　$\dfrac{3\sqrt{3}+3\sqrt{2}}{2}$

△ABC の外接円の半径を R とすると，正弦定理より

$$\frac{3}{\sin B}=\frac{2\sqrt{3}}{\sin C}=2R$$

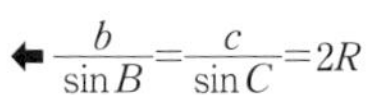

よって

$$R=\frac{2\sqrt{3}}{2\sin C}=\frac{2\sqrt{3}}{2\cdot\frac{1}{\sqrt{3}}}=\mathbf{3}$$

$$\therefore\quad \sin B=\frac{3}{2R}=\frac{1}{2}\qquad \therefore\quad \angle\mathrm{B}=30^\circ\quad \text{または}\quad 150^\circ$$

$\mathrm{AC}<\mathrm{BC}$ より　$\angle\mathrm{ABC}<\angle\mathrm{BAC}$

したがって　$\angle\mathrm{ABC}=\mathbf{30^\circ}$

　$\mathrm{BC}=x$とおくと，余弦定理より

$$3^2=x^2+(2\sqrt{3})^2-2\cdot x\cdot 2\sqrt{3}\cdot\cos 30^\circ$$

$$x^2-6x+3=0$$

$$x=3\pm\sqrt{6}$$

$\mathrm{AC}<\mathrm{BC}$ より　$3<x$

よって　$\mathrm{BC}=x=\mathbf{3+\sqrt{6}}$

$\triangle\mathrm{ABC}$ の面積は

$$\frac{1}{2}\cdot 2\sqrt{3}\cdot(3+\sqrt{6})\cdot\sin 30^\circ=\mathbf{\frac{3\sqrt{3}+3\sqrt{2}}{2}}$$

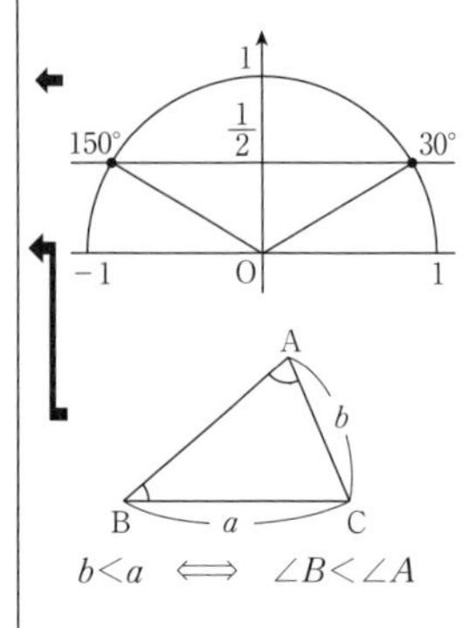

類題　51

$\frac{\boxed{ア}}{\boxed{イ}}$	$\frac{4}{5}$	$\frac{\boxed{ウエ}+\boxed{オ}\sqrt{\boxed{カ}}}{2}$	$\frac{12+3\sqrt{3}}{2}$	$\boxed{キ}\sqrt{\boxed{ク}}$	$2\sqrt{3}$
$\frac{\boxed{ケ}}{\boxed{コ}}$	$\frac{4}{5}$	$\boxed{サ}-\sqrt{\boxed{シ}}$	$4-\sqrt{3}$		

　余弦定理より

$$\cos\angle\mathrm{BAC}=\frac{5^2+(4+\sqrt{3})^2-(2\sqrt{3})^2}{2\cdot 5\cdot(4+\sqrt{3})}$$

$$=\frac{8(4+\sqrt{3})}{10(4+\sqrt{3})}=\mathbf{\frac{4}{5}}$$

$$\sin\angle\mathrm{BAC}=\sqrt{1-\left(\frac{4}{5}\right)^2}=\frac{3}{5}$$

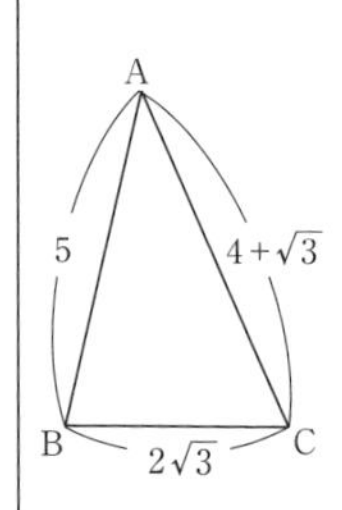

よって，$\triangle\mathrm{ABC}$ の面積は

$$\frac{1}{2}\cdot 5\cdot(4+\sqrt{3})\cdot\sin A=\mathbf{\frac{12+3\sqrt{3}}{2}}$$

AC // DB より　$\angle BAC = \angle ABD$

← 平行線の錯角。

よって　$AD = BC = \mathbf{2\sqrt{3}}$

← 円周角が等しいなら弦の長さは等しい。

$$\cos\angle ABD = \cos\angle BAC = \frac{4}{5}$$

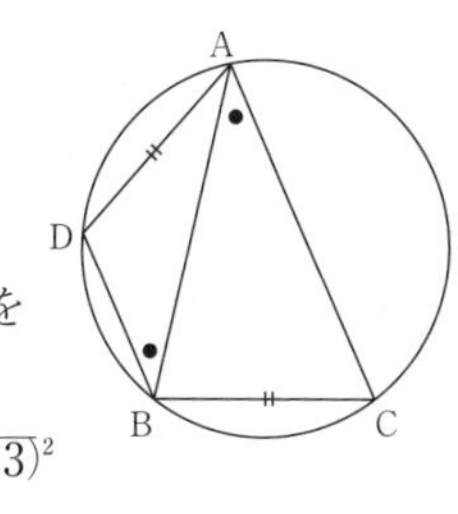

$BD = x$ とおいて，△ABD に余弦定理を用いると

$$x^2 + 5^2 - 2\cdot x\cdot 5\cdot\cos\angle ABD = (2\sqrt{3})^2$$
$$x^2 - 8x + 13 = 0$$
$$x = 4\pm\sqrt{3}$$

$BD < AC$ より　$BD = \mathbf{4-\sqrt{3}}$

← 四角形ADBCは $AD = BC$ の等脚台形であり，$\angle ACB < 90°$ より $DB < AC$ である。

類題　52

ア	3	$\frac{イ}{ウ}$	$\frac{3}{5}$	$\frac{エ\sqrt{オ}}{カ}$	$\frac{6\sqrt{5}}{5}$	$\frac{キ\sqrt{ク}}{ケ}$	$\frac{2\sqrt{5}}{5}$

　△ABC は $AB = AC$ の二等辺三角形であるから，Q は辺 BC の中点。

　$BP = BQ$ であるから　$BP = \mathbf{3}$

　△ABQ において，$\angle AQB = 90°$ であるから

$$\cos\angle PBQ = \frac{BQ}{AB} = \frac{3}{5}$$

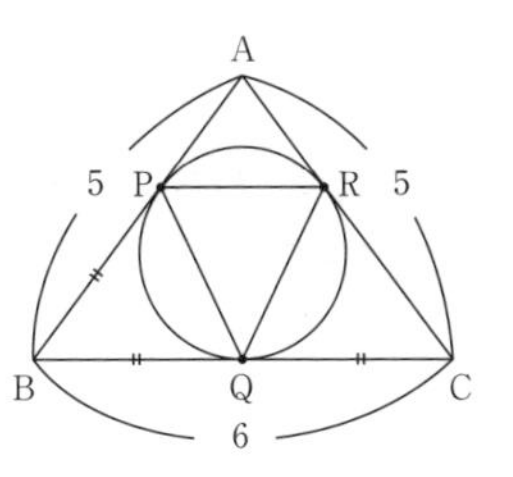

←

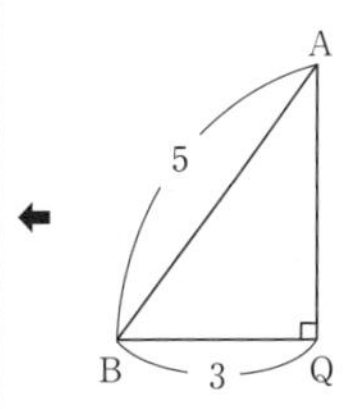

　△PBQ に余弦定理を用いると

$$PQ^2 = 3^2 + 3^2 - 2\cdot 3\cdot 3\cdot\cos\angle PBQ$$
$$= \frac{36}{5}$$

　$PQ > 0$ より　$PQ = \frac{6}{\sqrt{5}} = \mathbf{\frac{6\sqrt{5}}{5}}$

△ABC の内接円の半径を r とすると

$$\triangle ABC = \frac{r}{2}(6+5+5) = 8r$$

　一方，$AQ = \sqrt{5^2 - 3^2} = 4$ から

$$\triangle ABC = \frac{1}{2}\cdot 6\cdot 4 = 12$$

よって

← $AP = AR$ より $PR // BC$ であるから
$\angle QPR = \angle PQB$
△PBQ に正弦定理を用いて
$$\frac{3}{\sin\angle PQB} = \frac{\frac{6}{5}\sqrt{5}}{\sin\angle PBQ}$$
$$\sin\angle ABC = \sqrt{1-\left(\frac{3}{5}\right)^2} = \frac{4}{5}$$ より
$\sin\angle PQB$
$$= \frac{3}{\frac{6}{5}\sqrt{5}}\sin\angle ABC$$
$$= \frac{\sqrt{5}}{2}\cdot\frac{4}{5} = \mathbf{\frac{2\sqrt{5}}{5}}$$
とすることもできる。

$$8r=12 \qquad \therefore \quad r=\frac{3}{2}$$

△PQR に正弦定理を用いると，PQ＝QRより

$$\sin\angle QPR=\frac{QR}{2r}=\frac{\frac{6}{5}\sqrt{5}}{2\cdot\frac{3}{2}}=\mathbf{\frac{2\sqrt{5}}{5}}$$

類題　53

ア$\sqrt{\text{イウ}}$　$2\sqrt{13}$　エ$\sqrt{\text{オ}}$　$3\sqrt{3}$　$\frac{\text{カ}}{\text{キ}}$　$\frac{3}{2}$

円錐の側面の展開図において，扇形の中心角をθとすると，扇形の弧の長さと底面の円周が等しいことから

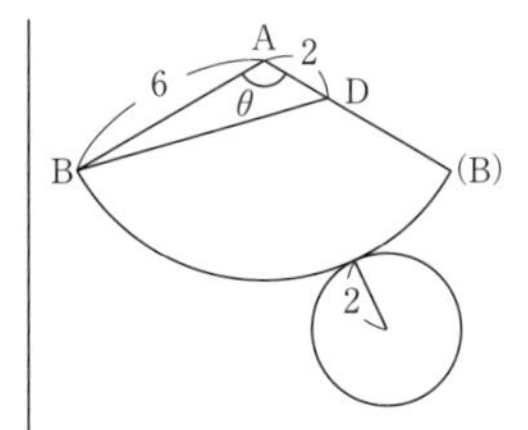

$$2\cdot 6\pi\cdot\frac{\theta}{360^\circ}=2\cdot 2\pi \qquad \therefore \quad \theta=120^\circ$$

糸の長さ BD は，△ABD に余弦定理を用いて

$$BD^2=6^2+2^2-2\cdot 6\cdot 2\cdot\cos 120^\circ=52$$

$$\therefore \quad BD=\mathbf{2\sqrt{13}}$$

側面において，糸で分けられる 2 つの部分のうち，点 A を含む側は，展開図における△ABD のことであり，その面積は

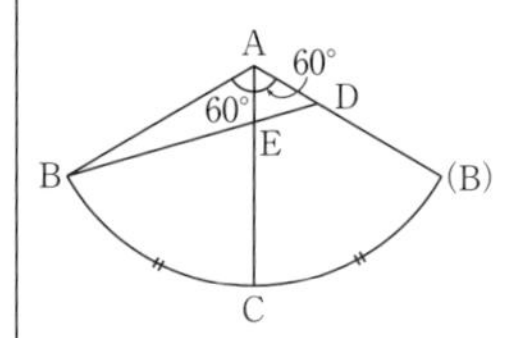

$$\frac{1}{2}\cdot 6\cdot 2\cdot\sin 120^\circ=\mathbf{3\sqrt{3}}$$

展開図において，C は扇形の弧の中点であるから

$$\angle BAC=\angle DAC=60^\circ$$

⬅ 弧が等しければ中心角は等しい。

△ABE と△AED の面積に注目すると

$$\triangle ABE+\triangle AED=\triangle ABD$$

AE＝x とおくと

$$\frac{1}{2}\cdot 6\cdot x\cdot\sin 60^\circ+\frac{1}{2}\cdot 2\cdot x\cdot\sin 60^\circ=3\sqrt{3}$$

$$2\sqrt{3}\,x=3\sqrt{3} \qquad \therefore \quad x=\mathbf{\frac{3}{2}}$$

類題 54

ア 7　イ.ウ 7.0　エ.オ 6.6　カ.キ 6.0

平均値が7であるから

$$\frac{1}{10}(10+4+8+6+8+5+9+7+6+a)=7$$

$\therefore\quad a=\mathbf{7}$

データを大きさの順に並べ替えると

4, 5, 6, 6, 7, 7, 8, 8, 9, 10

中央値は，5番目と6番目の平均値であるから

← 中央値の求め方はデータの個数が偶数か奇数かで変わる。

$$\frac{7+7}{2}=\mathbf{7.0}\text{（点）}$$

さらに，後からの5人の得点を加えたときの平均値は

$$\frac{1}{15}(7\cdot10+6+9+6+3+5)=\frac{99}{15}=\mathbf{6.6}\text{（点）}$$

15人のデータを大きさの順に並べると

3, 4, 5, 5, 6, 6, 6, 6, 7, 7, 8, 8, 9, 9, 10

中央値は，8番目の人の得点であるから　**6.0** 点

類題 55

ア 3　イウ 11　エ.オ 8.0　カ 2　キク 12
ケ.コ 8.3

人数について

$x+3+5+10+y+8=40\qquad\therefore\quad x+y=14$

(1)　最頻値が9点であるとき　$y>10$

x が最も大きくなるのは　$x=\mathbf{3},\ y=\mathbf{11}$

このとき，9点以上が19人，8点以上が29人であるから，中央値は　**8.0** 点

← 20番目と21番目の平均。

(2)　中央値が8.5点であるとき，9点以上が20人，8点以下が20人であるから　$x=\mathbf{2},\ y=\mathbf{12}$

このとき，平均値は

$$\frac{1}{40}(5\cdot2+6\cdot3+7\cdot5+8\cdot10+9\cdot12+10\cdot8)=8.275$$

小数第2位を四捨五入すると　**8.3** 点

類題 56

アイ 29　ウエ 37　オカ 43

20, $\underline{25}$, $\underline{a}$, 32, $\underline{b}$, 40, $\underline{c}$, $\underline{51}$, 56

（25 と a の平均＝第1四分位数，b＝中央値，c と 51 の平均＝第3四分位数）

中央値は b であるから　$b=$**37**

平均値は

$$\frac{1}{9}(20+25+a+32+37+40+c+51+56)=\frac{1}{9}(a+c)+29$$

$$\therefore\ \frac{1}{9}(a+c)+29=37\ \text{より}\quad a+c=72 \quad \cdots\cdots ①$$

第1四分位数は $\dfrac{25+a}{2}$，第3四分位数は $\dfrac{c+51}{2}$

四分位偏差は

← (第3四分位数)－(第1四分位数)

$$\frac{1}{2}\left(\frac{c+51}{2}-\frac{25+a}{2}\right)=\frac{1}{4}(c-a+26)$$

$$\therefore\ \frac{1}{4}(c-a+26)=10\ \text{より}\quad c-a=14 \quad \cdots\cdots ②$$

①，②より　$a=$**29**，$c=$**43**

← $25<a<32$，$40<c<51$ を満たしている。

類題 57

アイ.ウ 7.9　ウエ.オ 15.6　カキ.ク 22.2　ケ ①
コ ②　サ ⓪　シ ①

データの値を小さい方から並べると右のようになる。

東京の
第1四分位数は　**7.9℃**
中央値は　**15.6℃**
第3四分位数は　**22.2℃**

東京が最もデータが散らばっているから，箱ひげ図は　①

中央値が一番大きいのはシドニー(②)。

四分位範囲が最も大きいのは東京(⓪)。

中央値が平均値より小さいのはロンドン(①)。

	東京		ロンドン		シドニー	
	4.7		3.6		12.4	
	5.4		4.1		13.4	
第1四分位数	7.4	7.9	4.4	5.0	13.4	14.35
	8.4		5.6		15.3	
	12.3		6.4		15.6	
中央値	13.9	15.6	7.9	9.3	17.7	18.3
	17.3		10.7		18.9	
	18.4		11.1		19.6	
第3四分位数	21.5	22.2	13.7	14.0	21.5	21.5
	22.9		14.3		21.5	
	25.2		15.9		22.3	
	26.7		16.1		22.4	

類題 58

アイ 40　ウエオ 400　カ ①

平均値は

$$\frac{1}{5}(50+70+40+30+10)=\mathbf{40}\ (個)$$

偏差とその平方を表にすると

	1日	2日	3日	4日	5日
偏差	10	30	0	−10	−30
$(偏差)^2$	100	900	0	100	900

分散は　$\frac{1}{5}(100+900+0+100+900)=\mathbf{400}$

← (分散)＝$(偏差)^2$ の平均値

標準偏差は　$\sqrt{400}=20$

次の1日は40個であるから平均値は変化せず，偏差は0。この1日を加えた6日間の分散は

$$\frac{1}{6}(100+900+0+100+900+0)=\frac{2000}{6}<400$$

よって，標準偏差は減少する(①)。

類題の答

類題 59

ア 1　イ 4　ウエオ 324　カ.キ 5.4　ク.ケ 1.8

人数について

$a+3+b+2=10$ より　$a+b=5$

xf の合計について

$2a+12+6b+16=54$ より　$a+3b=13$

よって　$a=\mathbf{1}$,　$b=\mathbf{4}$

表を完成させると

点(x)	人数(f)	xf	x^2f
2	1	2	4
4	3	12	48
6	4	24	144
8	2	16	128
計	10	54	**324**

平均値は　$\dfrac{54}{10}=\mathbf{5.4}$

2 乗の平均は　$\dfrac{324}{10}=32.4$

標準偏差は　$\sqrt{32.4-5.4^2}=\sqrt{3.24}=\mathbf{1.8}$

(2 乗の平均)－(平均の 2 乗)

類題 60

ア ②　イ ③

⓪ は 4 の学生(英語 40,　数学 58)が正しく表されていない。

① は 2 の学生(英語 68,　数学 52)が正しく表されていない。

② はすべての学生が正しく表されている。

③ は 2 の学生(英語 68,　数学 52)が正しく表されていない。

したがって　②

② の散布図から

数学の得点と英語の得点には弱い正の相関関係があるから，相関係数として適当な数値は　0.3　(③)

(参考)　英語の得点を x，数学の得点を y とする。

	x	y	$x-\overline{x}$	$(x-\overline{x})^2$	$y-\overline{y}$	$(y-\overline{y})^2$	$(x-\overline{x})(y-\overline{y})$
1	40	36	−21.7	470.89	−20.7	428.49	449.19
2	68	52	6.3	39.69	−4.7	22.09	−29.61
3	72	63	10.3	106.09	6.3	39.69	64.89
4	40	58	−21.7	470.89	1.3	1.69	−28.21
5	82	80	20.3	412.09	23.3	542.89	472.99
6	70	48	8.3	68.89	−8.7	75.69	−72.21
7	55	70	−6.7	44.89	13.3	176.89	−89.11
8	72	42	10.3	106.09	−14.7	216.09	−151.41
9	58	76	−3.7	13.69	19.3	372.49	−71.41
10	60	42	−1.7	2.89	−14.7	216.09	24.99
計	617	567	0	1736.1	0	2092.1	570.1

$$r=\frac{\frac{1}{10}\times570.1}{\sqrt{\frac{1}{10}\times1736.1}\sqrt{\frac{1}{10}\times2092.1}}=0.299\cdots$$

⬅ $r=\dfrac{570.1}{\sqrt{1736.1}\sqrt{2092.1}}$ でも求めることができる。

類題　61

アイ　33　　ウエ　36　　オ　8　　カ　5　　キク　28
ケ．コ　0.7

$\overline{x}=\dfrac{264}{8}=\mathbf{33}$　　$\overline{y}=\dfrac{288}{8}=\mathbf{36}$

⬅ $x-\overline{x}$，$y-\overline{y}$ の値からも求められる。

$s_x=\sqrt{\dfrac{512}{8}}=\sqrt{64}=\mathbf{8}$

$s_y=\sqrt{\dfrac{200}{8}}=\sqrt{25}=\mathbf{5}$

$s_{xy}=\dfrac{224}{8}=\mathbf{28}$

$r=\dfrac{s_{xy}}{s_xs_y}=\dfrac{28}{8\cdot5}=\dfrac{7}{10}=\mathbf{0.7}$

類題　62

ア　⓪　　イ　⓪　　ウ　①

・X の偏差の平均値は

$$\frac{(x_1-\overline{x})+(x_2-\overline{x})+\cdots\cdots+(x_n-\overline{x})}{n}$$

⬅ (Xの平均値)$-\overline{x}$
$=\overline{x}-\overline{x}$
$=0$

$$=\frac{x_1+x_2+\cdots\cdots+x_n-n\overline{x}}{n}$$

$$=\frac{x_1+x_2+\cdots\cdots+x_n}{n}-\overline{x}$$

$$=\overline{x}-\overline{x}$$

$=0$　(⓪)

・X' の平均値は

$$\frac{1}{n}\left(\frac{x_1-\overline{x}}{s}+\frac{x_2-\overline{x}}{s}+\cdots\cdots+\frac{x_n-\overline{x}}{s}\right)$$

$$=\frac{1}{s}\cdot\frac{(x_1-\overline{x})+(x_2-\overline{x})+\cdots\cdots+(x_n-\overline{x})}{n}$$

$=0$　(⓪)

⬅ $\frac{1}{s}$(Xの偏差の平均値)
$=\frac{1}{s}\cdot 0$
$=0$

・X' の分散は

$$\frac{(x_1{}')^2+(x_2{}')^2+\cdots\cdots+(x_n{}')^2}{n}-(X' \text{ の平均値})^2$$

$$=\frac{1}{n}\left\{\left(\frac{x_1-\overline{x}}{s}\right)^2+\left(\frac{x_2-\overline{x}}{s}\right)^2+\cdots\cdots+\left(\frac{x_n-\overline{x}}{s}\right)^2\right\}-0^2$$

$$=\frac{1}{s^2}\cdot\frac{(x_1-\overline{x})^2+(x_2-\overline{x})^2+\cdots\cdots+(x_n-\overline{x})^2}{n}$$

$$=\frac{1}{s^2}\cdot s^2=1$$

⬅ $\frac{1}{s^2}$(Xの分散)
$=\frac{1}{s^2}\cdot s^2$
$=1$

・X' の標準偏差は

$\sqrt{(X' \text{ の分散})}=1$　(①)

⬅ $\frac{1}{s}$(Xの標準偏差)
$=\frac{1}{s}\cdot s$
$=1$

類題　63

ア　③　　イ　④

$X'=aX+b$, $Y'=cY+d$ とおくとき

X' の分散は，X の分散の a^2 倍

X' の標準偏差は，X の標準偏差の $\sqrt{a^2}=|a|$ 倍

同様に

Y' の分散は，Y の分散の c^2 倍

Y' の標準偏差は，Y の標準偏差の $\sqrt{c^2}=|c|$ 倍

また

X' と Y' の共分散は，X と Y の共分散の ac 倍　（③）

よって，X' と Y' の相関係数は，X と Y の相関係数の

$$\frac{ac}{|a||c|}=\frac{ac}{|ac|}\text{倍}\quad(④)$$

である。

類題　64

アー③　イー⓪　ウー②　エー①　オー②　カー①　キー⓪

四つとも度数は20，最小値は3，最大値は9である。第1四分位数，中央値，第3四分位数をまとめると

	第1四分位数	中央値	第3四分位数
A	5	6	7
B	4	6	8
C	3	4	6
D	6	7.5	8

← 小さい方から5番目と6番目の平均が第1四分位数，10番目と11番目の平均が中央値，15番目と16番目の平均が第3四分位数。

よって，それぞれの箱ひげ図は

A－③　B－⓪　C－②　D－①

Bのヒストグラムは左右対称であるから

中央値＝平均値　（②）

← B：平均値6

Cのヒストグラムは左に偏っているので

中央値＜平均値　（①）

← C：平均値4.7

Dのヒストグラムは右に偏っているので

中央値＞平均値　（⓪）

← D：平均値7.1

類題　65

アイ．ウ　43.0　エオ．カ　45.0　キク．ケ　40.0

コサ．シ　25.0　スセ．ソ　25.6　タ　④

10人全員について，右手の握力を変量 x，左手の握力を変量 y で表し，x，y の平均値を $\overline{x}$，$\overline{y}$ で表す。

第1グループと第2グループはともに5人ずつであり，平均値がそれぞれ右手の握力は41.0，45.0，左手の握力は38.0，42.0であるから

$$\overline{x}=\frac{1}{2}(41.0+45.0)=\mathbf{43.0}\ (\text{kg})$$

$$\overline{y}=\frac{1}{2}(38.0+42.0)=\mathbf{40.0}\ (\text{kg})$$

番号	x	y	$x-\overline{x}$	$(x-\overline{x})^2$	$y-\overline{y}$	$(y-\overline{y})^2$	$(x-\overline{x})(y-\overline{y})$
1	32	34	−11	121	−6	36	66
2	31	34	−12	144	−6	36	72
3	48	40	5	25	0	0	0
4	44	40	1	1	0	0	0
5	50	42	7	49	2	4	14
6	49	50	6	36	10	100	60
7	40	34	−3	9	−6	36	18
8	43	45	0	0	5	25	0
9	42	38	−1	1	−2	4	2
10	51	43	8	64	3	9	24
合計	430	400	0	450	0	250	256
平均値	43.0	40.0	0	45.0	0	25.0	25.6

⬅ $(x-\overline{x})(y-\overline{y})$ がすべて正の数であるから，強い正の相関関係があることがわかる。

上の表より，右手の握力の分散は **45.0**，左手の握力の分散は **25.0**，右手の握力と左手の握力の共分散は **25.6**。

よって，相関係数 r は

$$r=\frac{25.6}{\sqrt{45}\sqrt{25}}=\frac{25.6}{3\sqrt{5}\cdot 5}=\frac{25.6}{75}\sqrt{5}=0.76\cdots$$

⬅ $\sqrt{5}=2.236\cdots$

より，$0.7\leqq r\leqq 0.9$ を満たす（④）。

類題　66

ア，イ　④，⑤（順不同）

図 2 の箱ひげ図から，期間 A，B における U のデータの最小値(m)，第 1 四分位数(Q_1)，中央値(Q_2)，第 3 四分位数(Q_3)，最大値(M)は，おおよそ次のように読み取れる。

	m	Q_1	Q_2	Q_3	M
期間 A	−2.7	−0.28	0.0584	0.4	3.22
期間 B	−2.02	−0.32	0.0252	0.38	1.56

⓪　誤りである。期間Aにおける最大値は約3.22，期間Bにおける最大値は約1.56である。

①　誤りである。期間Aにおける第1四分位数は約−0.28，期間Bにおける第1四分位数は約−0.32であり，期間Aの方が期間Bよりやや大きい。

②　誤りである。期間A，Bにおける四分位範囲(Q_3-Q_1)は，おおよそ次のようになる。

A …… $0.4-(-0.28)=0.68$

B …… $0.38-(-0.32)=0.70$

AとBの差が0.2より大きいと読み取ることはできない。

③　誤りである。期間A，Bにおける範囲$(M-m)$は，おおよそ次のようになる。

A …… $3.22-(-2.7)=5.92$

B …… $1.56-(-2.02)=3.58$

Aの方がBより大きい。

④　正しい。期間A，Bにおける四分位範囲は，おおよそ

A …… 0.68

B …… 0.70

であり，中央値の絶対値の8倍は

A …… $0.0584 \cdot 8=0.4672$

B …… $0.0252 \cdot 8=0.2016$

である。

⑤　正しい。期間Aにおいて，第3四分位数は0.4であり，度数が最大の階級は，図1より0～0.5である。

⑥　誤りである。期間Bにおいて，第1四分位数は約−0.32であり，度数が最大の階級は，図1より0～0.5である。

よって　④，⑤

類題 67

アイウ　100　エオ　80

　　2の倍数は　300÷2=150（個）
　　3の倍数は　300÷3=100（個）
　　6の倍数は　300÷6=50（個）

よって，2でも3でも割り切れないものは

　　300−(150+100−50)=**100**（個）

$300=2^2\times3\times5^2$ より，300との最大公約数が1であるものは，2でも3でも5でも割り切れないもの

　　5の倍数は　300÷5=60（個）
　　10の倍数は　300÷10=30（個）
　　15の倍数は　300÷15=20（個）
　　30の倍数は　300÷30=10（個）

よって　300−(150+100+60−50−30−20+10)=**80**（個）

← $U=\{1, 2, \cdots, 300\}$
$A=\{2, 4, \cdots, 300\}$
$B=\{3, 6, \cdots, 300\}$

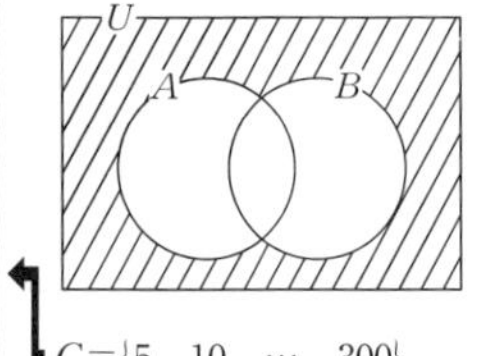

← $C=\{5, 10, \cdots, 300\}$

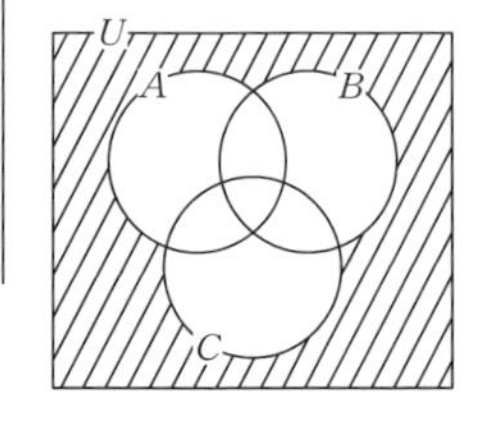

類題 68

ア　6　イウ　24　エオカ　144

　1に赤，2に青，3に黄を塗ったとき，4から7の区画の塗り方を樹形図で書くと

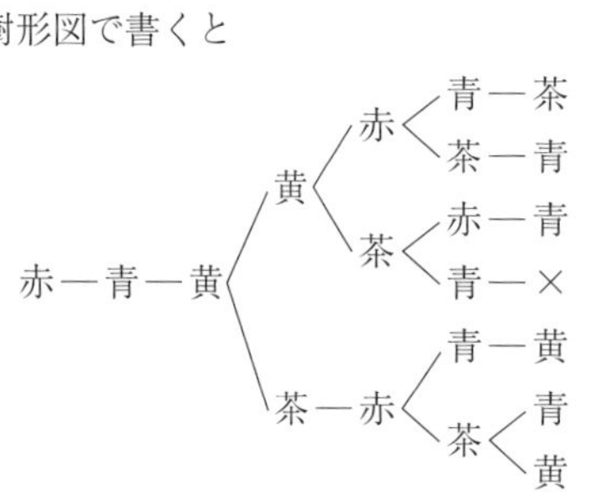

の**6**通り。

← 4には1，2以外の色
5には2，3，4以外の色
6には3，5以外の色
7には1，4，5，6以外の色

　1，2，3の3つの区画の塗り方は4·3·2=**24**（通り）あるから，すべての塗り方は　6·24=**144**（通り）

← 4つの色から3つを選び順に塗る塗り方。
← 積の法則

類題 69

アイウ 625　エオカ 120　キクケ 369

各桁がすべて1，3，5，7，9のいずれかの場合であるから

$5^4=\mathbf{625}$（通り）

このうち，各桁がすべて異なる場合は

$5\cdot4\cdot3\cdot2=\mathbf{120}$（通り）

また，各桁がすべて3，5，7，9のいずれかの場合は

$4^4=256$（通り）

あるから，1を含むものは

$625-256=\mathbf{369}$（通り）

⬅ 重複順列

⬅ 順列

⬅ 1を含まないものを考える。

類題 70

アイウエ 1260　オカキ 360　クケコ 360

aが2個，bが2個あるから

$$\frac{7!}{2!2!}=\mathbf{1260}\text{（通り）}$$

このうち，a 2個が隣り合うものは，2個のaを1つと考え

$$\frac{6!}{2!}=\mathbf{360}\text{（通り）}$$

c，d，eが隣り合わない場合は，まず，a 2個，b 2個を並べ，その両端または間にc，d，eを並べればよいから

$$\frac{4!}{2!2!}\cdot(5\cdot4\cdot3)=\mathbf{360}\text{（通り）}$$

⬅ ↑ a ↑ a ↑ b ↑ b ↑
①　②　③　④　⑤
①～⑤にc，d，eを順に並べる。

類題 71

アイウ 120　エオカ 900　キクケ 570

奇数10個から3個を選ぶ選び方は

${}_{10}C_3=\mathbf{120}$（通り）

奇数と偶数の両方が含まれるような選び方は，奇数1個，偶数2個を選ぶ場合と，奇数2個，偶数1個を選ぶ場合があるから

${}_{10}C_1\cdot{}_{10}C_2+{}_{10}C_2\cdot{}_{10}C_1=450+450=\mathbf{900}$（通り）

3個の数字の和が奇数になるのは，3個とも奇数か，奇数1個，偶数2個を選ぶ場合であるから

$120+450=\mathbf{570}$（通り）

⬅ すべての選び方から，奇数3個を選ぶ場合と偶数3個を選ぶ場合を除いて
${}_{20}C_3-{}_{10}C_3-{}_{10}C_3$
$=1140-120-120$
$=900$（通り）
でもよい。

類題の答

類題　72

アイ　40　ウエオ　116

10個の点から2個の点を選ぶ選び方は　${}_{10}C_2$ 通り
このうち，同じ直線上にある4点から2点を選んでも異なる直線にならないから

$${}_{10}C_2-{}_4C_2+1=45-6+1=\mathbf{40}$$（本）

10個の点から3個の点を選ぶ選び方は　${}_{10}C_3$ 通り
このうち，同じ直線上にある4点から3点を選んでも三角形はできないから

$${}_{10}C_3-{}_4C_3=120-4=\mathbf{116}$$（個）

⬅ 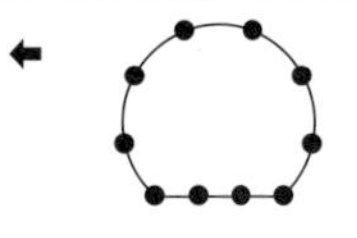

⬅ ${}_4C_2$ の6本は1本として数える。

類題　73

アイ　90　ウエ　10

大人をA，B，Cとすると，Aと同じ組になる2人を選ぶ選び方は，${}_6C_2$ 通り。Bと同じ組になる2人を選ぶ選び方は，${}_4C_2$ 通り。残り2人がCと同じ組になる。

$${}_6C_2\cdot{}_4C_2=\frac{6\cdot5}{2\cdot1}\cdot\frac{4\cdot3}{2\cdot1}=\mathbf{90}$$（通り）

⬅（A，子，子）
（B，子，子）
（C，子，子）

また，大人3人，子供3人ずつに分ける場合は，大人3人で1組，子供6人から3人を選ぶのは ${}_6C_3$ 通りであるが，子供を a～f とすると，a，b，c を選ぶのと d，e，f を選ぶのは同じ分け方になるから

$$\frac{{}_6C_3}{2}=\mathbf{10}$$（通り）

⬅（A，B，C）
（子，子，子）
（子，子，子）

類題　74

アイ　70　ウエ　20　オカ　38

㊨4個，㊤4個の合計8個の文字の並び方の総数を求めて

$$\frac{8!}{4!4!}=\mathbf{70}$$（通り）

Pを通る経路は，㊨1個，㊤1個に続いて㊨，さらに㊨2個，㊤3個の並び方を求めて

$$2!\cdot\frac{5!}{2!3!}=\mathbf{20}\ (通り)$$

Qを通る経路は，㊨2個，㊤2個に続いて㊤，さらに㊨2個，㊤1個の並び方を求めて

$$\frac{4!}{2!2!}\cdot\frac{3!}{2!}=18\ (通り)$$

P，Qの両方を通る経路は，㊨1個，㊤1個に続いて㊨，㊤，㊤，さらに㊨2個，㊤1個の並び方を求めて

$$2!\cdot\frac{3!}{2!}=6\ (通り)$$

よって，P，Qのどちらも通らない経路は

$$70-(20+18-6)=\mathbf{38}\ (通り)$$

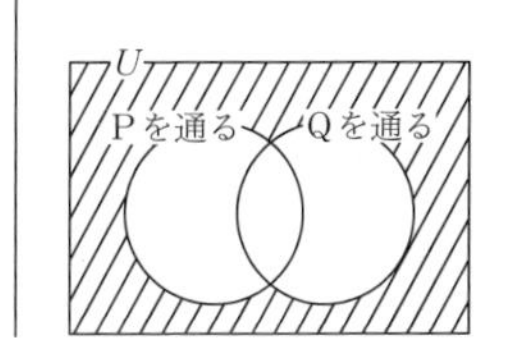

類題 75

$\dfrac{\boxed{ア}}{\boxed{イウ}}$ $\dfrac{7}{12}$　$\dfrac{\boxed{エ}}{\boxed{オ}}$ $\dfrac{1}{4}$　$\dfrac{\boxed{カキ}}{\boxed{クケ}}$ $\dfrac{11}{18}$

目の和を表にすると

	1	2	3	4	5	6
1	2	3	4	5	6	7
2	3	4	5	6	7	8
3	4	5	6	7	8	9
4	5	6	7	8	9	10
5	6	7	8	9	10	11
6	7	8	9	10	11	12

和が7以下になる確率は

$$\frac{21}{36}=\frac{\mathbf{7}}{\mathbf{12}}$$

和が4の倍数になる確率は

$$\frac{9}{36}=\frac{\mathbf{1}}{\mathbf{4}}$$

⬅ 和が4，8，12であるマス目の個数を数える。

一方の目が他方の目の約数になるのは，表の○印の所。

	1	2	3	4	5	6
1	○	○	○	○	○	○
2	○	○		○		○
3	○		○			○
4	○	○		○		
5	○				○	
6	○	○	○			○

よって，その確率は

$$\frac{22}{36}=\frac{\mathbf{11}}{\mathbf{18}}$$

類題　76

$\dfrac{\boxed{ア}}{\boxed{イウ}}$ $\dfrac{8}{27}$　$\dfrac{\boxed{エオ}}{\boxed{カキク}}$ $\dfrac{37}{216}$　$\dfrac{\boxed{ケ}}{\boxed{コサシ}}$ $\dfrac{5}{108}$

3つの目がすべて4以下である確率は　$\dfrac{4^3}{6^3}=\mathbf{\dfrac{8}{27}}$

最大の目が4になるのは，3つの目が4以下で少なくとも1個4が出るときであるから，その確率は　$\dfrac{4^3-3^3}{6^3}=\mathbf{\dfrac{37}{216}}$

← 3個とも1~4の場合から，3個とも1~3の場合を除く。

また，目の和が5以下になる3数の組合せは

(1, 1, 1)　(1, 1, 2)　(1, 1, 3)　(1, 2, 2)

← 組合せを書き出す。

このうち，(1, 1, 1)は1通り，他は3通りずつあるから，その確率は　$\dfrac{1+3\cdot3}{6^3}=\mathbf{\dfrac{5}{108}}$

類題　77

$\dfrac{\boxed{ア}}{\boxed{イウ}}$ $\dfrac{1}{28}$　$\dfrac{\boxed{エ}}{\boxed{オカ}}$ $\dfrac{9}{28}$　$\dfrac{\boxed{キ}}{\boxed{クケ}}$ $\dfrac{9}{14}$

3個がすべて同じ色になるのは，すべて白球かすべて青球の2通りであるから　$\dfrac{2}{{}_8C_3}=\mathbf{\dfrac{1}{28}}$

3個がすべて異なる色である確率は　$\dfrac{{}_2C_1\cdot{}_3C_1\cdot{}_3C_1}{{}_8C_3}=\mathbf{\dfrac{9}{28}}$

少なくとも1個赤球を取り出す確率は，白球と青球を合わせた6個から3個取り出す場合を除いて

← 余事象を考える。

$$1-\frac{{}_6C_3}{{}_8C_3}=\mathbf{\frac{9}{14}}$$

類題　78

$\dfrac{\boxed{ア}}{\boxed{イウ}}$ $\dfrac{1}{30}$　$\dfrac{\boxed{エ}}{\boxed{オ}}$ $\dfrac{5}{6}$　$\dfrac{\boxed{カ}}{\boxed{キク}}$ $\dfrac{7}{90}$

(1)　$\dfrac{1}{6}\cdot\dfrac{{}_3C_2}{{}_6C_2}=\dfrac{1}{6}\cdot\dfrac{3}{15}=\mathbf{\dfrac{1}{30}}$

(2)　少なくとも1枚0を取るときであるから

← 余事象を考える。

$$1-\frac{5}{6}\cdot\frac{{}_3C_2}{{}_6C_2}=1-\frac{5}{6}\cdot\frac{3}{15}=\mathbf{\frac{5}{6}}$$

(3)　A から 1，B から 1 と 2 を取り出すときと，A から 2，B から 1 を 2 枚取り出すときがあるから

$$\frac{2}{6}\cdot\frac{{}_2C_1\cdot{}_1C_1}{{}_6C_2}+\frac{3}{6}\cdot\frac{{}_2C_2}{{}_6C_2}=\frac{2}{6}\cdot\frac{2}{15}+\frac{3}{6}\cdot\frac{1}{15}=\mathbf{\frac{7}{90}}$$

類題　79

$\dfrac{\boxed{\text{アイ}}}{\boxed{\text{ウエオ}}}\ \dfrac{40}{243}$　　$\dfrac{\boxed{\text{カキク}}}{\boxed{\text{ケコサ}}}\ \dfrac{131}{243}$　　$\dfrac{\boxed{\text{シ}}}{\boxed{\text{スセ}}}\ \dfrac{7}{81}$

2 以下の目が 3 回出る確率は　${}_5C_3\left(\frac{1}{3}\right)^3\left(\frac{2}{3}\right)^2=\mathbf{\frac{40}{243}}$

2 以下の目が少なくとも 2 回出る確率は，余事象を考えて

$$1-\left\{\left(\frac{2}{3}\right)^5+{}_5C_1\left(\frac{1}{3}\right)\left(\frac{2}{3}\right)^4\right\}=\mathbf{\frac{131}{243}}$$

2 以下の目が連続して 3 回以上出る確率は，5 回連続する場合が 1 通り，4 回連続する場合が 2 通り，3 回連続する場合について 2 以下の目が 4 回出る場合が 2 通り，2 以下の目が 3 回出る場合が 3 通りあるから

$$\left(\frac{1}{3}\right)^5+2\left(\frac{1}{3}\right)^4\left(\frac{2}{3}\right)+2\left(\frac{1}{3}\right)^4\left(\frac{2}{3}\right)+3\left(\frac{1}{3}\right)^3\left(\frac{2}{3}\right)^2=\mathbf{\frac{7}{81}}$$

← ○○○×○
○○○××
×○○○×
××○○○
○×○○○

類題　80

$\dfrac{\boxed{\text{ア}}}{\boxed{\text{イ}}}\ \dfrac{1}{3}$　　$\dfrac{\boxed{\text{ウ}}}{\boxed{\text{エ}}}\ \dfrac{1}{3}$　　$\dfrac{\boxed{\text{オ}}}{\boxed{\text{カキ}}}\ \dfrac{4}{27}$　　$\dfrac{\boxed{\text{クケ}}}{\boxed{\text{コサ}}}\ \dfrac{16}{81}$

2 人のジャンケンによる手の出し方は

$3^2=9$ 通り

このうち，A が勝つ場合は 3 通りであるから

A が勝つ確率は　$\dfrac{3}{9}=\mathbf{\dfrac{1}{3}}$

B が勝つ確率も同じであるから　$\mathbf{\dfrac{1}{3}}$

3 回目までに A が 2 勝して，4 回目に A が勝つ確率は

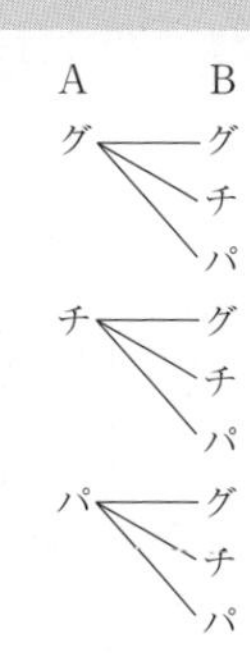

$${}_3C_2\left(\frac{1}{3}\right)^2\left(\frac{2}{3}\right)\cdot\frac{1}{3}=\frac{2}{27}$$

← Aが3勝して，4回で終わる確率。

Bも同じであるから，4回で終わる確率は

$$\frac{2}{27}+\frac{2}{27}=\mathbf{\frac{4}{27}}$$

4回目までにAが2勝して，5回目にAが勝つ確率は

$${}_4C_2\left(\frac{1}{3}\right)^2\left(\frac{2}{3}\right)^2\cdot\frac{1}{3}=\frac{8}{81}$$

← Aが3勝して，5回で終わる確率。

Bも同じであるから，5回で終わる確率は

$$\frac{8}{81}+\frac{8}{81}=\mathbf{\frac{16}{81}}$$

類題 81

$\frac{\boxed{ア}}{\boxed{イ}}$ $\frac{2}{5}$　$\frac{\boxed{ウ}}{\boxed{エ}}$ $\frac{1}{2}$　$\frac{\boxed{オ}}{\boxed{カ}}$ $\frac{1}{2}$

赤球は5個であり，このうち偶数が記入されている球は2個であるから，取り出した球が赤球であるとき，偶数が記入されている条件付き確率は　$\mathbf{\frac{2}{5}}$

❷❹ ❶❸❺
⑥⑧ ⑦⑨

A：赤球をとる。
B：偶数をとる。
$P_A(B)=\frac{2}{5}$
$P_{\overline{A}}(B)=\frac{2}{4}$
$P_B(A)=\frac{2}{4}$

白球は4個であり，このうち偶数が記入されている球は2個であるから，取り出した球が白球であるとき，偶数が記入されている条件付き確率は　$\frac{2}{4}=\mathbf{\frac{1}{2}}$

偶数が記入されている球は4個であり，このうち赤球は2個であるから，取り出した球に偶数が記入されているとき，その球が赤球である条件付き確率は　$\frac{2}{4}=\mathbf{\frac{1}{2}}$

類題 82

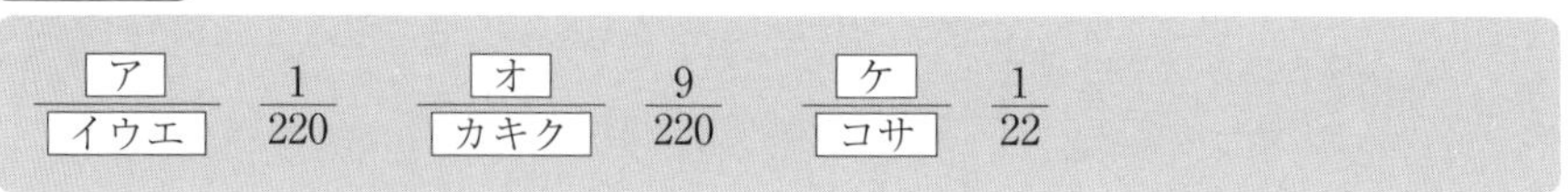

A，B，Cの3人が当たる確率は

$$\frac{3}{12}\cdot\frac{2}{11}\cdot\frac{1}{10}=\mathbf{\frac{1}{220}}$$

← A，B，Cのそれぞれの確率をかける。
（確率の乗法定理）

Aがはずれ，B，Cの2人が当たる確率は

$$\frac{9}{12}\cdot\frac{3}{11}\cdot\frac{2}{10}=\mathbf{\frac{9}{220}}$$

B，Cの2人が当たる確率は

$$\frac{1}{220}+\frac{9}{220}=\frac{10}{220}=\mathbf{\frac{1}{22}}$$

⬅ Aが当たる場合の確率とAがはずれる場合の確率を加える。

類題 83

$\frac{\boxed{ア}}{\boxed{イウ}}$　$\frac{3}{91}$　$\frac{\boxed{エオ}}{\boxed{カキ}}$　$\frac{67}{91}$　$\frac{\boxed{クケ}}{\boxed{コサシ}}$　$\frac{16}{455}$

すべての場合の数は　${}_{15}C_3=455$（通り）

(1)　3個の円がすべて同じ段になるのは3段目から5段目で，それぞれの場合の数は

$${}_3C_3=1,\ {}_4C_3={}_4C_1=4,\ {}_5C_3={}_5C_2=10$$

通りであるから　$\frac{1+4+10}{455}=\mathbf{\frac{3}{91}}$

(2)　1段目から4段目までの10個の円から3個の円を選ぶ場合を除けばよいから　$1-\frac{{}_{10}C_3}{455}=1-\frac{24}{91}=\mathbf{\frac{67}{91}}$

⬅ 余事象を考える。

(3)　接している3つの円は(1, 2, 3)，(2, 4, 5)，(3, 5, 6)，…，(10, 14, 15)と(2, 3, 5)，(4, 5, 8)，…，(9, 10, 14)の16通りあるから　$\mathbf{\frac{16}{455}}$

⬅ (三角形に並んだ3円)が10個
(逆三角形に並んだ3円)が6個

類題 84

$\frac{\boxed{アイ}}{\boxed{ウエ}}$　$\frac{11}{36}$　$\frac{\boxed{オ}}{\boxed{カ}}$　$\frac{1}{2}$　$\frac{\boxed{キク}}{\boxed{ケコ}}$　$\frac{11}{18}$　$\frac{\boxed{サ}}{\boxed{シス}}$　$\frac{3}{11}$

(1)　出る目の和をXとすると，Xの値の表は右のようになるから，$X=4$となる確率は

$$\mathbf{\frac{11}{36}}$$

A＼B	1	1	2	2	2	3
1	②	②	3	3	3	4
1	②	②	3	3	3	4
1	②	②	3	3	3	4
2	3	3	[4]	[4]	[4]	5
2	3	3	[4]	[4]	[4]	5
3	[4]	[4]	5	5	5	⑥

Xが偶数となる確率は

$\frac{18}{36}=\frac{1}{2}$

(2)　X が偶数であるとき，$X=4$ となる条件付き確率は

$\frac{11}{18}$

← $\frac{□+▒のマスの個数}{○+□+▒のマスの個数}$

$X=4$ であるとき，B の目が3である条件付き確率は

$\frac{3}{11}$

← $\frac{▒のマスの個数}{□+▒のマスの個数}$

類題　85

$\frac{ア}{イ}$	$\frac{1}{6}$	$\frac{ウ}{エオ}$	$\frac{5}{18}$	$\frac{カ}{キク}$	$\frac{5}{63}$	$\frac{ケコ}{サシ}$	$\frac{10}{21}$	$\frac{ス}{セ}$	$\frac{2}{7}$

偶数は全部で4枚，奇数は全部で5枚あるから，
1回目に取り出した2枚が

A：2枚とも偶数　　B：2枚とも奇数

とすると

$$P(A)=\frac{{}_4C_2}{{}_9C_2}=\frac{6}{36}=\frac{1}{6}\qquad P(B)=\frac{{}_5C_2}{{}_9C_2}=\frac{10}{36}=\frac{5}{18}$$

2回目に取り出した2枚が

D：2枚とも奇数

とすると

$$P(A\cap D)=\frac{1}{6}\cdot\frac{{}_5C_2}{{}_7C_2}=\frac{1}{6}\cdot\frac{10}{21}=\frac{5}{63}$$

← A の後
偶数2枚，奇数5枚

であり

$$P_A(D)=\frac{P(A\cap D)}{P(A)}=\frac{{}_5C_2}{{}_7C_2}=\frac{10}{21}$$

また

$$P(B\cap D)=\frac{5}{18}\cdot\frac{{}_3C_2}{{}_7C_2}=\frac{5}{18}\cdot\frac{3}{21}=\frac{5}{126}$$

← B の後
偶数4枚，奇数3枚

1回目に取り出した2枚が，偶数1枚，奇数1枚であることをC で表すと

$$P(C)=1-\frac{1}{6}-\frac{5}{18}=\frac{10}{18}=\frac{5}{9}$$

← 余事象の確率。
$P(A)=\frac{1}{6}$，$P(B)=\frac{5}{18}$

このとき

$$P(C\cap D)=\frac{5}{9}\cdot\frac{{}_4C_2}{{}_7C_2}=\frac{5}{9}\cdot\frac{6}{21}=\frac{10}{63}$$

← C の後
偶数3枚，奇数4枚

よって

$$P(D)=P(A\cap D)+P(B\cap D)+P(C\cap D)$$
$$=\frac{5}{63}+\frac{5}{126}+\frac{10}{63}=\frac{35}{126}$$

後に取り出した2枚のカードが2枚とも奇数であったとき，先に取り出した2枚のカードが2枚とも偶数である条件付き確率は

$$P_D(A)=\frac{P(A\cap D)}{P(D)}=\frac{\frac{5}{63}}{\frac{35}{126}}=\mathbf{\frac{2}{7}}$$

類題　86

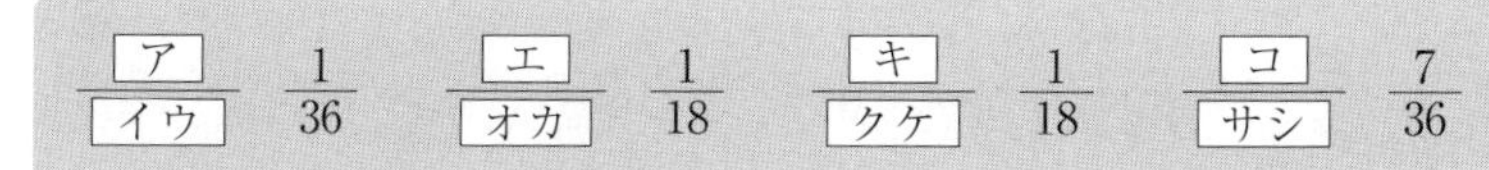

$\frac{\boxed{ア}}{\boxed{イウ}}$ $\frac{1}{36}$　$\frac{\boxed{エ}}{\boxed{オカ}}$ $\frac{1}{18}$　$\frac{\boxed{キ}}{\boxed{クケ}}$ $\frac{1}{18}$　$\frac{\boxed{コ}}{\boxed{サシ}}$ $\frac{7}{36}$

(1)　右図のように点D，Eをとると，
2回の移動でPがBに移るのは

A → D → B

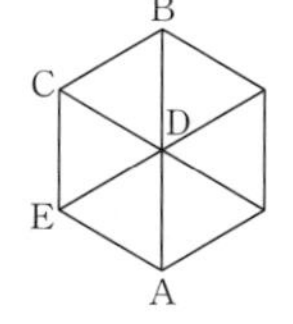

のときであるから　$\frac{1}{6}\cdot\frac{1}{6}=\mathbf{\frac{1}{36}}$

Cに移るのは，A→D→C，A→E→C　のときであるから

$$\left(\frac{1}{6}\cdot\frac{1}{6}\right)\cdot 2=\mathbf{\frac{1}{18}}$$

(2)　3回の移動でAに戻るには1回目の移動は6通り，2回目の移動では各点で2通りずつあり，3回目の移動ではAに戻る1通りであるから

←

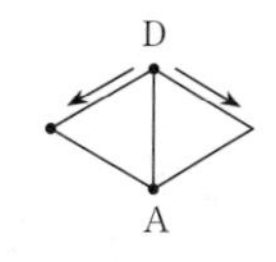

$$\frac{6}{6}\cdot\frac{2}{6}\cdot\frac{1}{6}=\mathbf{\frac{1}{18}}$$

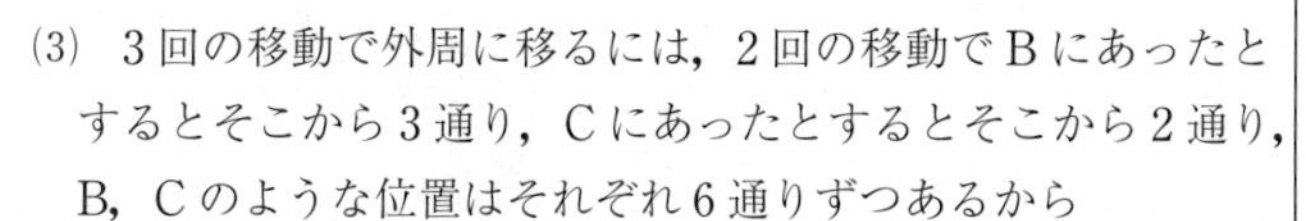

(3)　3回の移動で外周に移るには，2回の移動でBにあったとするとそこから3通り，Cにあったとするとそこから2通り，B，Cのような位置はそれぞれ6通りずつあるから

←

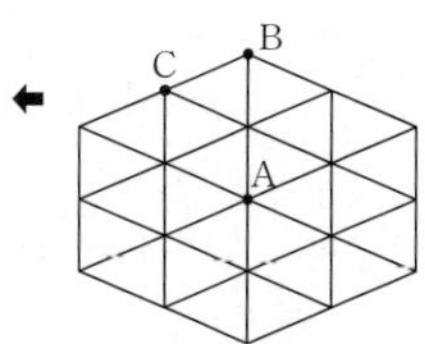

$$\left(\frac{1}{36}\cdot\frac{3}{6}+\frac{1}{18}\cdot\frac{2}{6}\right)\cdot 6=\mathbf{\frac{7}{36}}$$

類題　87

ア 4　イ 0　ウ 8

$36=4\cdot 9$ から，N は4の倍数かつ9の倍数である。

N が4の倍数のとき，$2b$ が4で割り切れるから

$b=0,\ 4,\ 8$

← 下2桁の数字が4の倍数。

N が9の倍数のとき

$8+a+2+b=a+b+10$ が9の倍数

← 各位の数字の和が9の倍数。

つまり，$a+b$ は8または17である。

よって，$(a,\ b)=(8,\ 0),\ (4,\ 4),\ (0,\ 8),\ (9,\ 8)$ の4組あり，N の値が最も小さいものは，a が最小のときであるから

$(a,\ b)=(\mathbf{0},\ \mathbf{8})$

類題　88

ア 2　イ 3　ウ 7　エ，オ，カ 3，2，2
キク 36　ケコ 24

$a=\mathbf{2},\ b=\mathbf{3},\ c=\mathbf{7}$ であり

$3528=2^3\cdot 3^2\cdot 7^2$

←
```
2)3528
2)1764
 2)882
 3)441
 3)147
  7)49
     7
```

3528の約数は $2^x\cdot 3^y\cdot 7^z$ の形で，x は0，1，2，3の4通り，y は0，1，2の3通り，z は0，1，2の3通りあるから，約数の個数は

$4\cdot 3\cdot 3=\mathbf{36}$（個）

3の倍数の個数は，x は4通り，y は1，2の2通り，z は3通りあるから

$4\cdot 2\cdot 3=\mathbf{24}$（個）

類題　89

アイウ 126　エオカキ 1260　クケ 33　コサシス 6930

(1)　$252=2^2\cdot 3^2\cdot 7,\ 630=2\cdot 3^2\cdot 5\cdot 7$ から

← 素因数分解をする。

最大公約数は　$2\cdot 3^2\cdot 7=\mathbf{126}$

最小公倍数は　$2^2\cdot 3^2\cdot 5\cdot 7=\mathbf{1260}$

(2)　$198=2\cdot 3^2\cdot 11,\ 330=2\cdot 3\cdot 5\cdot 11,\ 693=3^2\cdot 7\cdot 11$ から

最大公約数は　$3\cdot 11=\mathbf{33}$

最小公倍数は　$2\cdot 3^2\cdot 5\cdot 7\cdot 11=\mathbf{6930}$

類題 90

アイ 36　ウ 2　エオ 24　カキ 54

$6a'b'=216$ より $a'b'=\mathbf{36}$ であり，$a'<b'$ から

$(a',\ b')=(1,\ 36),\ (4,\ 9)$ …… **2** 組

よって，a が最大のものは

$a=\mathbf{24},\ b=\mathbf{54}$

← $l=a'b'g$

← $(a',\ b')=(2,\ 18),\ (3,\ 12)$ は互いに素ではない。

類題 91

ア 2　イ 5　ウ 3

$a=7p+3,\ b=7q+5$（$p,\ q$ は整数）とおける。

$2(a+b)=2(7p+7q+8)=14p+14q+16$

$=7(2p+2q+2)+2$

$a^2=49p^2+42p+9=7(7p^2+6p+1)+2$

$b^2=49q^2+70q+25=7(7q^2+10q+3)+4$

から，$a^2=7r+2,\ b^2=7s+4$（$r,\ s$ は整数）とおけるので

$a^2-b^2=7r-7s-2$

$=7(r-s-1)+5$

$a^2b=(7r+2)(7q+5)$

$=49qr+14q+35r+10$

$=7(7qr+2q+5r+1)+3$

よって，余りはそれぞれ **2，5，3**

← $r=7p^2+6p+1$，$s=7q^2+10q+3$ とおく。

(注) $a=3,\ b=5$ とおくと

$2(a+b)=16=7\cdot2+2$

$a^2-b^2=-16=7\cdot(-3)+5$

$a^2b=45=7\cdot6+3$

類題 92

アイ 13　ウエ 11

(1) $2041=1729\cdot1+312$

$1729=312\cdot5+169$

$312=169\cdot1+143$

$169=143\cdot1+26$

$143=26\cdot5+13$

$26=13\cdot2+0$

← 割り切れた。

よって，最大公約数は　**13**

(2)　$8723=4235\cdot2+253$

$4235=253\cdot16+187$

$253=187\cdot1+66$

$187=66\cdot2+55$

$66=55\cdot1+11$

$55=11\cdot5+0$

← 割り切れた。

よって，最大公約数は　**11**

類題　93

ア，イ，ウ　1，2，4（順不同）　エ　1　オ　0

n は7の倍数ではないから，$n=7k\pm1$，$7k\pm2$，$7k\pm3$（k は整数）とおける。

← $7k+6$，$7k+5$，$7k+4$ の代わりに，それぞれ $7k-1$，$7k-2$，$7k-3$ を用いている。

$n=7k\pm1$ のとき　$n^2=7(7k^2\pm2k)+1$

$n=7k\pm2$ のとき　$n^2=7(7k^2\pm4k)+4$

$n=7k\pm3$ のとき　$n^2=7(7k^2\pm6k+1)+2$

よって，n^2 を7で割った余りは　**1，2，4**

このとき，$n^2=7l+1$，$7l+2$，$7l+4$（l は整数）とおけるから

$n^2=7l+1$ のとき　$n^6=7(49l^3+21l^2+3l)+1$

$n^2=7l+2$ のとき　$n^6=7(49l^3+42l^2+12l+1)+1$

$n^2=7l+4$ のとき　$n^6=7(49l^3+84l^2+48l+9)+1$

よって，n^6 を7で割った余りは　**1**

$n^7+6n=n(n^6-1)+7n$

であり，n^6-1 は7で割り切れるから，n^7+6n を7で割った余りは　**0**

（注）　$n=\pm1$，±2，±3 とおく。

$n=\pm1$ のとき　$n^2=1$，$n^6=1$

$n=\pm2$ のとき　$n^2=4$，$n^6=64=7\cdot9+1$

$n=\pm3$ のとき　$n^2=9=7\cdot1+2$，$n^6=729=7\cdot104+1$

類題　94

ア　①　イ　⓪

$4^2-2^2=16-4=12$

← 2と4が反例。

であり，12は8の倍数でないから，p は偽（①）

$$4n^3+3n^2-n=(n^3-n)+(3n^3+3n^2)$$
$$=(n-1)n(n+1)+3n^2(n+1)$$

$n(n+1)$ は2の倍数，$(n-1)n(n+1)$ は6の倍数であるから，$4n^3+3n^2-n$ は6の倍数である。

よって，q は真（⓪）

⬅ n^3-n を作る。

類題 95

アイウ 177　エオカ 195　キクケコ 3012　サシスセ 3142

(1) $2\cdot4^3+3\cdot4^2+0\cdot4+1=\mathbf{177}$

(2) $1\cdot5^3+2\cdot5^2+4\cdot5+0=\mathbf{195}$

(3) $\mathbf{3012}_{(4)}$

```
4)198
4) 49 … 2
4) 12 … 1
    3 … 0
```

(4) $\mathbf{3142}_{(5)}$

```
5)422
5) 84 … 2
5) 16 … 4
    3 … 1
```

類題 96

0.アイウエオ 0.71875　カ.キクケ 2.625　0.コサシ 0.321
スセ.ソタ 11.01

(1) $2\cdot\dfrac{1}{4}+3\cdot\dfrac{1}{4^2}+2\cdot\dfrac{1}{4^3}=\dfrac{46}{64}=\dfrac{23}{32}=\mathbf{0.71875}$

(2) $1\cdot2+0+1\cdot\dfrac{1}{2}+0\cdot\dfrac{1}{2^2}+1\cdot\dfrac{1}{2^3}=2+\dfrac{5}{8}=\mathbf{2.625}$

(3) $\mathbf{0.321}_{(4)}$

```
 0.890625
×       4
 3.562500
×       4
 2.250000
×       4
 1.000000
```

(4) $\mathbf{11.01}_{(2)}$

```
2)3
  1 … 1

0.25
×  2
0.50
× 2
1.00
```

⬅ $3=11_{(2)}$
$0.25=0.01_{(2)}$

類題　97

0.$\dot{\boxed{ア}}\boxed{イ}\dot{\boxed{ウ}}$　0.432　$\dfrac{\boxed{エ}}{\boxed{オカ}}$　$\dfrac{7}{16}$　$\dfrac{\boxed{キク}}{\boxed{ケコ}}$　$\dfrac{10}{37}$　$\dfrac{\boxed{サシ}}{\boxed{スセソ}}$　$\dfrac{58}{165}$

$\boxed{タ}$　2　$\boxed{チ}$　1

(1)　$\dfrac{16}{37}=0.432432\cdots\cdots=0.\dot{4}3\dot{2}$

$0.4375=\dfrac{4375}{10000}=\mathbf{\dfrac{7}{16}}$

← 4375 と 10000 の最大公約数は 625

$x=0.\dot{2}7\dot{0}$ とおくと

$1000x=270.270270\cdots\cdots$

$x=\quad 0.270270\cdots\cdots$

辺々引くと

$999x=270\qquad\therefore\quad x=\dfrac{270}{999}=\mathbf{\dfrac{10}{37}}$

$x=0.3\dot{5}\dot{1}$ とおくと

$100x=35.15151\cdots\cdots$

$x=\quad 0.35151\cdots\cdots$

辺々引くと

$99x=34.8\qquad\therefore\quad x=\dfrac{34.8}{99}=\dfrac{348}{990}=\mathbf{\dfrac{58}{165}}$

(2)　$\dfrac{3}{14}=0.2\dot{1}4285\dot{7}$ より，小数第 2 位から 142857 の 6 個の数字が繰り返される。

$100=1+6\cdot 16+3$，$200=1+6\cdot 33+1$ から

小数第 100 位の数字は **2**

← 循環節の 3 番目。

小数第 200 位の数字は **1**

← 循環節の 1 番目。

類題　98

0.$\dot{\boxed{ア}}$　0.7　0.$\boxed{イウ}$　0.21　0.$\boxed{エ}$　0.7

$\dfrac{7}{9}=0.777\cdots\cdots=0.\dot{7}$

$\dfrac{7}{9}=\dfrac{21}{100_{(3)}}=\mathbf{0.21_{(3)}}$

$\dfrac{7}{9}=7\cdot\dfrac{1}{9}=\mathbf{0.7_{(9)}}$

← $7=2\cdot 3+1=21_{(3)}$
$9=1\cdot 3^2+0\cdot 3+0=100_{(3)}$
$\dfrac{7}{9}=\dfrac{6+1}{9}=\dfrac{2}{3}+\dfrac{1}{9}$ より
$0.21_{(3)}$としてもよい。

類題 99

アイ	21	ウエ	98	オカキ	216	クケ	18	コサ	97

(1) $756=2^2\cdot3^3\cdot7$ より，$756n$ が平方数になるような最小の n は $3\cdot7=$**21**，立方数になるような最小の n は $2\cdot7^2=$**98**

←平方数…指数が偶数
立方数…指数が3の倍数

また，756 と互いに素な自然数は，1〜756 の中から，2 の倍数，3 の倍数，7 の倍数を除いたものである。

←

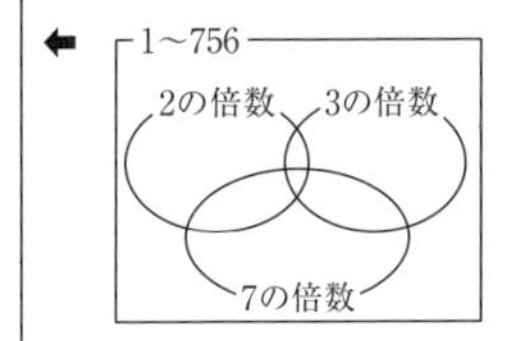

2 の倍数は　378 個
3 の倍数は　252 個
7 の倍数は　108 個
6 の倍数は　126 個
14 の倍数は　54 個
21 の倍数は　36 個
42 の倍数は　18 個

あるから

$756-(378+252+108)+(126+54+36)-18=$**216**

(2) 1〜20 の中に 2 の倍数は 10 個，4 の倍数は 5 個，8 の倍数は 2 個，16 の倍数は 1 個あるから

$10+5+2+1=$**18**

1〜200 の中に，3 の倍数は 66 個，9 の倍数は 22 個，27 の倍数は 7 個，81 の倍数は 2 個あるから

$66+22+7+2=$**97**

←2 の倍数…2，4，6，8，10，12，14，16，18，20
4 の倍数…4，8，12，16，20
8 の倍数…8，16
16 の倍数…16
$20!=2^{10+5+2+1}$(奇数)

類題 100

アイ，ウ　17，5　　エ，オ　7，2　　カ　4　　キ　7
クケ　10　　コサ　10　　シス　41　　セソ，タチ　71，20
ツテト，ナニ　291，82

(1) $x=5$，$y=-2$ は与式を満たすから，与式は

←$7\cdot5+17(-2)=1$

$7(x-5)+17(y+2)=0$

$7(x-5)=-17(y+2)$

と変形できる。7 と 17 は互いに素であるから

$$\begin{cases} x-5=17k \\ y+2=-7k \end{cases} \quad \therefore \quad \begin{cases} x=\mathbf{17}k+\mathbf{5} \\ y=-\mathbf{7}k-\mathbf{2} \end{cases} \quad (k\text{ は整数})$$

(2)　ユークリッドの互除法を用いると

$$291=71\cdot 4+7,\quad 71=7\cdot 10+1$$

これより

$$1=71-(291-71\cdot 4)10$$
$$=291\cdot(-10)+71\cdot 41$$

ゆえに，$x=-\mathbf{10}$，$y=\mathbf{41}$ は与式を満たす。

このとき，$x=-20$，$y=82$ は（＊）を満たすから，（＊）は

$$291(x+20)+71(y-82)=0$$
$$291(x+20)=-71(y-82)$$

と変形できる。71 と 291 は互いに素であるから

$$\begin{cases} x+20=-71k \\ y-82=291k \end{cases} \quad \therefore \quad \begin{cases} x=-71k-20 \\ y=291k+82 \end{cases} \quad (k\text{ は整数})$$

⬅ $1=71-7\cdot 10$
$7=291-71\cdot 4$

⬅ $291\cdot(-10)+71\cdot 41=1$
$291\cdot(-20)+71\cdot 82=2$

⬅ $291x+71y=2$
$-)\ 291\cdot(-20)+71\cdot 82=2$
$291(x+20)+71(y-82)=0$

類題 101

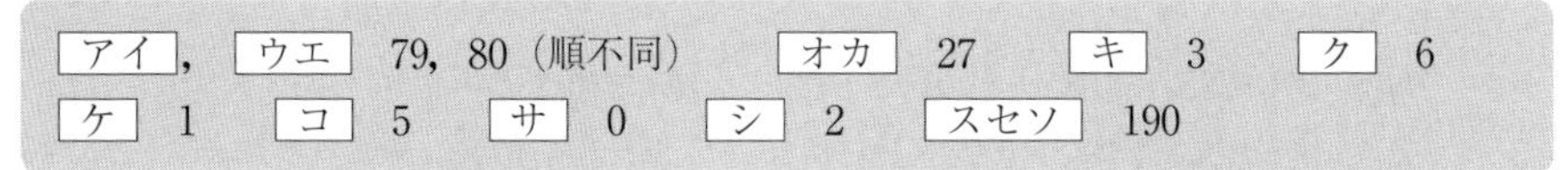

アイ，ウエ	79，80（順不同）	オカ	27	キ	3	ク	6
ケ	1	コ	5	サ	0	シ	2
スセソ	190						

(1)　条件より　$4^{39}\leqq N<4^{40}$　から

$$2^{78}\leqq N<2^{80} \quad \cdots\cdots①$$

よって，N は 2 進法で **79** 桁または **80** 桁の数である。

また，①から

$$8^{26}\leqq N<4\cdot 8^{26} \quad \therefore \quad 8^{26}\leqq N<8^{27}$$

よって，N は 8 進法で **27** 桁の数である。

⬅ 2^kの形で表す。

⬅ 8^kの形で表す。

(2)　題意より，a，b，c は

$$1\leqq a\leqq 6,\quad 0\leqq b\leqq 6,\quad 1\leqq c\leqq 6$$

を満たす整数である。

$$N=abc_{(7)}=a\cdot 7^2+b\cdot 7+c$$
$$N=cba_{(11)}=c\cdot 11^2+b\cdot 11+a$$

から

$$49a+7b+c=121c+11b+a$$
$$\therefore \quad b=12a-30c=6(2a-5c) \quad \cdots\cdots②$$

②より b は 6 の倍数であるから

$$b=0,\ 6$$

・$b=0$ のとき

②から　$2a-5c=0$　　$\therefore$　$2a=5c$

これより　$a=5$，$c=2$

⬅ $4(12a-b-30c)=0$

⬅ b は 6 の倍数になる。

・$b=6$ のとき

②から　$2a-5c=1$　　∴　$2a=5c+1$

これより　$a=3$, $c=1$

よって

$\boldsymbol{a=3}$, $\boldsymbol{b=6}$, $\boldsymbol{c=1}$　または　$\boldsymbol{a=5}$, $\boldsymbol{b=0}$, $\boldsymbol{c=2}$

$a=3$ のとき　$N=3\cdot7^2+6\cdot7+1=\mathbf{190}$

← c は奇数。

← $a=8$, $c=3$；$a=13$, $c=5$ は不適。

← $a=5$ のとき $N=247$

類題 102

ア 2　イ 2　ウ 3

∠BAD＝∠CAD より

BD：DC＝AB：AC＝2：3

∴　$\mathrm{BD}=\dfrac{2}{5}\mathrm{BC}=\mathbf{2}$

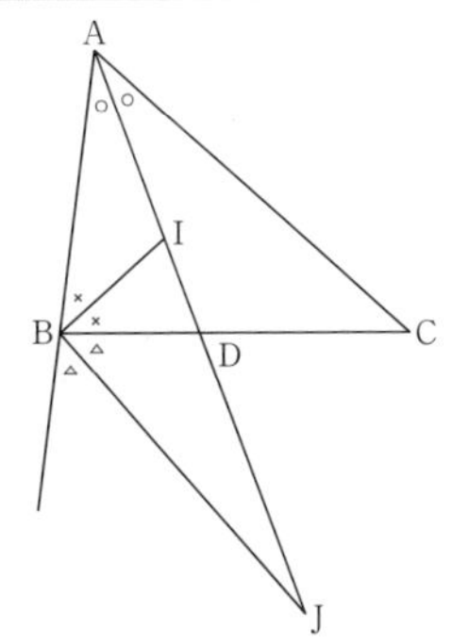

← I は△ABC の内心。

∠ABI＝∠DBI より

AI：ID＝AB：BD＝2：1

∴　AI＝**2**ID

また，BJ は∠ABD の外角の二等分線になる。よって

AJ：JD＝AB：BD＝2：1

∴　AJ＝2JD

∴　$\mathrm{AJ}=2\mathrm{AD}=2\left(\dfrac{3}{2}\mathrm{AI}\right)=\mathbf{3}\mathrm{AI}$

← J は△ABC の傍心。

類題 103

アイ°　40°　ウエオ°　110°　$\dfrac{\text{カ}}{\text{キ}}$　$\dfrac{1}{6}$

(1)　$\angle\mathrm{BAC}=\dfrac{1}{2}\angle\mathrm{BOC}=\mathbf{40^\circ}$

$\angle\mathrm{BIC}=90^\circ+\dfrac{1}{2}\angle\mathrm{BAC}$

$=\mathbf{110^\circ}$

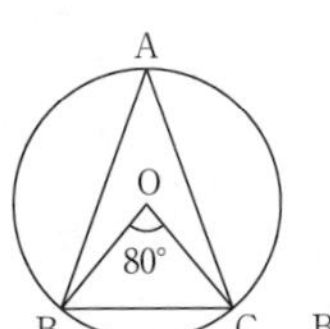

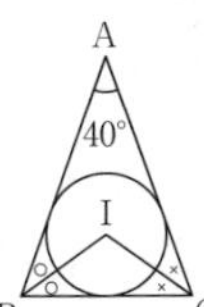

← 円周角は中心角の $\dfrac{1}{2}$

← ∠IBC＋∠ICB＝70°

(2)　BC の中点を N とすると，
G は△BCM の重心であるから

$$MG : GN = 2 : 1$$

よって

$$\triangle CMG = \frac{2}{3}\triangle CMN$$

$$= \frac{2}{3}\left(\frac{1}{2}\triangle BCM\right)$$

$$= \frac{1}{3}\left(\frac{1}{2}\triangle ABC\right)$$

$$= \mathbf{\frac{1}{6}}\triangle ABC$$

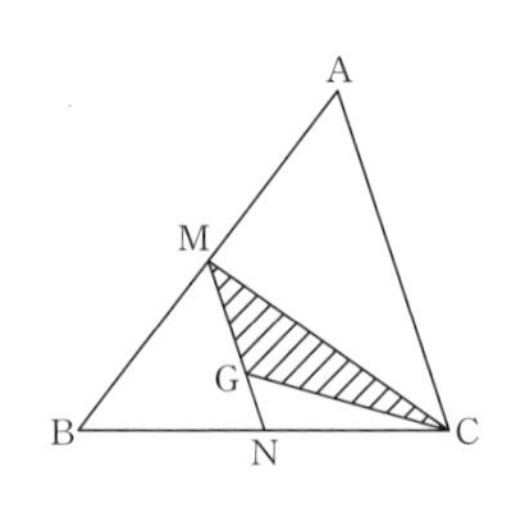

⬅ CM の中点を L として，
$BG : GL = 2 : 1$
より
$\triangle CMG = \frac{1}{3}\triangle BCM$
$= \frac{1}{3}\left(\frac{1}{2}\triangle ABC\right)$
$= \frac{1}{6}\triangle ABC$
とすることもできる。

類題 104

$\frac{\boxed{ア}}{\boxed{イ}}$　$\frac{5}{2}$　　$\frac{\boxed{ウ}}{\boxed{エ}}$　$\frac{4}{3}$

△ABE と直線 DF にメネラウスの定理を用いると

$$\frac{AD}{DB}\cdot\frac{BC}{CE}\cdot\frac{EF}{FA} = 1$$

$$\therefore\quad \frac{AF}{FE} = \frac{AD}{DB}\cdot\frac{BC}{CE}$$

$$= \frac{1}{1}\cdot\frac{5}{2} = \mathbf{\frac{5}{2}}$$

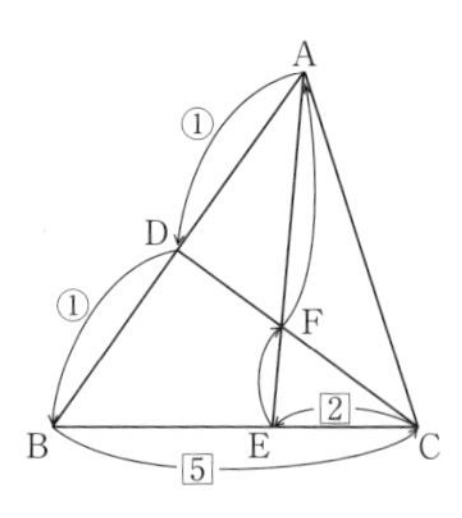

△CDB と直線 EF にメネラウスの定理を用いると

$$\frac{CF}{FD}\cdot\frac{DA}{AB}\cdot\frac{BE}{EC} = 1$$

$$\therefore\quad \frac{CF}{FD} = \frac{AB}{DA}\cdot\frac{EC}{BE}$$

$$= \frac{2}{1}\cdot\frac{2}{3} = \mathbf{\frac{4}{3}}$$

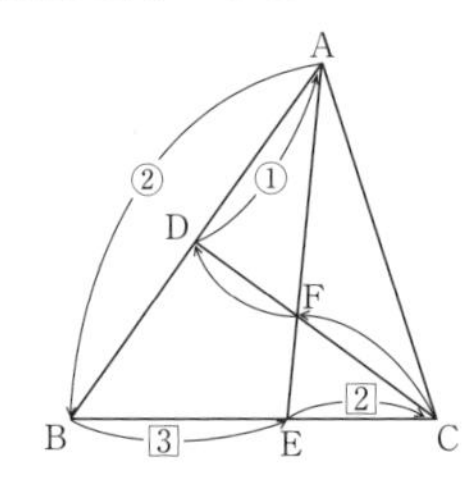

類題 105

$\dfrac{\boxed{ア}}{\boxed{イ}}$ $\dfrac{1}{4}$　$\dfrac{\boxed{ウ}}{\boxed{エ}}$ $\dfrac{1}{7}$

チェバの定理より

$$\frac{AP}{PB}\cdot\frac{BD}{DC}\cdot\frac{CE}{EA}=1$$

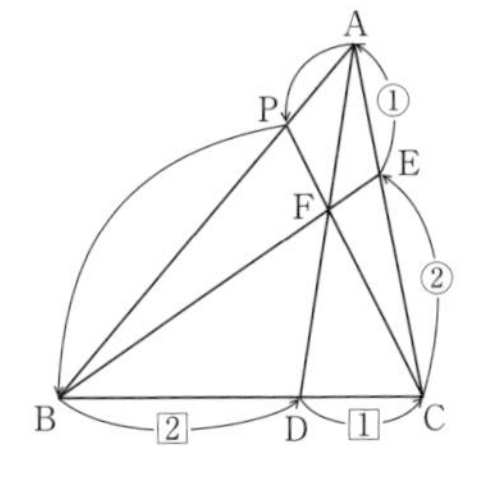

$$\therefore\quad \frac{AP}{PB}=\frac{DC}{BD}\cdot\frac{EA}{CE}$$

$$=\frac{1}{2}\cdot\frac{1}{2}=\mathbf{\frac{1}{4}}$$

$$\frac{\triangle ABF}{\triangle ACF}=\frac{BD}{CD}=\frac{2}{1},\quad \frac{\triangle ABF}{\triangle BCF}=\frac{AE}{CE}=\frac{1}{2}=\frac{2}{4}$$

よって

$$\frac{\triangle AFC}{\triangle ABC}=\frac{1}{1+2+4}=\mathbf{\frac{1}{7}}$$

(注)　△BCE と直線 DF にメネラウスの定理を用いると

$\dfrac{BD}{DC}\cdot\dfrac{CA}{AE}\cdot\dfrac{EF}{FB}=1$ から

$$\frac{EF}{FB}=\frac{1}{6}\qquad\therefore\quad\frac{\triangle AFC}{\triangle ABC}=\frac{1}{7}$$

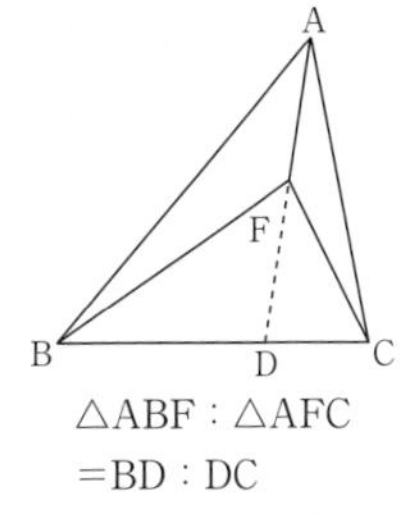

△ABF : △AFC
＝BD : DC

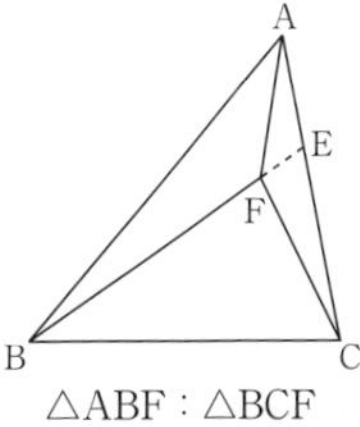

△ABF : △BCF
＝AE : EC

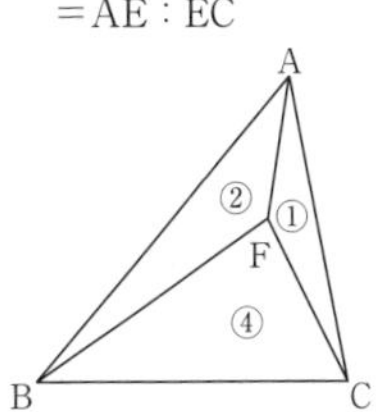

類題 106

$\boxed{アイ}^\circ$　34°　$\boxed{ウエ}^\circ$　95°　$\boxed{オカキ}^\circ$　112°　$\boxed{ク}:\boxed{ケ}$　6 : 7

$\overset{\frown}{AE}:\overset{\frown}{AB}:\overset{\frown}{BC}=1:3:2$ より

$$\angle ADE:\angle ADB:\angle BDC=1:3:2$$

⬅ 円周角の大きさと弧の長さは比例する。

$\angle CDE=102^\circ$ より

$$\angle ADE=\frac{1}{6}\angle CDE=17^\circ$$

$$\angle ADB=\frac{3}{6}\angle CDE=51^\circ$$

$$\angle BDC=\frac{2}{6}\angle CDE=34^\circ$$

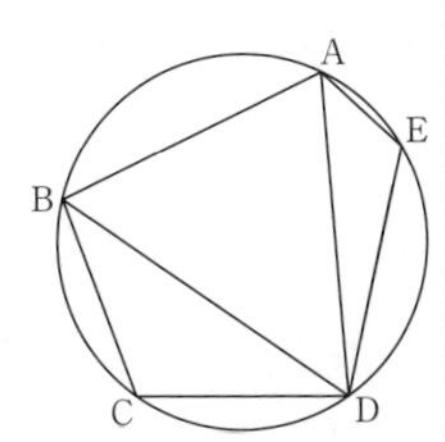

$\overset{\frown}{BC}$ の円周角を考えて

$$\angle BAC=\angle BDC=\mathbf{34^\circ}$$

四角形 ABCD に注目して

$\angle ABC = 180^\circ - \angle ADC = 180^\circ - (51^\circ + 34^\circ)$

$= \mathbf{95^\circ}$

四角形 ABDE に注目して

$\angle BAE = 180^\circ - \angle BDE = 180^\circ - (17^\circ + 51^\circ)$

$= \mathbf{112^\circ}$

$\angle BCD = 110^\circ$ とすると，$\triangle BCD$ に注目して

$\angle CBD = 180^\circ - (\angle BCD + \angle BDC)$

$= 180^\circ - (110^\circ + 34^\circ) = 36^\circ$

四角形 ABCD に注目して

$\angle BAD = 180^\circ - \angle BCD = 70^\circ$

$\angle DAE = 112^\circ - 70^\circ = 42^\circ$

よって

$\overset{\frown}{CD} : \overset{\frown}{DE} = \angle CBD : \angle DAE$

$= 36^\circ : 42^\circ = \mathbf{6 : 7}$

⬅ $\angle CAD = \angle CBD = 36^\circ$ から $\angle DAE = 112^\circ - (34^\circ + 36^\circ) = 42^\circ$ でもよい。

類題 107

ア ①　イ ⓪　ウ ④　エ ②

$\angle ARH = \angle AQH = 90^\circ$ より

四角形 ARHQ は円に内接する。

よって

$\angle BHR = \angle BAC = 60^\circ$ （①）

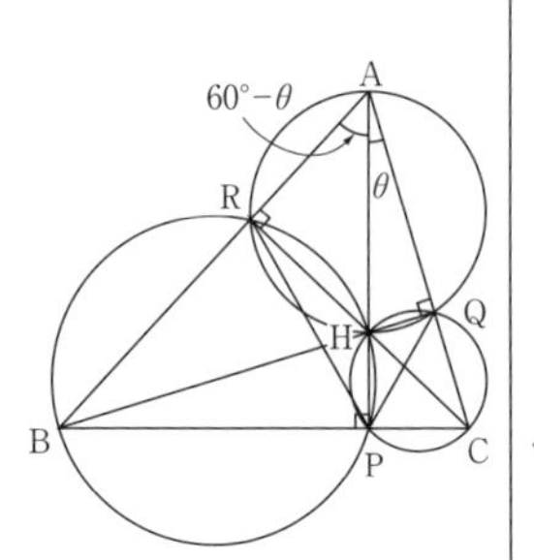

$\angle CPH = \angle CQH = 90^\circ$ より

四角形 CQHP は円に内接する。

よって

$\angle HPQ = \angle HCQ$

⬅ $\overset{\frown}{HQ}$ の円周角。

$\triangle ARC$ に注目して　$\angle RAC = 60^\circ$

$\angle ARC = 90^\circ$ より　$\angle ACR = 30^\circ$

よって

$\angle HPQ = 30^\circ$ （⓪）

また　$\angle HQP = \angle HCP$

⬅ $\overset{\frown}{HP}$ の円周角。

$= \angle ACP - \angle HCQ$

$= (90^\circ - \theta) - 30^\circ$

$= 60^\circ - \theta$ （④）

⬅ 四角形 ARPC も円に内接するから $\angle HCP = \angle RCP = \angle RAP = 60^\circ - \theta$

$\angle BPH = \angle BRH = 90^\circ$ より，四角形 BPHR は円に内接する。

よって

$$\angle HRP = \angle HBP$$
$$= \angle CAP = \theta \ (②)$$

類題 108

ア 6　イ 4　ウ 2　エr $2r$　オ－カr $8-2r$

$\frac{キ}{ク}$ $\frac{3}{2}$

(1) 内接円の中心をO，内接円と辺AB，ACの接点をそれぞれQ，R，半径をrとすると

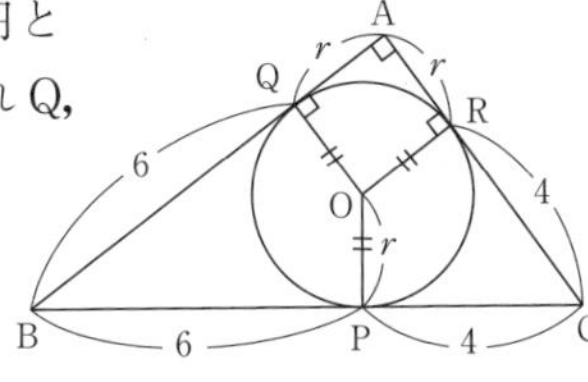

$AQ=AR=r$
$BP=BQ=6$
$CP=CR=4$

であるから

$AB=r+\mathbf{6}$，$AC=r+\mathbf{4}$

三平方の定理より

$(6+r)^2+(4+r)^2=10^2$
$r^2+10r-24=0$
$(r+12)(r-2)=0$

$r>0$ より　$r=\mathbf{2}$

⬅ 四角形AQORは正方形。

⬅ $AQ=AR$，$BP=BQ$，$CP=CR$

(2) 内接円の中心をO，内接円と辺AB，BC，CD，DAの接点をP，Q，R，S，半径をrとすると

$CD=SQ=\mathbf{2r}$
$SD=QC=OR=r$ より
$AP=AS=2-r$，$BP=BQ=6-r$
$\therefore$　$AB=(2-r)+(6-r)=\mathbf{8-2r}$

Aから辺BCに垂線AHを引くと

$BH=6-2=4$，$AH=2r$

△ABHに三平方の定理を用いて

$4^2+(2r)^2=(8-2r)^2$
$16+4r^2=64-32r+4r^2$

$\therefore$　$r=\mathbf{\dfrac{3}{2}}$

⬅ 四角形SORD，OQCRは正方形。

⬅ $AP=AS$，$BP=BQ$，$CQ=CR$，$DR=DS$

⬅ 四角形ABCDは円に外接するから
$AB+CD=AD+BC$
$AB=2+6-2r$
$=8-2r$

類題 109

ア イ ° 　$24°$　　$\dfrac{\text{ウ}\sqrt{\text{エオ}}}{\text{カ}}$　$\dfrac{7\sqrt{15}}{8}$

(1)　△ACD において

$\angle\text{CAD}=24°$，$\angle\text{ADC}=90°$

より　$\angle\text{ACD}=66°$

$\angle\text{ABC}=\angle\text{ACD}$ であり，AB は直径であるから　$\angle\text{ACB}=90°$

よって

$\angle\text{BAC}=90°-66°=\mathbf{24°}$

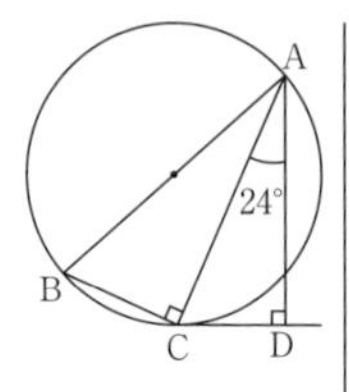

⬅ 接線と弦の作る角。

(2)　△ABC に三平方の定理を用いて

$\text{BC}=\sqrt{8^2-7^2}=\sqrt{15}$

△ABC ∽ △ACD より

$\text{AB}:\text{BC}=\text{AC}:\text{CD}$

$8:\sqrt{15}=7:\text{CD}$

$8\text{CD}=7\sqrt{15}$

$\text{CD}=\boldsymbol{\dfrac{7\sqrt{15}}{8}}$

類題 110

ア $\pm\sqrt{\text{イ}}$　$3\pm\sqrt{3}$　　ウエ $+\sqrt{\text{オカ}}$　$-2+\sqrt{14}$

(1)　BE$=x$ とおくと，方べきの定理より

$2\cdot3=x(6-x)$

$x^2-6x+6=0$

$\therefore\quad x=\mathbf{3\pm\sqrt{3}}$

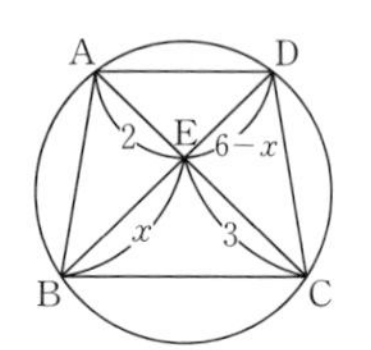

⬅ EA·EC＝EB·ED

(2)　CE$=x$ とおくと，方べきの定理より

$x(x+4)=2\cdot5$

$x^2+4x-10=0$

$x>0$ より

$x=\mathbf{-2+\sqrt{14}}$

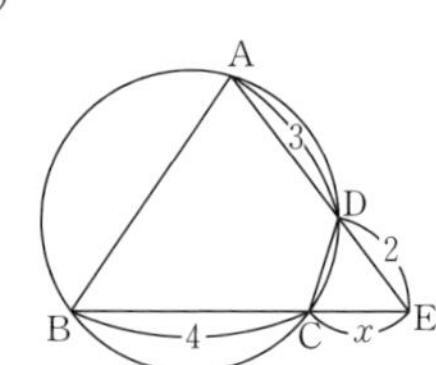

類題 111

ア　2　　イ　2　　$\dfrac{\boxed{ウ}\sqrt{\boxed{エ}}}{\boxed{オ}}$　$\dfrac{6\sqrt{5}}{5}$

方べきの定理より　$BC^2=4\cdot1=4$　$\therefore$　$BC=\mathbf{2}$

← $BC^2=AB\cdot BD$

また　$AC:CD=BC:BD=\mathbf{2}:1$

さらに AD が直径のとき，$\angle ACD=90^\circ$ より
$CD=x$ とおくと

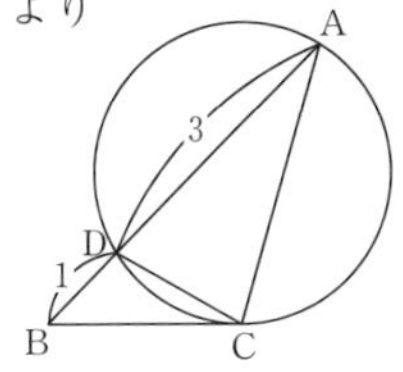

$$x^2+(2x)^2=9 \qquad \therefore \quad x=\frac{3}{\sqrt{5}}$$

← $AC=2x$

$$\therefore \quad AC=2\cdot\frac{3}{\sqrt{5}}=\frac{\mathbf{6\sqrt{5}}}{\mathbf{5}}$$

類題 112

FH // BD より AB と FH のなす角は，AB と BD のなす角に等しい。

AD=1，$AB=\sqrt{3}$，$\angle BAD=90^\circ$ より

$\angle ABD=\mathbf{30^\circ}$

←

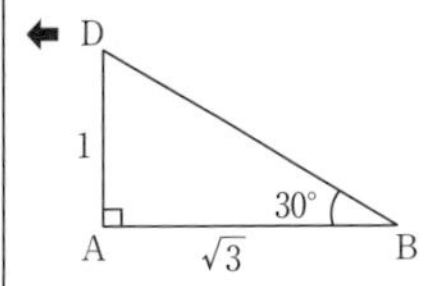

AC と FH のなす角は，AC と BD のなす角に等しく，AC と BD の交点を I とすると，
$\angle IAD=\angle IDA=60^\circ$ より，$\triangle IDA$ は正三角形。

よって　$\angle AID=\mathbf{60^\circ}$

←

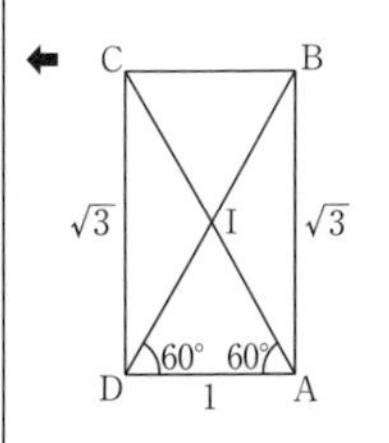

また，2 平面 AEHD と AEGC の交線は AE，$AE\perp AC$，$AE\perp AD$ より，2 平面 AEHD と AEGC のなす角は 2 直線 AD と AC のなす角に等しい。

よって　$\angle CAD=\mathbf{60^\circ}$

2 平面 ACF と BFGC の交線は CF，CF と BG の交点を J とすると，
$BJ\perp CF$，$AJ\perp CF$ より，2 平面 ACF と BFGC のなす角は 2 直線 AJ と BJ のなす角に等しい。

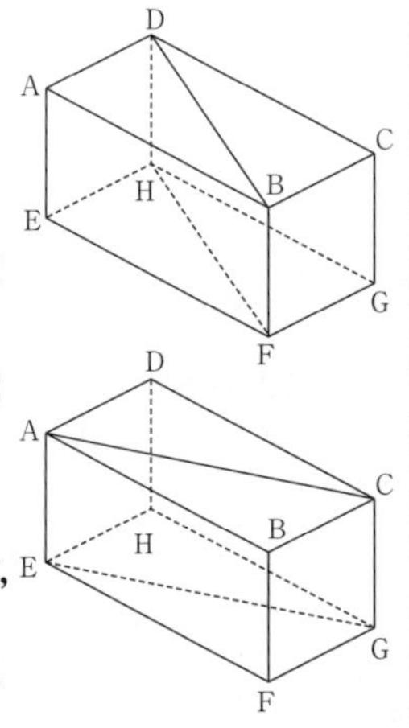

類題の答

よって　$\tan\theta=\tan\angle\mathrm{AJB}$

$$=\frac{\mathrm{AB}}{\mathrm{BJ}}=\frac{\sqrt{3}}{\frac{\sqrt{2}}{2}}=\sqrt{6}$$

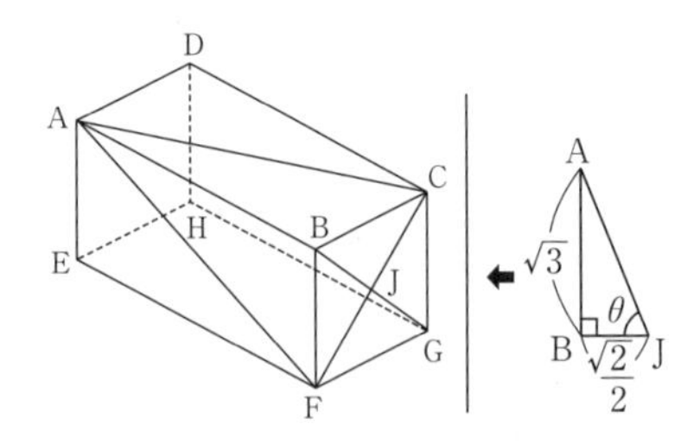

類題 113

正八面体の各面の重心を結ぶ立体は右図のようになり，正六面体(⓪)であり，頂点の数は **8**，辺の数は **12**，面の数は **6** である。

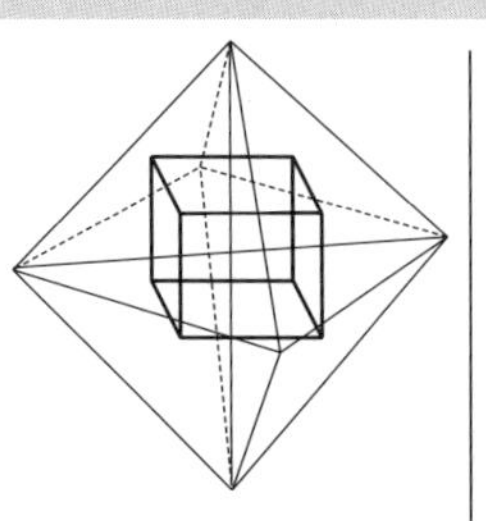

類題 114

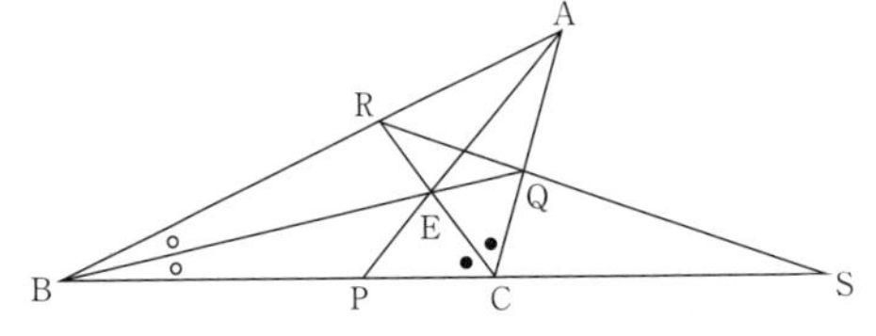

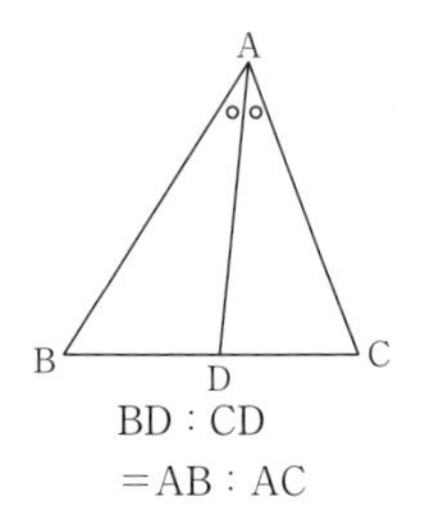

BD : CD
=AB : AC

(1)　CR は∠ACB の二等分線であるから

$$\frac{\mathrm{AR}}{\mathrm{BR}}=\frac{\mathrm{CA}}{\mathrm{BC}}=\frac{b}{a}\quad(⓪)\qquad\cdots\cdots①$$

BQ は∠ABC の二等分線であるから

$$\frac{\mathrm{AQ}}{\mathrm{CQ}}=\frac{\mathrm{AB}}{\mathrm{BC}}=\frac{c}{a}\quad(④)\qquad\cdots\cdots②$$

①，②とメネラウスの定理より

$$\frac{\mathrm{AR}}{\mathrm{RB}}\cdot\frac{\mathrm{BS}}{\mathrm{SC}}\cdot\frac{\mathrm{CQ}}{\mathrm{QA}}=1,\quad \frac{b}{a}\cdot\frac{\mathrm{BS}}{\mathrm{SC}}\cdot\frac{a}{c}=1$$

$$\therefore\quad \frac{\mathrm{BS}}{\mathrm{CS}}=\frac{c}{b}\quad (③)\qquad\cdots\cdots③$$

←△ABCと直線RSに用いる。

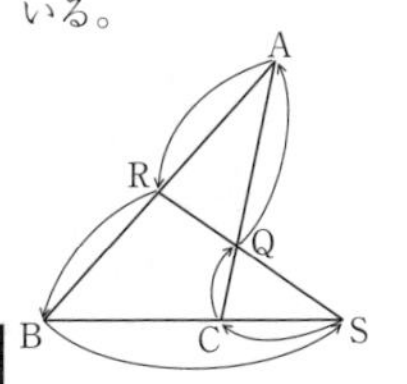

①，③とメネラウスの定理より

$$\frac{\mathrm{SQ}}{\mathrm{QR}}\cdot\frac{\mathrm{RA}}{\mathrm{AB}}\cdot\frac{\mathrm{BC}}{\mathrm{CS}}=1,\quad \frac{\mathrm{SQ}}{\mathrm{QR}}\cdot\frac{b}{a+b}\cdot\frac{c-b}{b}=1$$

$$\therefore\quad \frac{\mathrm{SQ}}{\mathrm{RQ}}=\frac{a+b}{c-b}\quad (⑨)$$

←△BSRと直線ACに用いる。

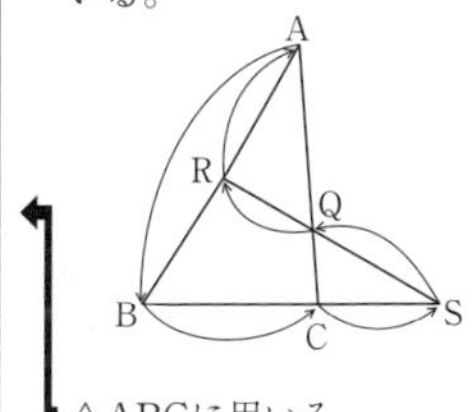

また，①，②とチェバの定理より

$$\frac{\mathrm{AR}}{\mathrm{RB}}\cdot\frac{\mathrm{BP}}{\mathrm{PC}}\cdot\frac{\mathrm{CQ}}{\mathrm{QA}}=1,\quad \frac{b}{a}\cdot\frac{\mathrm{BP}}{\mathrm{PC}}\cdot\frac{a}{c}=1$$

$$\therefore\quad \frac{\mathrm{BP}}{\mathrm{PC}}=\frac{c}{b}\quad (③)$$

←△ABCに用いる。

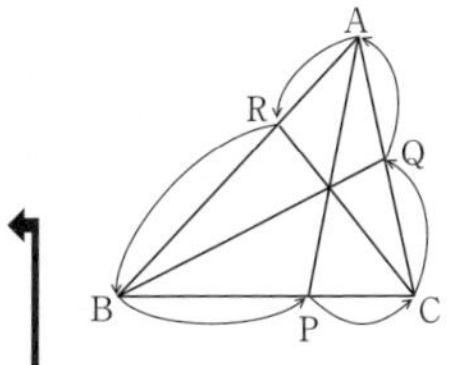

(注)　Eは△ABCの内心であるから

$\angle\mathrm{BAP}=\angle\mathrm{CAP}$

よって

$$\frac{\mathrm{BP}}{\mathrm{CP}}=\frac{\mathrm{AB}}{\mathrm{AC}}=\frac{c}{b}$$

←角の二等分線の交点は内心。

(2)　(1)より

$$\frac{\mathrm{BP}}{\mathrm{CP}}=\frac{c}{b}=\frac{7}{5}$$

よって

$$\mathrm{BP}=\frac{7}{7+5}\cdot 10=\mathbf{\frac{35}{6}},\quad \mathrm{CP}=\frac{5}{7+5}\cdot 10=\frac{25}{6}$$

また，(1)より $\dfrac{\mathrm{BS}}{\mathrm{CS}}=\dfrac{c}{b}=\dfrac{7}{5}$ であるから

$$\mathrm{CS}=\frac{5}{7-5}\cdot 10=25$$

したがって

$$\mathrm{PS}=\mathrm{PC}+\mathrm{CS}=\frac{25}{6}+25=\mathbf{\frac{175}{6}}$$

類題 115

$\dfrac{\boxed{ア}}{\boxed{イ}}$ $\dfrac{⑤}{⑦}$　$\dfrac{\boxed{ウ}}{\boxed{エ}}$ $\dfrac{③}{⑦}$　$\dfrac{\boxed{オ}}{\boxed{カ}}$ $\dfrac{⓪}{⑨}$

AE は∠A の二等分線であるから

$$BE:EC=AB:AC=c:b$$

$$BE=\frac{c}{b+c}BC=\frac{ac}{b+c}\quad\left(\frac{⑤}{⑦}\right)$$

$$EC=\frac{b}{b+c}BC=\frac{ab}{b+c}\quad\left(\frac{③}{⑦}\right)$$

また，方べきの定理より

$$BG\cdot BA=BD\cdot BE$$

$$BG=\frac{BD\cdot BE}{BA}=\frac{\frac{a}{2}\cdot\frac{ac}{b+c}}{c}=\frac{a^2}{2(b+c)}\quad\left(\frac{⓪}{⑨}\right)$$

← D は BC の中点。

同様にして

$$CF\cdot CA=CE\cdot CD$$

$$CF=\frac{CE\cdot CD}{CA}=\frac{\frac{ab}{b+c}\cdot\frac{a}{2}}{b}=\frac{a^2}{2(b+c)}$$

類題 116

$\boxed{ア}\sqrt{\boxed{イ}}$ $4\sqrt{2}$　$\boxed{ウ}\sqrt{\boxed{エ}}$ $3\sqrt{2}$　$\boxed{オ}$ 6　$\boxed{カ}\sqrt{\boxed{キ}}$ $3\sqrt{6}$

∠ADB＝90° であるから，△ABD で三平方の定理を用いると

← AD⊥BC

$$AD=\sqrt{6^2-2^2}=\mathbf{4\sqrt{2}}$$

BI は∠ABC の二等分線であるから

$$AI:ID=AB:BD=3:1$$

$$\therefore\quad AI=\frac{3}{4}AD=\mathbf{3\sqrt{2}}$$

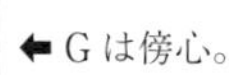

← G は傍心。

また，∠GAD＝90° であるから

$$AG /\!/ BC$$

← ∠BAD＝∠CAD
∠CAG＝∠EAG
から∠GAD＝90°

よって，∠AGI＝∠CBI＝∠ABI となり

$$AG=AB=\mathbf{6}$$

△IAG で三平方の定理を用いると

$$IG=\sqrt{(3\sqrt{2})^2+6^2}=\mathbf{3\sqrt{6}}$$

類題 117

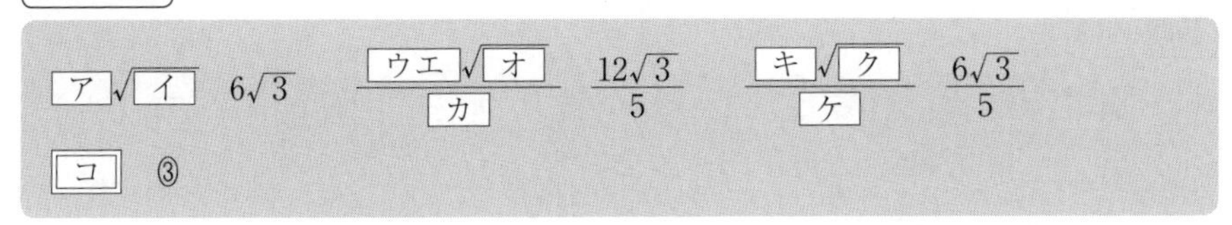

$$\triangle ABC=\frac{1}{2}\cdot 6\cdot 4\cdot \sin 60^\circ=\mathbf{6\sqrt{3}}$$

AD$=x$ とすると

$$\triangle ABD+\triangle ADC=\triangle ABC$$

より

← §4 ■48 面積の利用参照。

$$\frac{1}{2}\cdot 6\cdot x\cdot \sin 30^\circ+\frac{1}{2}\cdot 4\cdot x\cdot \sin 30^\circ=6\sqrt{3}$$

$$\frac{5}{2}x=6\sqrt{3}$$

$$\therefore\quad x=\mathbf{\frac{12\sqrt{3}}{5}}$$

円 D と辺 AB との接点を E とすると，△AED において，

AD$=\frac{12}{5}\sqrt{3}$，∠DAE$=30^\circ$，∠AED$=90^\circ$ より

$$DE=\frac{1}{2}AD=\frac{6\sqrt{3}}{5}$$

← DE＝AD sin 30°

よって，円 D の半径は　$\mathbf{\frac{6\sqrt{3}}{5}}$

円 P と辺 AB との接点を F とすると，△AFP において，

PF$=\frac{\sqrt{3}}{3}$，∠PAF$=30^\circ$，∠AFP$=90^\circ$ より

$$AP=2PF=\frac{2\sqrt{3}}{3}$$

よって

$$DP=AD-AP=\frac{26\sqrt{3}}{15}$$

円 D と円 P の半径の和と DP の大小関係は

$$\frac{6}{5}\sqrt{3}+\frac{\sqrt{3}}{3}=\frac{23\sqrt{3}}{15}<\frac{26\sqrt{3}}{15}$$

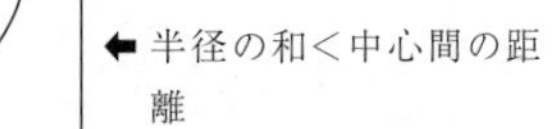
← 半径の和<中心間の距離

であるから，円 D と円 P は共有点を持たない（③）。

類題 118

ア$\sqrt{\text{イ}}$　$4\sqrt{6}$	ウ$\sqrt{\text{エ}}$　$2\sqrt{6}$	オ$\sqrt{\text{カキ}}$　$2\sqrt{15}$	ク　6	ケ$\sqrt{\text{コサ}}$　$3\sqrt{15}$

(1)　AB$=10$ より

$$DE=\sqrt{10^2-(6-4)^2}=\mathbf{4\sqrt{6}}$$

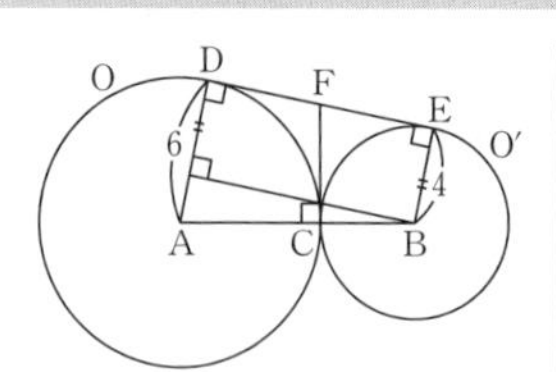

⬅ 三平方の定理。

CF$=$DF，CF$=$EF より

$$DF=\frac{1}{2}DE=\mathbf{2\sqrt{6}}$$

また，△ACF で

$$AF=\sqrt{6^2+(2\sqrt{6})^2}=\mathbf{2\sqrt{15}}$$

⬅

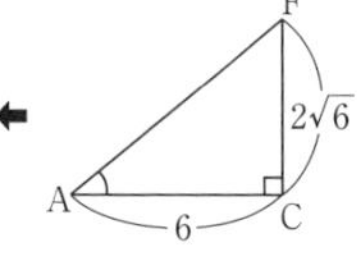

(2)　△ACD ∽△BCF より

$$6:9=4:CF$$

$$\therefore\quad CF=\mathbf{6}$$

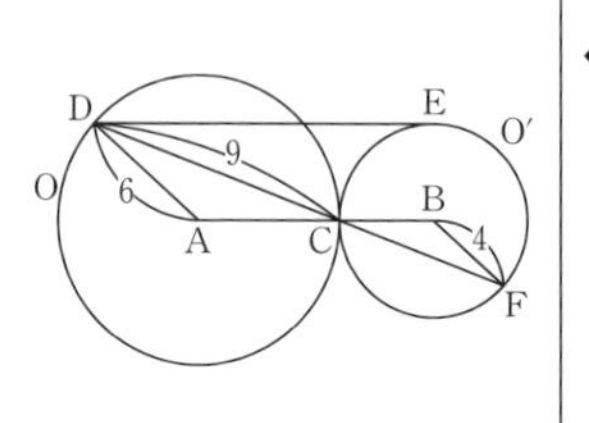

方べきの定理より

$$DE^2=DC\cdot DF=9\cdot 15=135$$

$$\therefore\quad DE=\mathbf{3\sqrt{15}}$$

類題 119

アイ°　60°	ウエ°　45°	$\dfrac{\text{オ}}{\text{カ}}$　$\dfrac{1}{3}$	$\dfrac{\text{キ}\sqrt{\text{ク}}}{\text{ケ}}$　$\dfrac{2\sqrt{3}}{3}$

DE∥CF より，2 直線 AC，DE のなす角は 2 直線 AC，CF のなす角に等しい。△ACF は正三角形であるから

$$\angle ACF=\mathbf{60°}$$

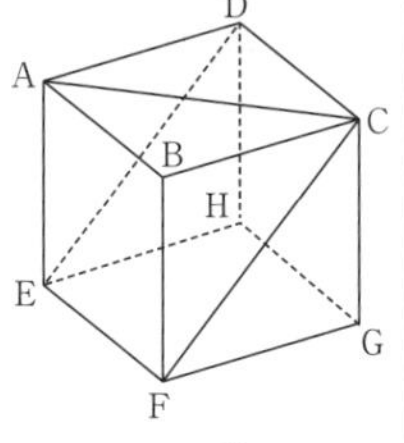

⬅ ねじれの位置にある 2 直線のなす角は，一方に平行な直線を見つけて，交わる 2 直線で考える。

平面 ABC(ABCD)，DFC(DEFC) のなす角は ∠BCF に等しく　**45°**

⬅ 平面 ABCD と DEFC の交線は CD
BC⊥CD
CF⊥CD
} より
∠BCF が 2 平面のなす角。

立方体の 1 辺の長さが 1 であるから，四面体 BDEG は 1 辺の長さが $\sqrt{2}$ の正三角形 4 面からなる正四面体である。その体積は，立方体から 4 つの三角錐を除くことで求めると

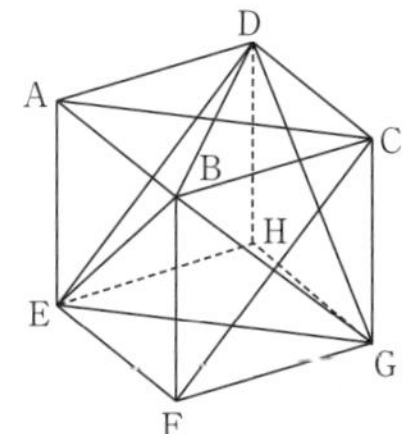

$$1^3-4\cdot\frac{1}{3}\left(\frac{1}{2}\cdot 1^2\right)\cdot 1=\mathbf{\frac{1}{3}}$$

△EDG の面積は

$$\frac{1}{2}\cdot(\sqrt{2})^2\cdot\sin 60^\circ=\frac{\sqrt{3}}{2}$$

より，B から平面 EDG に下ろした垂線の長さを h とすると，四面体 BDEG の体積を考えて

$$\frac{1}{3}\cdot h\cdot\frac{\sqrt{3}}{2}=\frac{1}{3} \qquad \therefore \quad h=\frac{2}{\sqrt{3}}=\boldsymbol{\frac{2\sqrt{3}}{3}}$$

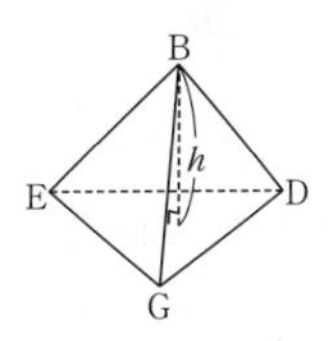

総合演習問題の答

■ 1

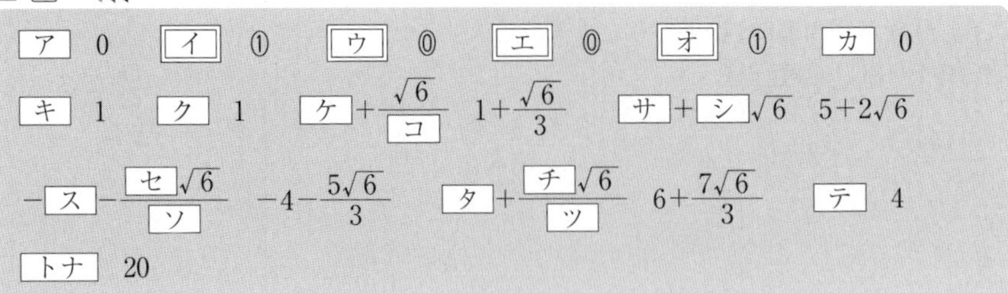

$|ax-1| \geqq 0$ であるから，①を満たす実数 x が存在するための b の条件は

$$b>\mathbf{0}$$

①より

$$-b<ax-1<b$$

$$1-b<ax<1+b$$

$a>0$ のとき

$$\frac{1}{a}-\frac{b}{a}<x<\frac{1}{a}+\frac{b}{a}\quad (①,\ ⓪)\qquad\cdots\cdots②$$

⬅ 正の数で割っても不等号の向きは変わらない。

$a<0$ のとき

$$\frac{1}{a}+\frac{b}{a}<x<\frac{1}{a}-\frac{b}{a}\quad (⓪,\ ①)$$

⬅ 負の数で割ると不等号の向きが変わる。

(1)　$a>2$ のとき $0<\dfrac{1}{a}<\dfrac{1}{2}$ であるから，$\dfrac{1}{a}-\dfrac{b}{a}<x<\dfrac{1}{a}+\dfrac{b}{a}$ に含まれる整数がちょうど1個であるとき，それは **0** であり，0 が含まれ，1 が含まれないことから

⬅

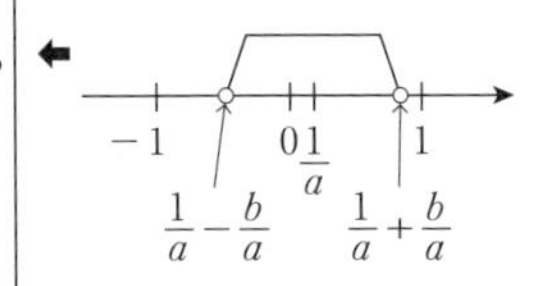

$$\frac{1}{a}-\frac{b}{a}<0,\ \frac{1}{a}+\frac{b}{a}\leqq 1$$

より

$$1-b<0,\ 1+b\leqq a$$

よって，a，b の条件は

$$b>\mathbf{1}\quad かつ\quad a-b\geqq \mathbf{1}$$

(2)

$$\frac{1}{a}=\frac{1}{3-\sqrt{6}}=\frac{3+\sqrt{6}}{3}=\mathbf{1}+\frac{\sqrt{\mathbf{6}}}{\mathbf{3}}$$

$$\frac{b}{a}=\frac{3+\sqrt{6}}{3-\sqrt{6}}=\frac{(3+\sqrt{6})^2}{3}=\frac{15+6\sqrt{6}}{3}=\mathbf{5}+\mathbf{2}\sqrt{\mathbf{6}}$$

$a=3-\sqrt{6}>0$ であるから，②より

$$\frac{1}{a}-\frac{b}{a}<x<\frac{1}{a}+\frac{b}{a}$$

$$\therefore\quad \mathbf{-4}-\frac{\mathbf{5\sqrt{6}}}{\mathbf{3}}<x<\mathbf{6}+\frac{\mathbf{7\sqrt{6}}}{\mathbf{3}} \quad \cdots\cdots③$$

また，$\dfrac{5\sqrt{6}}{3}=\sqrt{\dfrac{50}{3}}$，$\dfrac{7\sqrt{6}}{3}=\sqrt{\dfrac{98}{3}}$ から

← $\dfrac{50}{3}=16.6\cdots$

$\dfrac{98}{3}=32.6\cdots$

$$4<\frac{5\sqrt{6}}{3}<5,\ 5<\frac{7\sqrt{6}}{3}<6\quad (m=\mathbf{4})$$

$$\therefore\quad -9<-4-\frac{5\sqrt{6}}{3}<-8,\ 11<6+\frac{7\sqrt{6}}{3}<12$$

よって，③を満たす整数 x の個数は　**20**

← $-8\leqq x\leqq 11$

■ 2

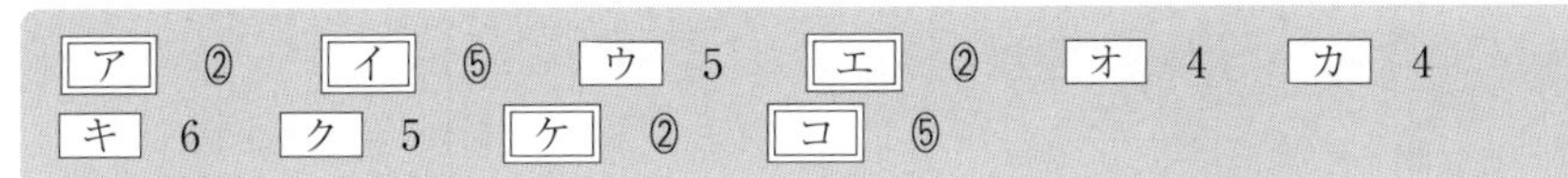

ア ②　イ ⑤　ウ 5　エ ②　オ 4　カ 4
キ 6　ク 5　ケ ②　コ ⑤

(1)「$p \Longrightarrow q$」の逆は「$q \Longrightarrow p$」であるから，
逆は　②

「$p \Longrightarrow q$」の対偶は「$\overline{q} \Longrightarrow \overline{p}$」であるから，
対偶は　⑤

← $\overline{p}$, $\overline{q}$ は p, q の否定。「かつ」の否定は「または」。

(2)　$n^2-n-12\leqq 0 \iff (n+3)(n-4)\leqq 0$
$\iff -3\leqq n\leqq 4$

← p を満たす整数 n は -3, -2, -1, 0, 1, 2, 3, 4

n は整数であるから

$$-3\leqq n\leqq 4 \iff -4<n<5$$

よって，$c=\mathbf{5}$ のとき，p と q は同値。

$c>5$ のとき「$p \Longrightarrow q$」は真であり，「$q \Longrightarrow p$」は $n=5$ が反例であり，偽である。したがって，p は q であるための十分条件であるが，必要条件ではない。（**②**）

(3)「$p \Longrightarrow q$」の反例となる整数 n が一つだけになるのは $c=\mathbf{4}$ であり，反例は $n=\mathbf{4}$

← p を満たすが q は満たさない。

「$q \Longrightarrow p$」の反例となる整数 n が一つだけになるのは $c=\mathbf{6}$ であり，反例は $n=\mathbf{5}$

(4)　$A=\{-3,\ -2,\ -1,\ 0,\ 1,\ 2,\ 3,\ 4\}$

$B=\{-3,\ -2,\ -1,\ 0,\ 1,\ 2,\ 3,\ 4,\ 5,\ 6,\ 7,\ 8,\ 9\}$

であり　$A\subset B$

したがって，空集合となるのは

$A\cap\overline{B}$　（②）

全体集合となるのは

$\overline{A}\cup B$　（⑤）

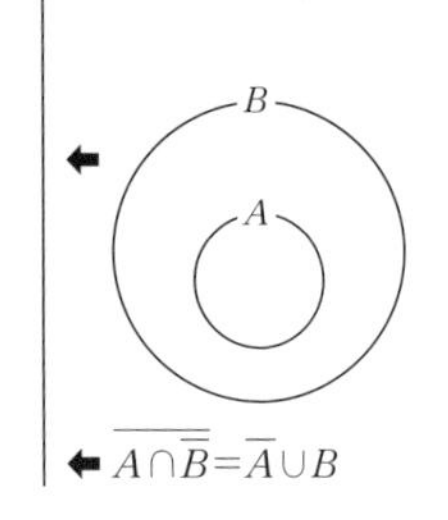

$\overline{A\cap\overline{B}}=\overline{A}\cup B$

■ 3

ア　①　イ　⑤　ウ，エ　②，④（順不同）　オ　⑧
カ　②　キ　①

(1)　$y=\left(x+\frac{a}{2}\right)^2+b-\frac{a^2}{4}$

頂点の座標は　$\left(-\frac{a}{2},\ b-\frac{a^2}{4}\right)$

また，y 軸との交点は　$(0,\ b)$

頂点が第1象限にあるとき

$-\frac{a}{2}>0$　かつ　$b-\frac{a^2}{4}>0$

より

$a<0,\ b>\frac{a^2}{4}$

よって　$a<0,\ b>0$　（①）

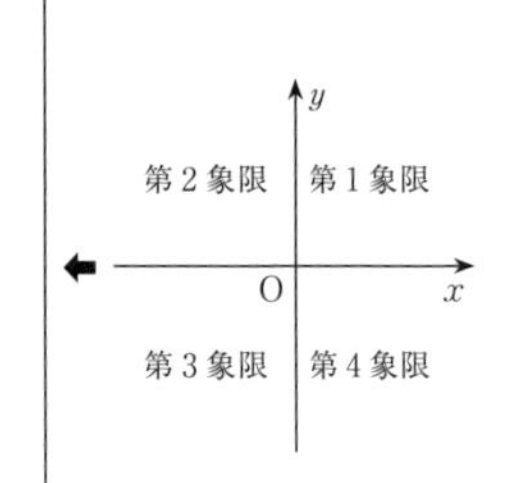

頂点が第4象限にあるとき

$-\frac{a}{2}>0$　かつ　$b-\frac{a^2}{4}<0$

より

$a<0$　かつ　$b<\frac{a^2}{4}$

y 軸との交点の y 座標は正，0，負いずれの場合もあるから

⑤

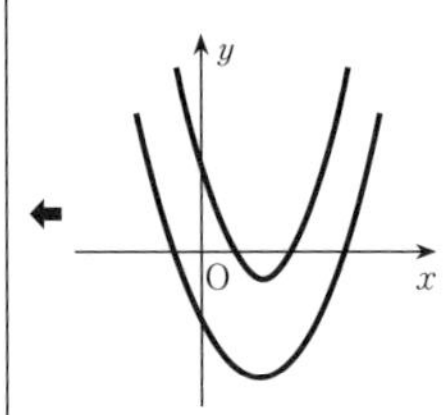

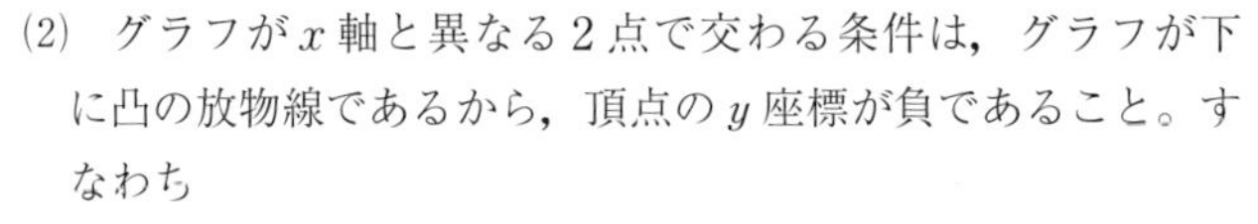

(2)　グラフが x 軸と異なる2点で交わる条件は，グラフが下に凸の放物線であるから，頂点の y 座標が負であること。すなわち

$$b-\frac{a^2}{4}<0 \qquad \therefore \quad a^2>4b$$

これを満たすのは

$a=3,\ b=2$ と $a=-2,\ b=-1$ （②，④）

(3) （i） 頂点の位置に注目して

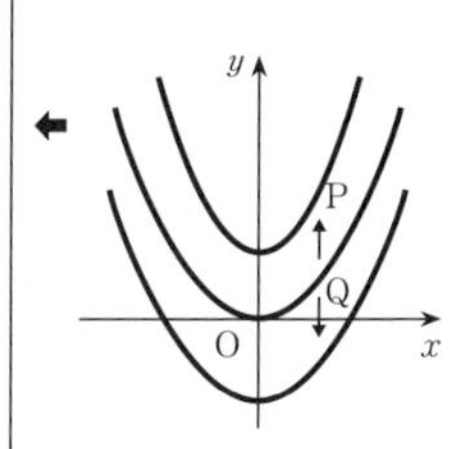

$$-\frac{a}{2}\geqq 0 \quad かつ \quad b-\frac{a^2}{4}<0$$

よって

$$a\leqq 0 \quad かつ \quad b<\frac{a^2}{4}$$

であるから，操作 Q または操作 S。（⑧）

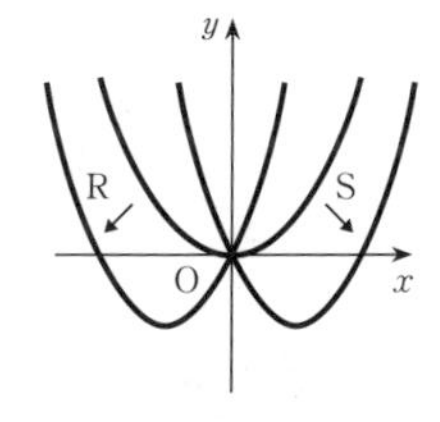

（ii） x 軸との交点が $x<0$，$x>0$ の各々に 1 点ずつであるから，操作 Q。（②）

（iii） 頂点が $y>0$ の部分にあるときであるから，操作 P。（①）

■ 4

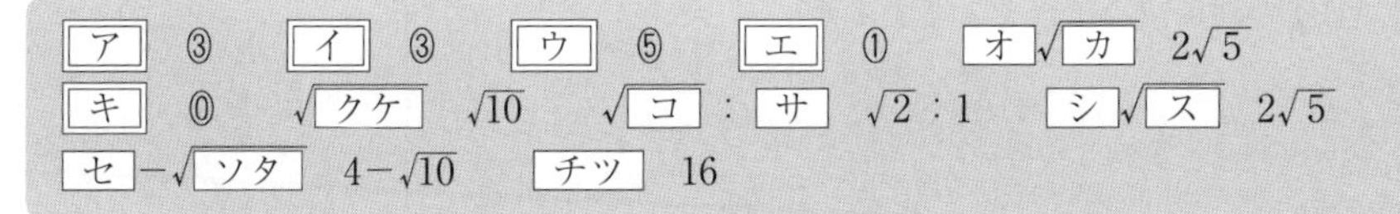

ア ③　イ ③　ウ ⑤　エ ①　オ√カ $2\sqrt{5}$

キ ⓪　√クケ $\sqrt{10}$　√コ：サ $\sqrt{2}:1$　シ√ス $2\sqrt{5}$

セ−√ソタ $4-\sqrt{10}$　チツ 16

(1) $\sin 45^\circ=\dfrac{\sqrt{2}}{2}$（③），$\cos 45^\circ=\dfrac{\sqrt{2}}{2}$（③），

$\tan 45^\circ=1$（⑤）

(2)(3) 余弦定理（①）より

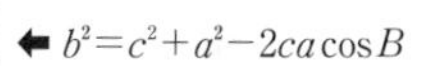

$$AC^2=6^2+(4\sqrt{2})^2-2\cdot 6\cdot 4\sqrt{2}\cos 45^\circ$$
$$=20 \qquad \therefore \quad AC=\mathbf{2\sqrt{5}}$$

外接円の半径を R とすると，正弦定理（⓪）より

$$R=\frac{2\sqrt{5}}{2\sin 45^\circ}=\mathbf{\sqrt{10}}$$

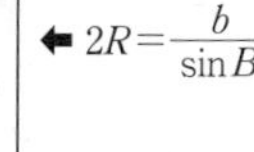

(4) $\triangle ABD=\dfrac{1}{2}\cdot AB\cdot AD\cdot \sin\angle BAD$

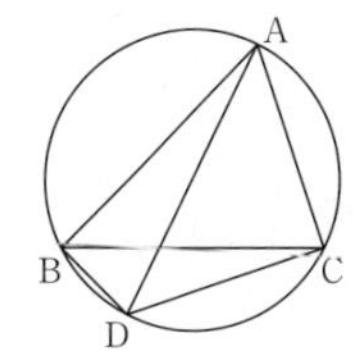

$\triangle CBD=\dfrac{1}{2}\cdot BC\cdot CD\cdot \sin\angle BCD$

であり，$\angle BAD=\angle BCD$ から

$$\triangle ABD:\triangle CBD=AB\cdot AD:BC\cdot CD$$
$$=\quad 6AD:4\sqrt{2}CD$$

$\triangle ABD : \triangle CBD = 3 : 2$ より

$6AD : 4\sqrt{2}CD = 3 : 2$

$\therefore\ 12AD = 12\sqrt{2}CD$

$\therefore\ AD = \sqrt{2}CD$

よって

$AD : CD = \boldsymbol{\sqrt{2} : 1}$

(5) $\overset{\frown}{AC}$の円周角を考えて

$\angle ADC = \angle ABC = 45^\circ$

よって，$\triangle ADC$ は $\angle ACD = 90^\circ$ の直角二等辺三角形であり，

$CD = AC = \boldsymbol{2\sqrt{5}}$，$AD = \sqrt{2}CD = 2\sqrt{10}$

(6) $\angle ABD = 90^\circ$ であるから，三平方の定理より

← AD は直径になる。

$BD = \sqrt{(2\sqrt{10})^2 - 6^2} = 2$

$\triangle ABD = \dfrac{1}{2} \cdot 6 \cdot 2 = 6$

$\triangle ADC = \dfrac{1}{2} \cdot (2\sqrt{5})^2 = 10$

$\triangle ABD$ の内接円の半径を r とすると

$\triangle ABD = \dfrac{r}{2}(AB + BD + AD)$

$6 = \dfrac{r}{2}(6 + 2 + 2\sqrt{10})$

$r = \dfrac{6}{4 + \sqrt{10}} = \boldsymbol{4 - \sqrt{10}}$

四角形 ABDC の面積は

$\triangle ABD + \triangle ADC = 6 + 10 = \boldsymbol{16}$

■ 5

アイ	67	ウ，エ	①，④（順不同）	オ	②	カ	③
キ	②						

(1) 30 人の得点を小さいものから順に並べると，中央値は，15 番目の得点(66 点)と 16 番目の得点(68 点)の平均値であるから

$\dfrac{66 + 68}{2} = \boldsymbol{67}$

← 度数分布表から，60 点以上 70 点未満の階級の小さい方から 5 番目と 6 番目が，それぞれ，全体の 15 番目と 16 番目の得点になる。

(2) (i) 各組における最小値を m，第1四分位数を Q_1，中央値(第2四分位数)を Q_2，第3四分位数を Q_3，最大値を M とおく。

30人のテストの得点を小さいものから順に

x_1，x_2，x_3，……，x_{30}

とすると

← $x_1 \leqq x_2 \leqq x_3 \leqq \cdots\cdots \leqq x_{30}$

$$m=x_1,\ Q_1=x_8,\ Q_2=\frac{x_{15}+x_{16}}{2},\ Q_3=x_{23},\ M=x_{30}$$

・最大値 M が最も大きいのはB組であるから，⓪ は正しい。

・四分位範囲(Q_3-Q_1)が最も大きいのはC組であるから，① は誤っている。

・範囲($M-m$)が最も大きいのはA組であるから，② は正しい。

・第1四分位数と中央値の差(Q_2-Q_1)が最も小さいのはB組であるから，③ は正しい。

・A組において，$Q_1=60$ であるから $x_7 \leqq 60$ であり，60点未満の人数は7人以下である。また，$Q_3=80$ であるから $x_{22} \leqq 80 \leqq x_{24}$ であり，80点以上の人数は8人以上である。よって，④ は誤っている。

・A組において，$Q_2>70$ であるから $70<x_{16}$ であり，70点以下の人数は15人以下である。また，C組において，$Q_2=70$ であるから $x_{15} \leqq 70 \leqq x_{16}$ であり，70点以下の人数は15人以上である。よって，⑤ は正しい。

以上より，誤っているものは　①，④

(ii) 4つのヒストグラムから，累積度数分布表を作成すると，次のようになる。

階級(点)	⓪	①	②	③
30未満	0	0	0	0
40未満	0	0	0	0
50未満	1	3	3	2
60未満	7	8	7	6
70未満	15	14	14	12
80未満	24	22	22	23
90未満	29	28	28	28
100未満	30	30	30	30

C組の箱ひげ図から

最小値 m は，40 点以上 50 点未満の階級
第 1 四分位数 Q_1 は，60 点以上 70 点未満の階級
中央値 Q_2 は，70 点
第 3 四分位数 Q_3 は，80 点以上 90 点未満の階級
最大値 M は，90 点以上 100 点未満の階級

にあるので

① は Q_1 の階級が異なっている
⓪，③ は Q_3 の階級が異なっている
② は C 組の箱ひげ図と矛盾しない

よって，C 組の箱ひげ図と対応するヒストグラムは　②

(3)　(i)　生徒の得点から(X，Y)＝(68，40)，(56，63)などに注目して，適切な散布図は　③

(ii)　データの分散は，偏差の 2 乗の平均値であるから，換算後の分散は，もとの値の $\frac{1}{4}$ になる。

データの標準偏差は，分散の正の平方根であるから，換算後の標準偏差は，もとの値の $\frac{1}{2}$ になる。

また，X と Y の共分散は，X の偏差と Y の偏差の積の平均値であるから，換算後の共分散は，もとの値の $\frac{1}{4}$ になる。

したがって　②

← X，Y の標準偏差を s_x，s_y とし，X，Y の共分散を s_{xy} とすると，相関係数 r は

$$r=\frac{s_{xy}}{s_x s_y}$$

X と Y の相関係数は

$$\frac{36.89}{7.81\cdot 11.74}\fallingdotseq 0.40$$

⓪ は ③ より弱い正の相関関係がある。
① は負の相関関係がある。
② は ③ より強い正の相関関係がある。

■ 6

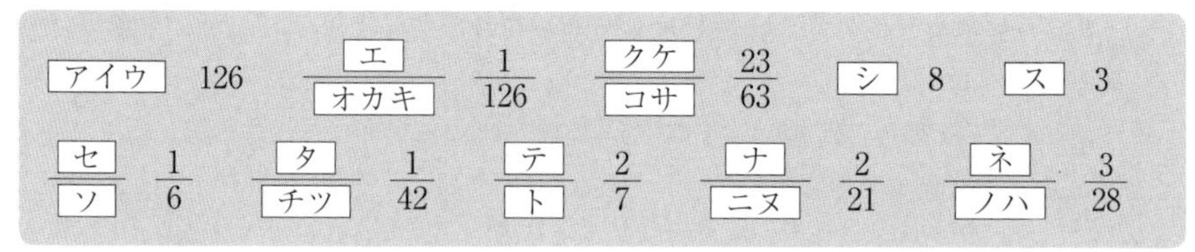

アイウ　126　$\frac{\text{エ}}{\text{オカキ}}$　$\frac{1}{126}$　$\frac{\text{クケ}}{\text{コサ}}$　$\frac{23}{63}$　シ　8　ス　3

$\frac{\text{セ}}{\text{ソ}}$　$\frac{1}{6}$　$\frac{\text{タ}}{\text{チツ}}$　$\frac{1}{42}$　$\frac{\text{テ}}{\text{ト}}$　$\frac{2}{7}$　$\frac{\text{ナ}}{\text{ニヌ}}$　$\frac{2}{21}$　$\frac{\text{ネ}}{\text{ノハ}}$　$\frac{3}{28}$

(1)　(i)　4 枚のカードの取り出し方は

$_9C_4=$**126**（通り）

(ii)　得点が 0 点になるのは　L が偶数のときであるから，$L=8$，6，4 の 3 つの場合がある。残り 3 枚のカードの取り出し方は

$L=8$ ……　$_7C_3=35$（通り）

← 1～7から 3 枚選ぶ。

$L=6$ …… ${}_5C_3=10$（通り）

$L=4$ …… ${}_3C_3=1$（通り）

よって

$L=4$ である確率は　$\dfrac{1}{126}$

$$P(X=0)=\frac{35+10+1}{126}=\frac{46}{126}=\frac{23}{63}$$

(2)　(i)(ii)　とり得る正の得点の中で最も大きいのは，$L=9$，$S=1$ の場合であり，得点は 8 点，取り出し方は ${}_7C_2=21$（通り）。

← 残り 2 枚は [2]〜[8]のいずれか。

とり得る正の得点の中で最も小さいのは，L が奇数で四つの番号が連続する場合，すなわち

$(L,\ S)=(9,\ 6),\ (7,\ 4),\ (5,\ 2)$

の場合であり，得点は 3 点，取り出し方は 3 通り。

よって

$$P(X=8)=\frac{21}{126}=\frac{1}{6}$$

$$P(X=3)=\frac{3}{126}=\frac{1}{42}$$

(iii)　番号 5 のカードを取り出して，得点が 8 点になる取り出し方は 6 通りであるから，$X=8$ であったとき，番号 5 のカードを取り出している条件付き確率は

← [1]，[5]，[9]と他 1 枚。

$$\frac{\dfrac{6}{126}}{\dfrac{21}{126}}=\frac{6}{21}=\frac{2}{7}$$

(3)　得点が 5 点になるのは

$(L,\ S)=(9,\ 4),\ (7,\ 2)$

の場合であり，それぞれ取り出し方は

${}_4C_2=6$（通り）

← 残り 2 枚を選ぶ。

であるから

$$P(X=5)=\frac{2\cdot 6}{126}=\frac{2}{21}$$

番号 9 を除く 8 枚のカードから 3 枚を取り出す方法は

← [9]は取っているから残りの 3 枚を考える。

${}_8C_3=56$（通り）

このうち，得点が 5 点になるのは $(L,\ S)=(9,\ 4)$ のときであるから，残りの 2 枚を取り出す方法は

総合演習の答

$_4C_2=6$（通り）

よって，番号 9 を取り出しているとき，得点が 5 点になる条件付き確率は

$$\frac{\frac{6}{126}}{\frac{56}{126}}=\frac{6}{56}=\mathbf{\frac{3}{28}}$$

■ 7

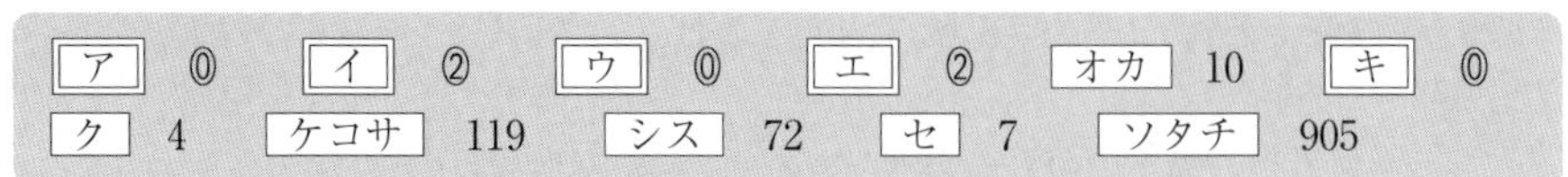

(1) N を 7 で割ったときの商を x とおくと

$$N=7x+2 \quad (⓪)$$

と表せる。また，N を 17 で割ったときの商を y とおくと

$$N=17y+4 \quad (②)$$

と表せる。

(2) (1)より

$$7x+2=17y+4$$

$$7x-17y=2 \quad (⓪)$$

(3)

$$7x-17y=2 \quad \cdots\cdots①$$

$$7\cdot10-17\cdot4=2 \quad \cdots\cdots②$$

← $70-68=2$

①−②より

$$7(x-10)-17(y-4)=0$$

$$7(x-10)=17(y-4)$$

7 と 17 は互いに素であるから

$$\begin{cases} x-10=17k \\ y-4=7k \end{cases}$$

$$\therefore \begin{cases} x=17k+\mathbf{10} & (②) \\ y=7k+\mathbf{4} & (⓪) \end{cases} \quad (k\text{は整数})$$

と表せる。

$$N=7(17k+10)+2$$

$$=\mathbf{119}k+\mathbf{72}$$

したがって，$k=\mathbf{7}$ のとき

$$N=119\cdot7+72$$

$$=\mathbf{905}$$

← 3 桁の最大

■ 8

ア　①　$\dfrac{\text{イ}}{\text{ウ}}$　$\dfrac{8}{7}$　$\dfrac{\text{エ}}{\text{オ}}$　$\dfrac{7}{2}$　$\dfrac{\text{カキ}}{\text{ク}}$　$\dfrac{21}{2}$　$\dfrac{\text{ケ}}{\text{コサ}}$　$\dfrac{8}{19}$

$\dfrac{\text{シス}}{\text{セソタ}}$　$\dfrac{16}{133}$　チ　①　ツ，テ　②，④（順不同）　ト　9

ナ　②　ニ　9

〔1〕

(1)　三角形の内接円の中心(内心)は，三角形の三つの内角の二等分線の交点である。(①)

(2)　Iは内心であるから　∠BAE＝∠CAE

よって

$$BE : EC = AB : AC$$
$$= 4 : 3$$

$$\therefore \quad BE = \frac{4}{7}BC = \mathbf{\frac{8}{7}}$$

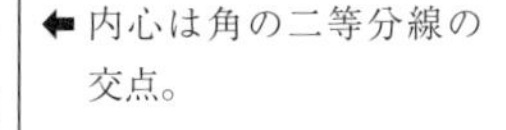

← 内心は角の二等分線の交点。

∠ABI＝∠EBI より

$$\frac{AI}{IE} = \frac{AB}{BE} = \frac{4}{\frac{8}{7}} = \mathbf{\frac{7}{2}}$$

← BIは∠ABEの二等分線。

△ABEと直線DFにメネラウスの定理を用いて

$$\frac{AD}{DB} \cdot \frac{BF}{FE} \cdot \frac{EI}{IA} = 1$$

$$\frac{1}{3} \cdot \frac{BF}{FE} \cdot \frac{2}{7} = 1$$

$$\therefore \quad \frac{BF}{FE} = \mathbf{\frac{21}{2}}$$

△DBFと直線AEにメネラウスの定理を用いて

$$\frac{DA}{AB} \cdot \frac{BE}{EF} \cdot \frac{FI}{ID} = 1$$

$$\frac{1}{4} \cdot \frac{19}{2} \cdot \frac{FI}{ID} = 1$$

$$\therefore \quad \frac{FI}{ID} = \mathbf{\frac{8}{19}}$$

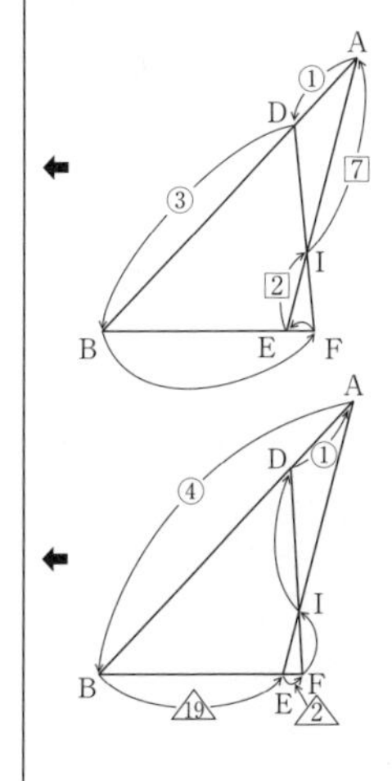

(3)　(2)より

$$\frac{\triangle EFI}{\triangle ADI} = \frac{EI}{AI} \cdot \frac{FI}{DI} = \frac{2}{7} \cdot \frac{8}{19} = \mathbf{\frac{16}{133}}$$

総合演習の答

〔2〕

(1)(2)　直線 AC は点 A における円 O の接線であるから

$\angle OAC = 90°$

同様に

$\angle OBC = 90°$

よって

$\triangle OAC \equiv \triangle OBC$　(⓪)

このとき

$AC = BC$, $\angle OCA = \angle OCB$

したがって，$\triangle ACD \equiv \triangle BCD$ であるから

$\angle ADC = \angle BDC = 90°$

よって

$\triangle OAC \backsim \triangle ODA$, $\triangle OAC \backsim \triangle ADC$　(②，④)

このとき

$$\frac{OA}{OD} = \frac{OC}{OA}$$

よって

$OC \cdot OD = OA^2 = \mathbf{9}$

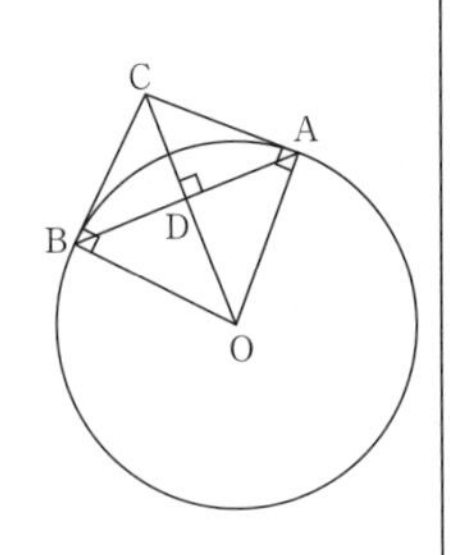

← AC，BC は接線であるから AC＝BC

(3)　$\angle CDF = \angle CHF = 90°$

であるから，4 点 C，F，D，H は同一円周上にある。(②)

方べきの定理を用いて

$OH \cdot OF = OC \cdot OD$

$= \mathbf{9}$

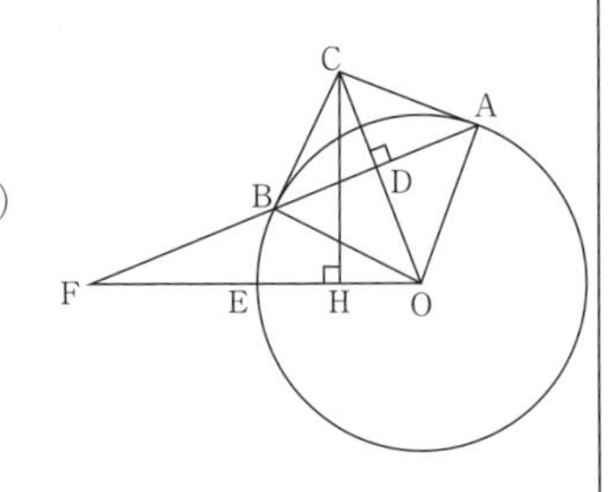

② 20210721